纺织服装高等教育"十四五"部委级规划教材
纺织科学与工程一流学科建设教材

生物医用纺织品测试与评价

Tests and Evaluation of Biomedical Textiles

王璐 主编

关国平 王富军 林婧 副主编

东华大学出版社
·上海·

内 容 简 介

生物医用纺织品的内涵非常丰富,从体外到体内,从防护到康复,从诊断到治疗,从替换到再生,已经全面服务于人类健康。近年来,与人民群众"大健康"相关的"健康中国2030"规划的颁布,推动了我国生物医用纺织品产业呈爆发式增长。生物医用纺织品行业急需大量高端复合型专业人才。国内高校已开设"生物医用纺织材料与技术"专业,初步形成了"本硕博"一体化培养模式。《生物医用纺织品测试与评价》的出版正是为了服务于多学科交叉型创新拔尖人才培养的紧迫需求。本书共包括四个部分:生物安全性评价、形态结构及基本性能评价、典型产品的功能性评价及耐久性和失效分析。本书基本上涵盖了生物医用纺织品所有的结构与性能测试与评价方面的知识,是目前针对生物医用纺织品测试与评价方面在内容归纳上较系统的一本教材。

本书可作为纺织类、材料类、生物医学工程相关专业的教材,也可作为医疗器械和生物医用材料研发人员的参考书。

图书在版编目(CIP)数据

生物医用纺织品测试与评价 / 王璐主编.—上海:东华大学出版社,2022.8
ISBN 978-7-5669-1975-5

Ⅰ.①生… Ⅱ.①王… Ⅲ.①医用织物—研究 Ⅳ.
①TS106.6

中国版本图书馆 CIP 数据核字(2021)第 208768 号

责任编辑:张　静
封面设计:魏依东

出　　　　版:东华大学出版社(上海市延安西路1882号,200051)
本 社 网 址:http://dhupress.dhu.edu.cn
天猫旗舰店:http://dhdx.tmall.com
营 销 中 心:021-62193056　62373056　62379558
印　　　　刷:句容市排印厂
开　　　　本:787 mm×1092 mm　1/16
印　　　　张:13.75
字　　　　数:326 千字
版　　　　次:2022 年 8 月第 1 版
印　　　　次:2022 年 8 月第 1 次印刷
书　　　　号:ISBN 978-7-5669-1975-5
定　　　　价:69.00 元

Preface 前言

生物医用纺织品是医疗器械的重要组成部分，主要是基于纤维材料和纺织技术形成的面向人类健康的高附加值产品。生物医用纺织品在防护、检测、监测、诊断、控制、治疗、康复及预防等领域发挥的作用，几乎贯穿了每个人的全生命活动周期。生物医用纺织品典型的产品包括口罩、防护服、智能可穿戴纺织品、人工血管、人工韧带、疝修补补片、腔道支架、柔性康复器件、检测/诊断试剂盒及各类医用柔性材料。由此可见，生物医用纺织品已经渗透到我们日常生活的方方面面。

目前，我国的生物医用纺织品产业还处于初级阶段，临床应用的高端生物医用纺织品仍以进口产品为主。随着"健康中国2030"规划的全面实施，人民群众对健康及美好生活的向往日趋强烈，加之产业结构调整、经济发展转型及碳达峰碳中和战略规划的提出，我国生物医用纺织品产业迎来了黄金时代。生物医用纺织品产业是国家战略新兴产业的重要分支，加快开发具有我国自主知识产权、原始创新的高端医用纺织品，帮助推动高端医疗器械的供给侧改革，满足人民群众日益多样化的高品质医疗产品的强烈需求，已迫在眉睫。

生物医用纺织品是纺织科学与工程、材料科学与工程、生物学、医学、生物力学、化学、人体工学、微电子学、计算机科学及信息科学等多学科深度交叉融合的产物。因此，生物医用纺织品的开发需要多学科知识背景的团队密切合作、协同创新。这就迫切需要交叉学科基础知识扎实、基本技能过硬、能够与不同学科专家及医护人员对话的高端复合型人才的快速培养和输出。

国内已有高校开设"生物医用纺织材料与技术"本科专业，也已有硕士学位和博士学位授权点。以生物医用纺织品为特色的多学科交叉融合、"本硕博"一体化的人才培养体系初步建成。然而，围绕生物医用纺织品的系列教材尚不多见。正是在这样的大背景下，本书编者们基于长期的教学积累和科研实践，在"十四五"开局之年，尝试推出《生物医用纺织品测试与评价》一书，期望助力快速培养满足生物医用纺织品产业发展要求的高端复合型人才。

明显不同于服用、家用及其他类别的纺织品，生物医用纺织品与人体生命健康息息相关。因此，生物医用纺织品的测试与评价有全面、严格的要求。本书系统总结了生物医用纺织品形态结构、基本理化性能、力学性能、生物安全性、降解性能、功能性、耐久性、移出植入物失效分析及其他性能的测试与评价内容。

全书共分四个部分：第一部分为生物安全性评价（第1~5章），重点阐述生物学评价基本原则、体外细胞相容性和血液相容性，以及其他性能的测试与评价；第二部分为形态结构及基本性能测试与评价（第6~9章），着重阐述生物医用纺织品的形态结构、力学性能、降解性能及其他基本性能的评价与测试；第三部分为典型产品的功能性评价（第10、11章），主要介绍体内外常见典型生物医用纺织品的力学、降解、防护、抗菌等性能的测试与评价；第四部分为耐久性评价及移出植入物失效分析（第12~14章），包括体外疲劳模拟测试、动物试验和临床试验、移出植入物失效分析等。在本书撰写过程中，编者们力求深入浅出、通俗易懂、理论联系实践，既有广度又有深度，尽力使得基本原理的阐述简洁明晰、实例的代表性强及资料引用紧扣前沿。

本书的编纂分工：第1~5章、第13章，由关国平、胡星友主笔；第6章由王富军、林婧、李彦主笔；第8章由王富军、李超婧主笔；第7、9~12、14章，由林婧、陈晓洁、王璐主笔。全书由王璐策划、增删、修改与定稿。

本书的出版得到了教育部、科技部和国家外国专家局"纺织生物医用材料科学与技术创新引智基地（B07024、BP0719035）"的大力支持，得到了"纺织科学与工程"一流学科教材基金的资助，还得到了崔运花教授、郭建生教授、陈南梁教授、顾伯洪教授、覃小红教授、KING M W 教授、GUIDOIN R 教授、丁辛教授、李毓陵教授、张佩华教授等各位同事的鼓励、帮助和支持。在此一并表示感谢！

还要感谢东华大学生物医用纺织材料（BMTM）课题组关颖、薛雯、赵帆、赵新哲、张倩、毛迎、于成龙、刘来俊、乔燕莎、王韶霞、李奇薇、魏岑等研究生在资料收集、整理、总结、图表绘制、图文规范等方面的细致工作和无私奉献！

生物医用纺织材料与技术学科仍在迅猛发展中，限于编者的知识和水平，书中难免有疏漏、不足之处，敬请读者批评指正。

上海·松江

2022年6月

目录

第1部分 生物医用纺织品的生物安全性评价

第1章 生物医用纺织品的生物学评价概论 ········· 003
- 1.1 生物学评价的基本原则 ········· 003
- 1.2 医疗器械的分类 ········· 004
  - 1.2.1 按人体接触性质分类 ········· 004
  - 1.2.2 按接触时间分类 ········· 005
- 1.3 试验项目 ········· 006
  - 1.3.1 总则 ········· 006
  - 1.3.2 基本评价试验 ········· 006
  - 1.3.3 补充评价试验 ········· 008
- 1.4 试验选择及试验方法保证 ········· 008
- 1.5 生物学评价一般流程 ········· 011
- 1.6 参照样品及制备 ········· 012
  - 1.6.1 参照样品 ········· 012
  - 1.6.2 试验样品及制备 ········· 014
- 1.7 动物保护要求 ········· 017
  - 1.7.1 概述 ········· 017
  - 1.7.2 动物试验的一般要求 ········· 017
- 习题与思考题 ········· 019

第2章 生物医用纺织品体外细胞毒性评价 ········· 020
- 2.1 试验准备 ········· 020
  - 2.1.1 试验样品及其浸提液的准备 ········· 020
  - 2.1.2 试验细胞的选择 ········· 021
  - 2.1.3 培养基的选择 ········· 021
- 2.2 试验步骤 ········· 021
  - 2.2.1 浸提液试验 ········· 022

2.2.2　直接接触试验 ··· 022
　　2.2.3　间接接触试验 ··· 022
2.3　细胞毒性判定 ·· 023
　　2.3.1　定性评价 ·· 023
　　2.3.2　定量评价 ·· 023
2.4　试验报告和结论 ··· 024
习题与思考题 ··· 024

第3章　生物医用纺织品血液相容性评价 ·· 025
3.1　血液相容性评价总则 ·· 025
3.2　器械类型及其与血液相互作用类别 ·· 028
3.3　试验类型 ·· 030
　　3.3.1　体外试验 ·· 030
　　3.3.2　半体内试验 ··· 031
　　3.3.3　体内试验 ·· 032
3.4　试验报告和结论 ··· 032
习题与思考题 ··· 032

第4章　生物医用纺织品体外化学定性与定量评价 ··································· 033
4.1　表面性能 ·· 033
4.2　浸出液化学成分分析 ·· 034
4.3　化学定性及定量分析步骤 ·· 035
4.4　医疗器械加工和灭菌残留物允许限量 ··· 035
　　4.4.1　化学残留物允许限量的建立 ··· 036
　　4.4.2　环氧乙烷灭菌残留量 ·· 039
4.5　潜在降解产物的定性与定量分析 ·· 045
　　4.5.1　概述及基本概念 ··· 045
　　4.5.2　影响降解的因素与分析 ··· 046
　　4.5.3　潜在降解产物分析原理与方案 ··· 047
4.6　聚合物材料/器械降解产物的定性与定量测试 ······························ 049
　　4.6.1　概述 ··· 050
　　4.6.2　试验方法 ·· 051
　　4.6.3　聚合物材料降解试验通用程序 ··· 054
习题与思考题 ··· 055

第5章　生物医用纺织品体内生物学评价概论 ··· 056
5.1　致敏、刺激和皮内反应试验 ·· 056
5.2　急性全身毒性、亚急性毒性、亚慢性毒性和慢性毒性试验 ············ 058

5.3 遗传毒性试验 ··· 058
5.4 植入试验 ··· 059
5.5 致癌性试验 ·· 060
5.6 生殖和发育毒性试验 ·· 060
5.7 生物降解试验 ··· 060
5.8 免疫反应试验 ··· 060
5.9 展望 ··· 062
习题与思考题 ·· 063

第 2 部分　形态结构及基本性能测试与评价

第 6 章　生物医用纺织品结构测试与表征 ·· 067
6.1 概述 ··· 067
6.2 纺织品结构测试 ·· 067
　6.2.1 织物厚度的测定 ·· 067
　6.2.2 织物密度的测定 ·· 068
　6.2.3 织物单位面积质量（面密度）的测定 ·· 069
　6.2.4 织物组织的分析 ·· 069
　6.2.5 孔隙率的测定 ··· 070
　6.2.6 孔尺寸及孔分布的测定 ·· 073
　6.2.7 纱线细度（线密度）的测定 ·· 074
　6.2.8 单纤维直径的测定 ··· 074
6.3 表面形态表征 ··· 075
　6.3.1 光学显微镜观察 ·· 075
　6.3.2 扫描电子显微镜观察 ·· 076
　6.3.3 透射电子显微镜观察 ·· 077
　6.3.4 原子力显微镜观察 ··· 078
　6.3.5 荧光显微镜观察 ·· 079
6.4 结晶态表征 ·· 080
　6.4.1 差示扫描量热分析法 ·· 080
　6.4.2 X 射线衍射法 ·· 082
　6.4.3 小角 X 射线散射法 ··· 082
　6.4.4 密度梯度法 ·· 083
6.5 分子结构表征 ··· 085
　6.5.1 红外光谱法 ·· 085
　6.5.2 衰减全反射红外光谱法 ·· 086
　6.5.3 X 射线光电子能谱法 ··· 086
习题与思考题 ·· 087

第7章 生物医用纺织品的力学性能测试与评价 ······ 089

7.1 引言 ······ 089
7.2 拉伸和压缩性能 ······ 090
- 7.2.1 拉伸和压缩性能简介 ······ 090
- 7.2.2 典型应力-应变曲线 ······ 091
- 7.2.3 泊松比 ······ 092
- 7.2.4 材料变形及其分子机制 ······ 092

7.3 剪切、扭转和弯曲性能 ······ 094
- 7.3.1 剪切和扭转 ······ 094
- 7.3.2 弯曲性能 ······ 095

7.4 蠕变与应力松弛 ······ 097
- 7.4.1 蠕变 ······ 097
- 7.4.2 应力松弛 ······ 097
- 7.4.3 黏弹行为的数学模型 ······ 098

7.5 疲劳性能 ······ 098
- 7.5.1 疲劳试验方法及疲劳曲线 ······ 099
- 7.5.2 疲劳破坏机理 ······ 099
- 7.5.3 纤维疲劳寿命与其他力学性能间关系 ······ 100

习题与思考题 ······ 100

第8章 生物医用纺织品的降解性能测试与评价 ······ 101

8.1 表面性能 ······ 101
- 8.1.1 亲疏水性能 ······ 101
- 8.1.2 介电性能 ······ 104
- 8.1.3 蛋白吸附与细胞黏附 ······ 105

8.2 降解性能 ······ 109
- 8.2.1 降解机制 ······ 110
- 8.2.2 体外降解试验方法 ······ 111
- 8.2.3 体外降解试验的性能评价 ······ 112
- 8.2.4 体外降解试验的影响因素 ······ 113
- 8.2.5 体内降解试验 ······ 113

习题与思考题 ······ 114

第9章 生物医用纺织品的其他性能测试与评价 ······ 115

9.1 抗菌性能 ······ 115
- 9.1.1 生物医用纺织品的抗菌机理 ······ 115
- 9.1.2 纺织品抗菌测试标准及方法 ······ 115

9.2 抗辐射性能 ······ 117

  9.2.1 电磁屏蔽原理与评价方法 ··· 117
  9.2.2 纺织品电磁屏蔽测试方法 ··· 118
 9.3 防渗透性能 ··· 120
  9.3.1 纺织品抗渗透性能测试 ··· 120
  9.3.2 纺织基人工血管抗渗透性的测试与评价 ···································· 120
 9.4 防颗粒性能 ··· 121
  9.4.1 过滤机理 ··· 122
  9.4.2 测试装置 ··· 122
  9.4.3 过滤效率计算 ·· 123
 9.5 载药纺织品的药物缓释性能 ·· 123
  9.5.1 载药纺织品 ·· 123
  9.5.2 载药纺织品的药物缓释和控释原理 ······································· 124
  9.5.3 载药纺织品的药物缓释性能测试 ·· 124
 习题与思考题 ··· 125

第3部分 典型产品的功能性评价

第10章 体内用典型生物医用纺织品的功能测试与评价 ·································· 129
 10.1 缝合线 ·· 129
  10.1.1 外观性能 ··· 129
  10.1.2 物理力学性能 ·· 131
  10.1.3 使用性能 ··· 133
  10.1.4 生物学性能 ·· 133
  10.1.5 化学性能 ··· 133
  10.1.6 其他性能 ··· 134
 10.2 人工血管 ··· 135
  10.2.1 体外测试项目 ·· 135
  10.2.2 外观测试与评价 ··· 136
  10.2.3 几何特征测试与评价 ·· 136
  10.2.4 力学性能测试与评价 ·· 137
  10.2.5 渗透性和孔隙率 ··· 139
 10.3 疝修补补片 ·· 141
  10.3.1 形态结构 ··· 142
  10.3.2 力学性能 ··· 142
  10.3.3 补片的安全性与有效性 ·· 144
 习题与思考题 ·· 144

第 11 章　体外用典型生物医用纺织品的功能测试与评价 ·· 145
 11.1　医用敷料 ·· 145
  11.1.1　液体吸收性 ·· 146
  11.1.2　水蒸气透过率 ··· 146
  11.1.3　阻水性 ·· 147
  11.1.4　舒适性 ·· 147
  11.1.5　抗菌性 ·· 148
  11.1.6　吸臭性 ·· 149
  11.1.7　液体在敷料上的扩散性 ·· 150
  11.1.8　液体在敷料上的分布 ··· 150
  11.1.9　离子交换性能 ··· 151
 11.2　绷带 ·· 151
  11.2.1　粘贴绷带的黏性 ··· 152
  11.2.2　粘贴绷带的生物相容性 ··· 153
  11.2.3　粘贴绷带的其他性能 ··· 153
  11.2.4　医用弹性绷带的性能 ··· 155
 11.3　手术服与防护服 ··· 156
  11.3.1　外观、结构及号型规格 ··· 157
  11.3.2　物理力学性能 ··· 158
  11.3.3　液体阻隔性能 ··· 160
  11.3.4　阻微生物穿透性能 ··· 162
  11.3.5　舒适性能 ·· 163
 习题与思考题 ·· 166

第 4 部分　耐久性评价及移出植入物失效分析

第 12 章　生物医用纺织品的体外疲劳模拟研究 ·· 169
 12.1　前言 ·· 169
 12.2　植入物的疲劳表现 ··· 169
  12.2.1　织物覆膜的疲劳 ··· 169
  12.2.2　金属支架的疲劳 ··· 170
  12.2.3　缝合线的疲劳 ··· 170
 12.3　体外疲劳模拟装置 ··· 171
 12.4　植入物体外疲劳性能的测试及评价 ·· 173
 习题与思考题 ·· 174

第 13 章　动物试验与临床试验 ··· 175
 13.1　动物试验的基本知识 ··· 175

13.1.1 消毒与灭菌 ··· 175
13.1.2 实验动物体液采集方法 ························· 176
13.1.3 动物试验的前期准备 ·························· 177
13.1.4 动物试验条件控制 ····························· 178
13.1.5 实验动物术后护理 ····························· 178
13.1.6 实验动物解剖生理学 ·························· 178
13.1.7 伦理和安乐死 ···································· 179
13.1.8 "3R"原则基本概念 ······························ 179
13.2 动物试验设计 ··· 180
13.2.1 动物试验的前提 ·································· 180
13.2.2 动物模型的选择 ·································· 180
13.2.3 影响动物试验的因素 ·························· 182
13.2.4 动物试验病理模型 ····························· 182
13.3 临床试验概述 ··· 182
13.3.1 生物医用纺织品医疗器械分类 ············ 182
13.3.2 临床试验基本原则 ····························· 183
13.3.3 设计临床试验应注意的问题 ··············· 184
习题与思考题 ··· 185

第14章 生物医用纺织品的失效分析 ············· 186
14.1 概述 ··· 186
14.2 移出植入物的收集 ··································· 187
14.2.1 获取移出植入物 ······························· 187
14.2.2 试验方案及试样准备 ······················· 187
14.3 移出植入物的组织病理学分析 ················ 190
14.4 移出植入物的清洗原则和方法 ················ 190
14.5 移出植入物的表观结构分析 ···················· 191
14.5.1 整体观察 ·· 191
14.5.2 纺织结构测试 ································· 191
14.6 移出植入物的物理性能分析 ···················· 192
14.6.1 单纤维拉伸性能测试 ······················· 192
14.6.2 探针顶破强力测试 ·························· 192
14.6.3 水渗透性测试 ································· 192
14.6.4 周向与轴向拉伸性能测试 ················ 192
14.6.5 人工血管周向顺应性测试 ················ 193
14.6.6 缝合线固位强力 ······························ 193
14.7 移出植入物的化学性能测试 ···················· 193
14.7.1 分子量 ·· 193

  14.7.2 析出水平 ……………………………………………………………… 193
  14.7.3 化学成分 ……………………………………………………………… 194
  14.7.4 羧基含量 ……………………………………………………………… 194
14.8 移出植入物的热学性能测试 ……………………………………………… 194
14.9 针对特定移出植入物的测试 ……………………………………………… 194
习题与思考题 …………………………………………………………………… 195

附录 术语汇总 ……………………………………………………………… 196
主要参考文献 …………………………………………………………………… 202

第1部分
生物医用纺织品的生物安全性评价

生物医用纺织品是以纤维为基础、纺织技术为依托、医疗应用为目的的医疗器械及其组成部件，用于临床诊断、治疗、修复、替换，以及人体的保健与防护。

生物医用纺织品作为独立的医疗器械，如纺织基人工血管、纺织基伤口敷料；也可作为医疗器械的重要组成部件，如人工机械心脏瓣膜的瓣环包覆用生物医用纺织品。

根据我国**国家药品监督管理局**(NMPA)的有关规定，对于预期与人体接触的医疗器械，在人体应用之前，必须进行生物学评价。

医疗器械与人体接触，或被植入体内，均存在一定的风险。它们间接或直接地与人体的组织和血液接触，有的还在体内长期使用，例如疝修补补片、人工韧带等，可能会在体内植入几十年。医疗器械的质量优劣直接关系到患者的生命安危，故在其应用于临床前，必须对其进行一系列的生物学评价，以确保其安全性。

医疗器械与人体接触、介入或植入人体后，对宿主的影响是非常复杂的。医疗器械对生物体主要发生四种生物反应：组织反应、血液反应、免疫反应和全身反应。生物体环境也会对医疗器械产生物理、化学和生物方面的反作用。

(1) 组织反应。当植入器械出现在人体的血管外组织时，在植入器械附近会发生程度不同的炎症。当材料有毒性时，还容易造成组织坏死。大多数医疗器械性能稳定，不会被很快代谢，此时胶原纤维会包围植入器械形成被膜，把正常组织和植入器械隔离开。但植入器械往往与纤维囊之间结合不紧密，当受到外力时，囊内的植入器械可能活动，进而导致：(a)纤维囊变厚；(b)纤维囊钙化变硬；(c)纤维囊缺乏正常血供，植入部位持续感染；(d)循环不畅，引起界面肿胀。

(2) 血液反应。当医疗器械与血液接触时，在器械的表面就有一层蛋白黏附。不同材料制备的器械与血液作用的情况差别很大，血液相容性差的材料在几秒到几分钟内由血细胞和纤维蛋白形成血栓。血栓形成还与血液流速和流动方式有关。血栓发生破裂形成栓子，会随血液流动，可能发生栓塞、致残甚至危及生命。医疗器械对血液系统产生的反应，除上述凝血反应、血栓形成外，还包括溶血反应、血小板形态与功能的改变、血液成分或数量的改变、补体系统的改变等。

(3) 免疫反应。医疗器械引起的免疫系统反应主要表现：免疫功能抑制或机体正常防御功能损害、超敏和变态反应、自身免疫反应等。免疫系统对植入器械的反应有两种形式：非特异性和特异性免疫应答。

(4) 全身反应。以上三种反应可能是局部的、暂时的，也可能会进一步发展形成全身毒性，甚至一些毒性物质也可诱发分子突变形成癌变。

以上这些生物学反应，在临床上常表现为疼痛、感染、钙化、血栓栓塞、肿瘤等并发症。

生物医用纺织品的生物安全性评价主要参照中华人民共和国国家标准《医疗器械生物学评价》执行,代号 GB/T 16886(基本等同于国际标准化组织拟定的标准 ISO 10993),由中华人民共和国国家质量监督检验检疫总局发布,主要内容如下:

GB/T 16886.1—2011《医疗器械生物学评价 第 1 部分:风险管理过程中的评价与试验》
GB/T 16886.2—2011《医疗器械生物学评价 第 2 部分 动物福利要求》
GB/T 16886.3—2019《医疗器械生物学评价 第 3 部分:遗传毒性、致癌性和生殖毒性试验》
GB/T 16886.4—2003《医疗器械生物学评价 第 4 部分:与血液相互作用试验选择》
GB/T 16886.5—2017《医疗器械生物学评价 第 5 部分:体外细胞毒性试验》
GB/T 16886.6—2015《医疗器械生物学评价 第 6 部分:植入后局部反应试验》
GB/T 16886.7—2015《医疗器械生物学评价 第 7 部分 环氧乙烷灭菌残留量》
GB/T 16886.9—2017《医疗器械生物学评价 第 9 部分:潜在降解产物的定性与定量框架》
GB/T 16886.10—2017《医疗器械生物学评价 第 10 部分 刺激与皮肤致敏试验》
GB/T 16886.11—2011《医疗器械生物学评价 第 11 部分 全身毒性试验》
GB/T 16886.12—2017《医疗器械生物学评价 第 12 部分:样品制备与参照样品》
GB/T 16886.13—2010《医疗器械生物学评价 第 13 部分:聚合物医疗器械降解产物的定性与定量》
GB/T 16886.14—2003《医疗器械生物学评价 第 14 部分:陶瓷降解产物的定性与定量》
GB/T 16886.15—2003《医疗器械生物学评价 第 15 部分:金属与合金降解产物的定性与定量》
GB/T 16886.16—2013《医疗器械生物学评价 第 16 部分:降解产物和可沥滤物毒代动力学研究设计》
GB/T 16886.17—2005《医疗器械生物学评价 第 17 部分:可沥滤物允许限量的建立》
GB/T 16886.18—2011《医疗器械生物学评价 第 18 部分:材料化学表征》
GB/T 16886.19—2011《医疗器械生物学评价 第 19 部分:材料物理化学、形态学和表面特性表征》
GB/T 16886.20—2015《医疗器械生物学评价 第 20 部分:医疗器械免疫毒理学试验原则和方法》

本书的第 1 部分主要描述最基本的生物医用纺织品生物安全性和生物相容性评价,主要包括生物学评价概述、体外血液相容性评价、体外细胞毒性评价及其他与生物安全性相关的体内评价。

第1章　生物医用纺织品的生物学评价概论

本章以 GB/T 16886.1—2011、GB/T 16886.2—2011 及 GB/T 16886.12—2017 等国家标准为依据，重点介绍生物医用纺织品生物学评价的基本原则、分类及有关试验选择等内容。

1.1　生物学评价的基本原则

对于预期用于人体的任何材料或医疗器械的选择与评价，需遵循一定的评价程序。在设计过程中，应对衡量各种所选材料的优缺点和试验程序进行判断并形成文件。为了保证最终产品安全、有效地用于人体，这一程序应包括生物学评价。

生物学评价应由具有理论知识和实践经验，以及能对各种材料的优缺点和试验程序的适用性进行判断的专业人员，进行策划、实施并形成文件。

在选择制造医疗器械所用材料时，建议首先考虑材料特性对器械用途的适宜性，包括化学、毒理学、物理学、电学、形态学和力学等方面的性能。

医疗器械的生物学评价，应考虑所用材料、添加剂、加工过程污染物和残留物、可沥滤物质、降解产物、其他成分及它们在最终产品上的相互作用，以及最终产品的性能与特点等方面。

在生物学评价之前，一般可对医疗器械的可沥滤化学成分进行定性和定量分析（见 GB/T 16886.9—2017 和 ISO 10993-9）。

用于生物学评价的试验与解释，应考虑材料的化学成分，包括接触状况和器械及其成分与人体接触的性质、程度、频次和周期。为简化试验选择，根据以下原则对器械分类（详见1.2 医疗器械的分类），以指导对材料和最终产品进行试验。

潜在的生物学危害范围很广，可能包括：

a. 短期作用（如急性毒性，对皮肤、眼和结膜表面的刺激、致敏、溶血和血栓形成）。

b. 长期或特异性毒性作用（如亚慢性或慢性毒性作用、致敏、遗传毒性、致肿瘤性，以及对生殖的影响，包括致畸性）。

对每种材料或最终产品，一般要考虑所有潜在的生物学危害，但这并不意味着所有潜在的生物学危害的试验都必须进行。

所有体外或体内试验都应根据最终使用情况，由专业人员按**实验室质量管理规范（GLP）**进行，并尽可能先进行体外筛选，再进行体内试验。试验数据应保留，积累到一定程度，就可得出独立的分析结论。

在下列任一情况下,应考虑对材料或最终产品重新进行生物学评价:
a. 所用材料来源或技术条件改变时。
b. 产品配方、工艺、初级包装或灭菌条件改变时。
c. 贮存期内最终产品有任何变化时。
d. 产品用途改变时。
e. 有迹象表明产品用于人体会产生不良作用时。

按 GB/T 16886 进行生物学评价,一般需对制造医疗器械所用材料成分的性质及其变动性、其他非临床试验、临床研究及有关信息和市场情况进行综合考虑。

1.2 医疗器械的分类

生物学评价之前,需要对医疗器械进行分类,以帮助选择有关试验。任何一种不属于下列类型的器械,应按 GB/T 16886 所述的基本原则进行试验。某些器械可能兼属几类,需考虑进行所属各类相应的试验。

1.2.1 按人体接触性质分类

1.2.1.1 非接触器械

不直接或不间接接触患者身体的医疗器械,GB/T 16886 不涉及这类器械。

1.2.1.2 表面接触器械

包括与以下部位接触的器械:

a. 皮肤。仅接触未受损皮肤表面的器械,如各种类型的电极、体外假体、固定带、压力绷带等。

b. 黏膜。与黏膜接触的器械,如导尿管、阴道内或消化道器械(胃管等)、气管内支架等。

c. 损伤表面。与伤口或其他损伤体表接触的器械,如溃疡、烧伤、肉芽组织敷料或愈合器械、创可贴等。

1.2.1.3 外部接入器械

包括连接至下列应用部位的器械:

a. 血路(间接)。与血路上某一点接触,作为管路向血管系统输入的器械,如输液器、输血器等。

b. 组织/骨/牙本质。与组织、骨和牙髓/牙本质系统接触的器械和材料,如腹腔镜、关节内窥镜等。

c. 循环血液。接触循环血液的器械,如血管内导管、体外氧合器管及附件、人工肾透析器、透析管路及附件、血液吸附剂和免疫吸附剂。

1.2.1.4 植入器械

包括与以下应用部位接触的器械:

a. 组织/骨。主要与骨接触的器械,如矫形钉、矫形板、人工关节、骨假体、骨水泥和骨内器械;主要与组织和组织液接触的器械,如起搏器、药物给入器械、神经肌肉传感器和刺激器、人工肌腱、乳房植入物、人工喉、骨膜下植入物和结扎夹等。

b. 血液。主要与血液接触的器械,如起搏器电极、人工动静脉瘘管、心脏瓣膜、血管植入物、体内药物释放导管和心室辅助装置。

1.2.2 按接触时间分类

(1) 短期接触(A)。一次或多次使用接触时间在 24 h 以内的器械。
(2) 长期接触(B)。一次、多次或长期使用接触在 24 h 以上至 30 d 以内的器械。
(3) 持久接触(C)。一次、多次或长期使用接触时间超过 30 d 的器械。

如果一种材料或器械兼属两种以上时间分类,应按较严的试验要求执行。对于多次使用的器械,需考虑潜在的累积作用,按这些接触的总时间对器械进行归类。

表 1-1 至表 1-3 分别列举了常见的表面接触器械、外部接入器械和体内植入器械。

表 1-1 表面接触器械

接触部位	接触时间分类	器械示例
皮肤	A	黏附电极、压力绷带等
	B	急救绷带、固定带等
	C	外科矫形固定用制品、体外假体等
黏膜	A	人工排泄口(人工肛门)、泌尿系统冲洗导管等
	B	胃肠道用导管:进食管、胃肠道引流导管、肛门管等 呼吸道用导管:吸痰用导管、气管内导管、给氧管道等 泌尿系统用导管:尿道用导管等
	C	接触眼镜、宫内避孕器等
损伤表面	A	外科用敷料,溃疡、烧伤、肉芽组织治疗器械等
	B	急救绷带、创可贴等
	C	创伤、愈合和保护用敷料(烫伤用敷料)等

表 1-2 外部接入器械

接触部位	接触时间分类	器械示例
组织和骨	A	外科用乳胶手套、吸引管等
	B	胆管治疗用导管、经皮肤穿刺胆管引流导管、食管静脉曲张止血带、连续灌注或引流用导管(经皮留置)等
	C	腹膜透析管和套管等
间接与血液接触	A	注射器、带翼输液针、白细胞过滤器、自体血液回输装置等
	B	输液器、静脉输液留置针等
循环血液	A	心室放射学检查用血管导管、心脏外科手术用导管、主动脉内气囊反搏用导管、膜式血浆分离器等
	B	血液透析用血液进出导管、治疗腹水用过滤器和浓缩器、血液透析器、血液过滤器、体外膜式氧合器血液过滤器等
	C	肠道外营养中心静脉输注导管(人工肠道等)、心室辅助装置(半体内装置)、人工胰脏(半体内装置)等

表 1-3　体内植入器械

接触部位	接触时间分类	器械示例
骨/组织	A	—
	B	吸收性外科缝合线和夹、非吸收性外科缝合线、人工肌腱等
	C	颌面部修复材料、外科矫形内固定制品、人工乳房、植入式心脏起搏器、人工喉、皮下植入药物给入器械、体内植入避孕药物缓释材料、降解材料和制品、人工肌腱、透明质酸钠、非管内支架等
血液	A	
	B	暂时性心脏起搏器电极、永久性心脏起搏器电极等
	C	机械或生物心脏瓣膜、人工心脏瓣环、人工或生物血管、心脏和血管修补片、动静脉瘘管、支架等

1.3　试验项目

1.3.1　总则

除上面规定的基本原则外,医疗器械的生物学试验还应注意:

① 试验应在最终产品或取自最终产品的有代表性的样品上进行。

② 试验过程的选择应考虑:

a. 器械正常使用时与人体作用或接触的性质、程度、时间、频次和条件。

b. 最终产品的化学和物理性能。

c. 最终产品配方中化学元素或成分的毒理学活性。

d. 如排除了可沥滤物的存在,或已知可沥滤物的毒性可以接受,某些试验(如评价全身作用的试验)可以不进行。

e. 器械表面积与接受者之间的关系。

f. 已有的文献、非临床试验和经验方面的信息。

g. GB/T 16886 的主要目的是保护人类,其次是保护动物,使动物的数量和使用降至最低限度。

③ 如果制备器械浸提液,所用溶剂及浸提条件应与最终产品的性质和使用相适应。

④ 建议试验有相应的阳性对照和阴性对照。

⑤ 试验结果不能保证器械无潜在的生物学危害,因此建议器械在临床使用期间进行生物学研究,仔细观察其对人体所产生的不良反应或导致的不良事件。

1.3.2　基本评价试验

1.3.2.1　细胞毒性

该试验采用细胞培养技术,测定由器械、材料和/或其浸提液造成的细胞溶解(细胞死亡),以及对细胞生长的抑制和对细胞的其他影响。GB/T 16886.5—2016 描述了细胞毒性试验。

1.3.2.2 致敏试验

该试验采用一种适宜的模型，测定器械、材料和或其浸提液潜在的接触致敏性。该试验较为实用，因为即使是少量的可沥滤物的使用或接触，也可能引起变应性或致敏性反应。GB/T 16886.10—2017 和 ISO 10993-10 均描述了致敏试验。

1.3.2.3 刺激试验

该试验采用一种适宜的模型，在相应的部位或皮肤、眼、黏膜等植入组织上，测定器械、材料和或其浸提液潜在的刺激作用。要测定器械、材料及其潜在可沥滤物的刺激作用，试验的时间应与使用或接触的途径（皮肤、眼、黏膜）和持续时间相适应。GB/T 16886.10—2017 和 ISO 10993-10 均描述了刺激试验。

1.3.2.4 皮内反应试验

该试验评价真皮组织对器械浸提液的局部反应。该试验适用于不适宜做表皮或黏膜刺激试验的情况（如连向血路的器械），还适用于疏水性浸提物。GB/T 16886.10—2017 和 ISO 10993-10 均描述了皮内反应试验。

1.3.2.5 全身毒性（急性毒性）试验

该试验将器械、材料和或其浸提液在 24 h 内一次或多次作用于一种动物模型，测定其潜在的危害作用。该试验适用于接触会导致有毒的沥滤物和降解产物吸收的情况。

该试验还包括热原试验，用于检测器械或材料浸提液导致的热原反应。单一试验不能区分热原反应是由材料本身还是由内毒素污染所致。GB/T 16886.11—2011 和 ISO 10993-11 均描述了全身毒性试验。

1.3.2.6 亚慢性毒性（亚急性毒性）试验

该试验在大于 24 h 但不超过实验动物寿命 10% 的时间内，测定器械、材料和或其浸提液一次或多次应用或接触对实验动物的影响。有慢性毒性资料的器械可免做这类试验，免试理由应在最终报告中说明。试验过程应与器械实际接触途径和作用时间相适应。GB/T 16886.11—2011 和 ISO 10993-11 均描述了亚慢性毒性试验。

1.3.2.7 遗传毒性试验

该试验采用哺乳动物或非哺乳动物的细胞培养或其他技术，测定由器械、材料和或其浸提液引起的基因突变、染色体结构和数量的改变，以及 DNA 或基因的其他毒性。GB/T 16886.3—2019 和 ISO 10993-3 均描述了遗传毒性试验。

1.3.2.8 植入试验

该试验采用外科手术法，将材料或最终产品的样品植入预定植入部位或组织内（如特殊的牙科应用试验），利用肉眼观察和显微镜观察，评价其对活体组织的局部病理作用。建议试验参数与产品最终应用的临床接触途径和作用时间相适应。如还需评价全身毒性作用，该试验等效于亚慢性毒性试验。GB/T 16886.6—2015 和 ISO 10993-6 均描述了植入试验。

1.3.2.9 血液相容性试验

该试验评价血液接触器械、材料或一个相应的模型或系统对血液或血液成分的作用。特殊的血液相容性试验，可设计成模拟临床应用时器械的形状、接触条件和血流动态。溶血试验采用体外法，测定由器械、材料和或其浸提液导致的红细胞溶解和血红蛋白释放的程度。GB/T 16886.4—2003 和 ISO 10993-4 均描述了血液相容性试验。

1.3.3 补充评价试验

1.3.3.1 慢性毒性试验

该试验在不少于实验动物寿命10%的时间内,一次或多次将器械、材料和或其浸提液作用于实验动物,测定其影响。建议试验参数与产品最终应用的临床接触途径和作用时间相适应。GB/T 16886.11—2011 和 ISO 10993-11 均描述了慢性毒性试验。

1.3.3.2 致癌性试验

该试验在实验动物的整个寿命期内,一次或多次将器械、材料和或其浸提液作用于实验动物,测定潜在的致肿瘤性。在单项试验研究中,该试验还可评价慢性毒性和致肿瘤性。只有在从其他方面获取提示性资料时,才进行致癌性试验。建议试验参数与产品最终应用的临床接触途径和作用时间相适应。GB/T 16886.3—2019 和 ISO 10993-3 均描述了致癌性试验。

1.3.3.3 生殖与发育毒性试验

该试验评价器械、材料和或其浸提液对生殖功能、胚胎发育(致畸性),以及对胎儿和婴儿早期发育的潜在影响。只有在器械有可能影响应用对象的生殖功能时,才进行生殖/发育毒性试验或生物学测定。试验应考虑器械的应用位置。GB/T 16886.3—2019 和 ISO 10993-3 均描述了生殖与发育毒性试验。

1.3.3.4 生物降解试验

在存在潜在的可吸收和或降解时,相应的试验可测定器械、材料和/或其浸提液的可沥滤物和降解产物的吸收、分布、生物转化和消除的过程。GB/T 16886.9—2017 和 ISO 10993-9 均描述了生物降解试验。

1.4 试验选择及试验方法保证

医疗器械的生物学评价可包括有关经验研究和实际试验。如果器械及其材料在具体应用中具有可论证的使用史,可不再进行实际试验。

表1-4用于确定各种器械和作用时间应考虑的基本评价试验,表1-5用于确定各种器械和作用时间应考虑的补充评价试验。

由于医疗器械的多样性,对任何一种器械而言,所确定的各种试验并非都是必需的或可行的,要根据器械的具体情况考虑。表1-4和表1-5中未提到的其他试验,也可能是必须做的。

应对所考虑的试验、选择和(或)放弃试验的理由进行记录。生物学评价中采用的试验方法应灵敏,试验数据精确并可靠,试验结果最好是可重现的(实验室间)和可重复的(实验室内)。

医疗器械产品所用材料对其预定用途,不仅开始应具有可接受性的保证,而且长期持续也应具有可接受性的保证,这是质量管理体系的一个范畴。GB/T 19001—2016 和 ISO 9001:2015 规定了该质量管理体系的要求,GB/T 19004—2011 和 ISO 9004:2009 提供了更详细的产品设计和生产指南。

表 1-4　医疗器械基本评价试验指南

器械分类			生物学试验							
人体接触	接触时间 A：短期(≤24 h) B：长期(24 h~30 d) C：持久(>30 d)		细胞毒性	致敏	刺激或皮内反应	全身毒性（急性）	亚急性毒性	遗传毒性	植入	血液相容性
表面器械	皮肤	A	×	×	×					
		B	×	×	×					
		C	×	×	×					
	黏膜	A	×	×	×					
		B	×	×	×					
		C	×	×	×			×	×	
	损伤表面	A	×	×	×					
		B	×	×	×					
		C	×	×	×			×	×	
外部接入器械	血路，间接	A	×	×	×	×				×
		B	×	×	×	×				×
		C	×	×		×	×	×		×
	组织/骨/牙	A	×	×	×					
		B	×	×				×	×	
		C	×	×				×	×	
	循环血液	A	×	×	×					×
		B	×	×	×	×				×
		C	×	×	×	×	×	×	×	×
植入器械	组织/骨	A	×	×	×					
		B	×	×				×	×	
		C	×	×				×	×	
	血液	A	×	×	×	×			×	×
		B	×	×	×	×			×	×
		C	×	×	×	×	×	×	×	×

注：本表提供的是制定评价程序的框架，不是核对清单。

表 1-5 医疗器械补充评价试验指南

器械分类			生物学试验			
人体接触	接触时间 A:短期(≤24 h) B:长期(24 h~30 d) C:持久(>30 d)		慢性毒性	致癌性	生殖与发育毒性	生物降解
表面器械	皮肤	A				
		B				
		C				
	黏膜	A				
		B				
		C				
	损伤表面	A				
		B				
		C				
外部接入器械	血路、间接	A				
		B				
		C	×	×		
	组织/骨/牙	A				
		B				
		C		×		
	循环血液	A				
		B				
		C	×	×		
植入器械	组织/骨	A				
		B				
		C	×	×		
	血液	A				
		B				
		C	×	×		

注:本表提供的是制定评价程序的框架,不是核对清单。

1.5 生物学评价一般流程

医疗器械的生物学评价包括许多内容,具体实施时,需按照一定的流程依次逐步进行。但在生物学评价之前,最重要的是对生物学评价的必要性进行判断。图 1-1 给出了医疗器械的生物学评价必要性判断流程。按照此流程,可以快速、有效地判断医疗器械是否需要进行生物学评价。

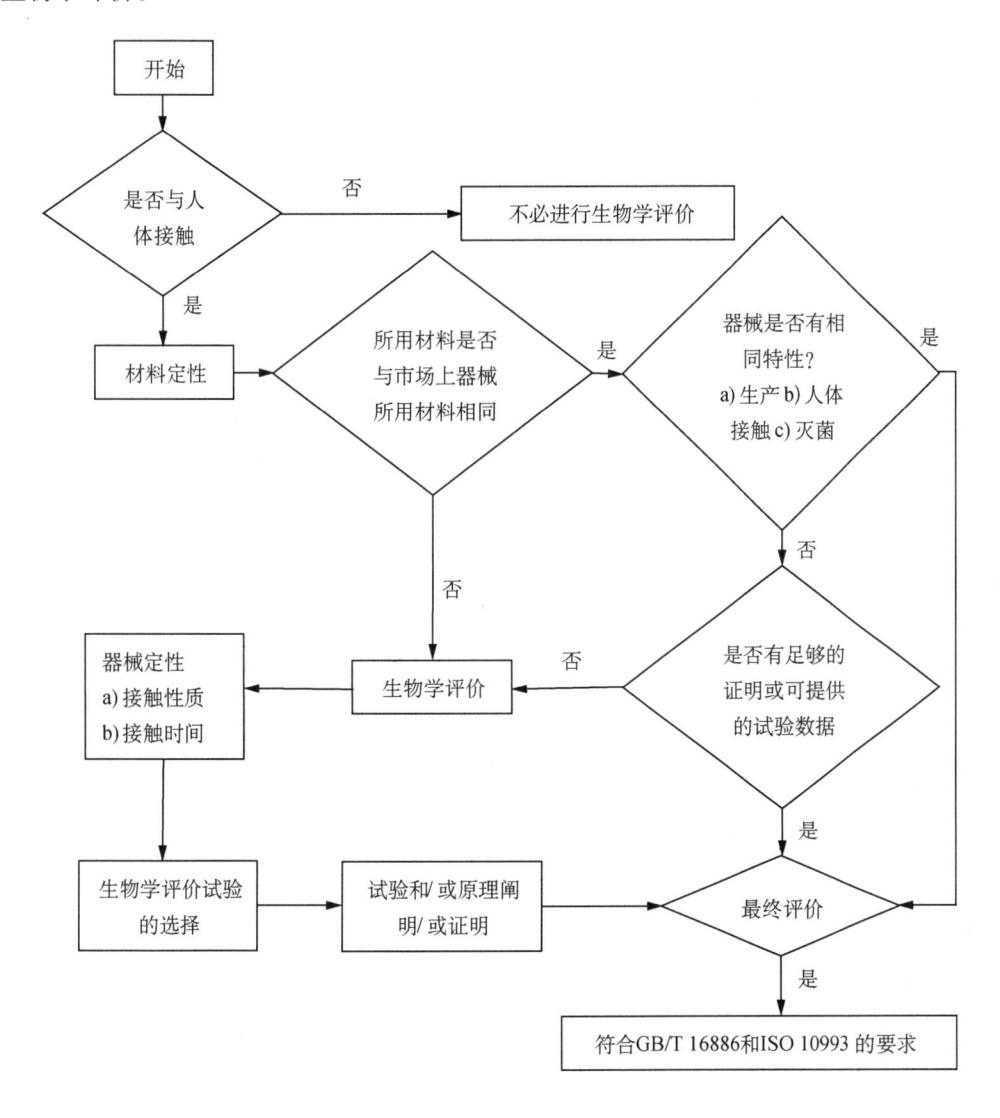

图 1-1　医疗器械的生物学评价必要性判断流程

当然,除了生物学评价,对医疗器械的评价,还包括形态结构、物理性能、化学性能等方面的内容。为了明晰生物学评价所处的位置或阶段,图 1-2 给出了生物医用材料系统评价流程。

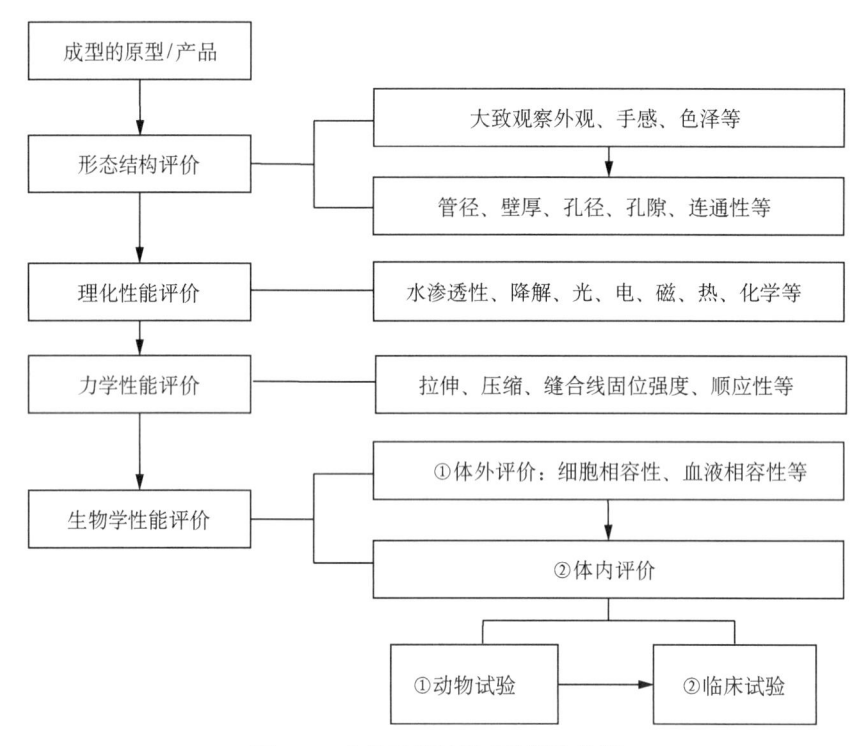

图 1-2 生物医用材料系统评价流程

1.6 参照样品及制备

测量和检测是人类认识自然和改造自然的一种基本手段，是人们为了解物质的属性与特征而进行的工作。对物质的某一特性进行测量或检测时，若测量或检测结果的重复性好，而且不存在任何系统误差，则可认为测量或检测是准确的。准确的测量或检测能如实地反映客观事物所处的状态及变化，使人们了解其真实属性和特征。要实现测量或检测的准确，必须采用统一的计量单位，推广标准化的测量或检测方法，颁布仪器检定规程和量值传递系统。使用适宜的计量器具或标准物质。因此，标准物质的采用是实现准确测量的必要条件。

1.6.1 参照样品

标准品和参照品在药品检测中具有很重要的地位，已有近百年的发展历史。但目前在医疗器械检测方面，系统地提出参照样品，还仅限于生物学试验范围。在生物学试验中，需要使用参照样品来证实试验过程是否正确和可靠，以及作为试验结果的评价的参照。按标准描述的方法进行试验时，通过参照样品可说明试验的可重复性，并达到预见的阴性反应和阳性反应，从而证实试验方法是正确和可靠的。通过参照样品（或阳性和阴性对照），也可保证实验室之间的可比性。

下面这些常用术语的理解和辨别会对试验的开展具有重要意义：

(1) 阴性对照。按规定的步骤试验时，证明试验过程具有再现性，试验系统应呈现阴性、无反应或无背景影响的物质。

(2) 阳性对照。按规定的步骤试验时，证明试验过程具有再现性，试验系统应呈现阳性反应的物质。

(3) 空白液。空白液与浸提液的制备方法相同，但不加试验材料，是用来与浸提液做对比的液体。

(4) 浸提液。浸提液是按一定试验条件，浸提试验材料而得到的液体。

(5) 试验材料。试验材料指用于进行生物学试验或化学试验的材料、器械或器械的一部分或组件。

(6) 试验样品。试验样品指用于进行生物学试验或化学试验的部分试验材料或浸提液。

在生物学评价中，应使用参照样品来佐证试验过程，并根据具体的生物学试验采用相应的阴性对照、阳性对照和空白液对照。同一参照样品可用于不同的试验。选择参照样品时，其种类应与试验样品相同，如聚合物、金属、胶体等。目前已使用的阳性参照样品或阴性参照样品：

(1) 阳性参照样品：含有二甲基或二丁基-二硫代氨基甲酸锌链段的聚氨酯膜、含有有机锡添加剂的聚氯乙烯、专用增塑聚氯乙烯等。另外，含有乳胶成分或锌的盐溶液及酚醛和水稀溶液可作为浸提液的阳性参照。

(2) 阴性参照样品：高密度聚乙烯、低密度聚乙烯、无二氧化硅的聚二甲基硅氧烷、聚氨酯、不锈钢合金等。一般而言，可以采用标准的细胞培养瓶/板作为阴性对照，如一次性细胞培养瓶、24孔板等。

对于一些具体的生物学试验，其参照样品也有详细要求，例如：

(1) 植入试验：阴性参照样品选用高密度聚乙烯、低密度聚乙烯、不锈钢合金；阳性参照样品选用含有有机锡添加剂的聚氯乙烯、专用增塑聚氯乙烯。

(2) 细胞毒性试验：阴性参照样品选用高密度聚乙烯；阳性参照样品选用含有有机锡添加剂的聚氯乙烯。

(3) 致敏试验：阴性参照样品选用高密度聚乙烯。

(4) 浸提液空白对照：浸提介质。

制备参照样品应和医疗器械一样，应按照ISO 9000系列标准及ISO 13485和ISO 13488的要求进行。参照样品应标明来源、类型等级或型号等。

此外，参照样品还应满足以下要求：

(1) 将参照样品分割成小片时，应考虑以前没有暴露的表面（如腔面和切面）的影响，并要求切割技术尽量清洁，以免污染。

(2) 应按试验要求进行灭菌处理。

(3) 参照样品要由独立实验室鉴定，其物理、化学和生物学性能指标应由该实验室确定。

(4) 经证明的参照样品应选择纯度高、性能稳定、适用于预定用途且便于获得的材料，其物理、化学和生物性能的稳定性要经过3个或3个以上实验室共同验证确定。

1.6.2 试验样品及制备

1.6.2.1 试验样品的选择原则

有些医疗器械的生物学的试验可以直接用医疗器械成品作为试验样品,但有些生物学评价试验必须用溶液(如全身急性毒性试验、刺激试验等)作为试验样品。同时,医疗器械种类繁多、形状各异,并且大多数医疗器械不能溶于溶剂。这对医疗器械生物学评价试验的试验样品选择加大了难度,但试验样品的选择和制备的标准化是保证生物学评价试验结果可靠性和可比性的很关键的一步,因此应遵守以下选择原则:

(1) 首先,最好直接用医疗器械作为试验样品。

(2) 若不能直接利用医疗器械成品作为试验样品,可选择医疗器械成品中有代表性的部分作为试验样品。如果这样也不可,可用材料相同配方的代表性样品进行试验,并按照与成品相同的工艺过程进行预处理。

a. 合成材料应作为单一材料的试验样品。

b. 有表面涂层的医疗器械试验样品应包括涂层材料和基质材料。

c. 医疗器械如果使用黏结剂、射频密封或溶剂密封,试验样品应包括黏结或密封处有代表性的部分。

d. 临床使用中固化的材料,如黏固剂、黏结剂或填充剂,最好在临床使用状态下进行试验;如果不行,应采用临床使用最小固化期时作为试验样品。

(3) 若不能采用医疗器械成品或有代表性的部分作为试验样品,可采用以上样品制备浸提液进行试验。

采用医疗器械成品或有代表性的部分作为试验样品时,如果医疗器械是由不同材料组成的,还应考虑到不同材料的相互作用和综合作用。对于有些特殊生物学评价试验(如致癌试验),试验样品的几何形状的影响可能会大于材料类型的影响,这时试验样品的几何形状要按比例选择器械上有代表性的不同材料。有些生物学评价试验(如植入试验)要求对单一材料进行,当医疗器械由不同材料组成时,需要对这些材料分别试验。

1.6.2.2 试验样品的制备

生物学评价所用的试验样品应是医疗器械成品成分、工艺和表面特性的综合代表,其选择原则前文已述,其制备过程还应符合以下要求:

(1) 对于高分子材料,其成分应包括树脂、聚合物和所有添加剂。其他可代替组分也应评价,并对配方做详细说明,包括材料的耐热性、原始状态和再粉碎及最大允许的再粉碎。

(2) 对于金属材料,应取自与医疗器械制造相同的原材料,并且用与最终产品制造相同的车、磨、抛、铣、钝化、表面处理加工和灭菌条件来制备试验样品。

(3) 对于陶瓷材料,应取自与医疗器械生产的同批粉料,并且用与最终产品生产相同的铸造、浇铸、烧结、表面抛光加工和灭菌条件来制备试验样品。

(4) 由于医疗器械的表面对生物反应有很大影响,因此最好采用医疗器械成品与细胞或生物体接触,或采用与医疗器械成品相同工艺加工的小医疗器械样品,这比取代表性部分更能反映医疗器械的生物反应。

1.6.2.3 浸提液制备

进行生物学评价试验时,应尽量采用医疗器械成品或有代表性部分作为试验样品;当无法采用医疗器械本身进行试验时,才采用其浸提液作为试验样品。但应认识到,用浸提液作为试验样品所得结果有一定的局限性。用浸提液作为试验样品可测定生物体对医疗器械中可沥滤物质的生物反应,进一步预测医疗器械对生物体的潜在危害。

制备医疗器械浸提液时,所用浸提介质和浸提条件应与最终产品的性能和临床使用情况相适应,并与试验方法的可预见性(如试验原理、敏感性等)相适应。因此,理想的浸提条件既要反映产品的实际使用条件,也要反映试验的可预见性。

浸提应在洁净和化学惰性的封闭容器中进行,容器内顶部空间应尽量小并保证安全。浸提应在防止试验样品受到污染的条件下进行。浸提液制备可以在静态或搅拌状态下进行。如果采用搅拌状态,要注明其搅拌条件和方法。浸提液制备后最好立即使用,以防止浸提物吸附在浸提容器上或成分发生变化。如果浸提液存放超过 24 h(室温下),则应检查贮存条件下浸提液的稳定性,若发生变质,则不能再使用。

可浸提出的物质量与浸提时间和温度、材料表面积与浸提介质体积比及浸提介质的性质有关。浸提是一个复杂过程,受时间、温度、表面积与体积比、浸提介质,以及材料的相平衡的影响。如采用加速或加严浸提条件,应认真考虑高温或其他条件对浸提动力学及浸提液浓度的影响。最好的浸提条件是与临床使用相近,而且能浸提出最大量的浸提物质。用于制备浸提液的试验样品,应按上述试验样品要求制备。

(1) 浸提介质选择。选择浸提介质时,应考虑医疗器械在临床中使用的部位及可能发生的浸提情况。选择的浸提介质最好能从医疗器械中浸提出最大量的可滤出物质,并且能和待进行的生物学评价试验相适应。浸提介质应淹没整个试验样品。浸提介质通常分为以下三类:

a. 极性溶剂:生理盐水、无血清液体培养基。

b. 非极性溶剂:植物油(如棉籽油或芝麻油)。为了排除劣质或变质的植物油,植物油必须符合以下试验要求:选三只健康兔,剪去背部表面的毛,选一个注射点,分别注射 0.2 mL 植物油,于注射后 24 h、48 h、72 h 观察动物,以注射点为圆心、直径在 5 mm 以外的区域不显示水肿或红斑。

c. 其他浸提介质:乙醇(体积分数5%)/水、乙醇(体积分数5%)/生理盐水、聚乙二醇、二甲基亚砜、含血清液体培养基等。

(2) 浸提温度。模拟医疗器械临床使用可能经受的最高温度,并且在此温度下可浸提出最大量的滤出物质。浸提温度还取决于医疗器械所用材料的理化性能,例如对于聚合物材质的,浸提温度应选择其玻璃化温度以下;如果玻璃化温度低于使用温度,浸提温度应低于熔化温度。下面列出了五种浸提温度和持续时间,可根据试验样品性能和临床使用情况选择:

(37 ± 1) ℃,持续(24 ± 2) h;

(37 ± 1) ℃,持续(72 ± 2) h;

(50 ± 2) ℃,持续(72 ± 2) h;

(70 ± 2) ℃,持续(24 ± 2) h;

(121±2) ℃,持续(1±0.2) h。

选择浸提温度时,应注意:

a. 熔点和软化点低于121 ℃的试验样品,应在低于其熔点的一个标准温度下浸提(例如低密度聚乙烯)。

b. 会发生水解的材料,应在其水解量最低的温度下浸提(如聚酰胺,采用50 ℃浸提)。

c. 经过蒸汽灭菌且在贮存期内含有液体的器械,应采用121 ℃浸提(例如带药的透析器)。

d. 只在体温条件下使用的材料,应在能提供最大量的滤出物质而不使材料降解的温度下浸提(例如胶原制品采用37 ℃浸提)。

(3) 试验样品表面积(或质量)与浸提介质体积之比。在浸提过程中,试验样品表面积(或质量)与浸提介质体积之比应满足:

a. 试验样品被浸提介质浸没。

b. 生物学试验的剂量体系中所含浸提物质的量最大,但剂量体积应在生理学限度内。

c. 生物学试验能反映试验样品对人体的潜在危害作用。

在无医疗器械基本参数的情况下,可采用表1-6所列的比例操作。

表1-6 试验样品表面积(或质量)与浸提介质体积之比

材料形状	材料厚度(mm)	试验样品表面积或质量/浸提介质体积
薄膜或片状	<0.5	6 cm^2/mL①
	0.5~1	3 cm^2/mL
管状	<0.5	6 cm^2/mL②
平板或管状	0.5~1	3 cm^2/mL
片状弹性体	>1	3 cm^2/mL③
不规则形状弹性体	>1	1.25 cm^2/mL④
不规则形状	按质量	0.1 g/mL
	按质量	0.2 g/mL

注:①面积之和;②内层和外层面积之和;③总接触表面积;④总接触表面积,并不再分割。

如果弹性体材料(泡沫、海绵状)采用表1-6所列的比例,浸提介质仍不能覆盖试验样品时,可增加浸提介质的质量直至其覆盖试验样品,并说明所用的试验样品表面积/浸提介质体积比(试验样品质量精确至0.1 g)。对于超吸收体材料,目前暂无认可的标准比例。

有的生物学试验可能需要浓缩浸提介质,以提高试验的敏感性。但应考虑到制备浓缩浸提液时,可能导致易挥发物质(如残留的环氧乙烷)丢失。

在制备医疗器械的有代表性试验样品时,可能在分割时产生微粒,从而在浸提液中出现。这时可采用过滤或其他方法除去这些微粒,但要注明详细理由和过程。

1.7 动物保护要求

1.7.1 概述

保护人体安全是 GB/T 16886 系列标准的主要精神,而保护动物并使实验动物的数量和应用减少到最低,也同等重要。

实验动物科学是现代科学技术不可分割的一个组成部分,而它本身就是一个独立的综合性基础科学门类。在生命科学中,为了人类的健康和福利,利用实验动物。在各种疾病机理、预防和治疗的研究中,实验动物是人类的替难者。

近年来,各国根据其社会制度、伦理、道德和风俗习惯,先后制定了实验动物法规。这些实验动物法规都具有强制性质。这类法规在一定程度上和一定范围内,对实验动物的管理、饲养、使用和处理提出了要求,起到了维护科学原则和监督执行的作用,也为应用实验动物进行有关生命科学的试验,以及检测药物、制剂和食品等工作,确立了规程。

各国的实验动物法规中,有关动物福利的法规在于保护动物免遭偷盗,防止出售和使用偷来的动物,确保动物用于科学研究、展览或通过贸易供人们娱乐。法规规定要做好实验动物的饲养管理,善待动物,并规定了运输、购买、出售、笼舍的条件。在完备实验室操作法规中,也有涉及实验动物的规定,比如,要求不同种类的实验动物分隔饲养,要注意卫生、清洁、消毒、隔离,动物笼舍应定期清洗、干燥、铺垫,对动物的排泄物应妥善处理等。

GB/T 16886.1 和 ISO 10993-1 都给出了较规范的定义。

(1) 实验动物:任何已经或准备用于试验,有生命的非人类的脊椎动物,不包括动物胎儿和胚胎期动物。

(2) 饲养动物:由主管部门认可或注册的场所专门饲养用于试验的动物。

(3) 实验动物的试验:从开始对第一只动物做使用准备,到不再需要进一步试验观察为止。

(4) 适当的麻醉:按**优秀兽医操作规范**(GVP)规定,使用麻醉(局麻或全麻),使动物失去知觉。

(5) 人道法处死动物(即安乐死法):处死动物时,使动物身体和精神上的痛苦减小到最低限度的方法。

(6) 不必要的重复:没有科学必要的相同试验的重复进行。

1.7.2 动物试验的一般要求

动物试验一般有以下要求:

(1) 选择程序。动物试验应在相应的体外试验完成后进行。如果体外试验结果清楚地表明被测材料、器械或浸提液不符合要求,则不应再进行动物试验。

(2) 结果的有效性。标准认为经国家有关认证实验室检验并评价的试验结果是有效的,建议有关各方接受这种试验结果。

(3) 实验人员的资格。承担动物试验的实验人员应具有良好的素质(尤其在善待动物方面),并接受过有关动物管理、法规及试验技术等方面的培训。

(4)饲养要求。动物饲养与管理应符合国家有关动物饲养指南的规定。实验动物饲养需具备动物房合格证。实验动物需具备实验动物合格证,并经过稳定的观察期后,方能进行试验。应防止动物痛苦与疼痛,尽可能善待动物。

(5)术前、术中和术后的动物护理。实验动物的全部手术过程,应在动物经过适当麻醉后,采用无菌操作技术且认真处理手术相关组织的基础上进行。

对于手术后需要康复的实验动物,其手术过程应包括术前、术中和术后适当的动物护理,应符合已有的兽医医疗和护理规程,而且应在无菌环境下进行护理。特别值得注意的是术后尚未苏醒的动物。

如在上述三阶段中发现动物疼痛或其他不良反应,应及时记录,除非有特殊的理由,否则需要通过使用适当的止痛法或终止试验来减轻动物疼痛。

(6)试验设计内容。试验方案中应规定实验动物的试验设计内容,其应包括:

① 本次研究的具体目标和要解决的科学问题。

② 被测器械或材料的组成和使用方面的基本信息。

③ 从试验设计方案开始,到最终检测报告完成的整个试验过程中,所采用的统计学方法的详细说明。

④ 描述所选用动物的品种、数目、体重、性别等,以及选用的基本原则。

⑤ 试验步骤。

⑥ 动物"安乐死"法的描述。

⑦ 原则上一只动物只能用于一种试验。

(7)减少动物试验。为了达到减少动物试验和最终废除动物试验的目标,在正式试验前,应进行预试验,如在一只动物上使用伤害最小的试验方法和对同类动物通过使用伤害较小的方法来减少动物试验。通过预试验得到的最少动物数量,也是试验中优先考虑采用的数量。

(8)动物的"安乐死"法。在实验动物试验结束时或在各观察期的处理时,处死动物应尽快使动物失去知觉,采用没有明显疼痛和痛苦的方法使动物"安乐死"。

(9)建议。标准提供了有关未来科学研究的一些建议。如减少生物学试验中动物用量,完善试验方法以减轻或消除动物的疼痛,以及用其他方法代替实验动物的试验。这些建议包括:

① 鼓励替代方法的研究。主管部门、财政部门和科研人员应对替代方法的认可或发展给予优先权。如科学杂志优先发表这些方法的论文,主管部门、财政部门对这类科学研究的立项倾斜和重视对其成果的关注、奖励和推广等,建立数据库(不应考虑保密性而妨碍有关国际性数据库的建立),以减少不必要的重复。

② 小规模试验和减少动物用量。应进行小规模试验来确定能够提供所需结果的最少试验次数。如果标准中已规定所需动物的最少数量,应优先选用此数量。主管部门应要求尽可能以最少的实验动物试验次数取得有价值的数据,不需要过高的精确度。

③ 优化试验方案和改进试验方法。优化是指通过改进和完善试验程序,尽可能减轻或减少给动物造成的疼痛和不安,提高动物福利的方法,以利于动物试验获得可靠的结果,主要包括技术路线和试验方法的精细设计与选择,这是一个科学化、规范化、标准化的过程。

习题与思考题

［1］体会生物医用纺织品生物学（生物安全性）评价的必要性和重要性，理清生物学评价的一般思路。
［2］掌握生物医用纺织品的类别，能够通过查阅资料来确定评价试验类别，选择恰当的试验方法。
［3］清晰生物医用纺织品的系统评价流程及生物学评价流程。
［4］熟悉试验样品的制备方法及参照样品的选择依据。
［5］了解实验动物的基本要求和开展动物试验的一般要求。

第 2 章 生物医用纺织品体外细胞毒性评价

体外细胞毒性试验是在体外细胞培养环境下进行的检测生物材料或其浸提液生物学反应的试验，是生物学评价体系中最重要的检测试验之一。几乎所有的生物材料在进行体内生物学评价前，都必须进行体外细胞毒性试验。其重要作用在于能在短期内快速检测供试样品对细胞生命活动的影响，为体内生物学评价提供重要依据。它的优势在于试验方法能标准化，试验结果重复性好，操作简便，耗时少，以及效率高等。另外，体外细胞毒性试验还可以进行定量分析，为不同供试样品的试验结果进行比较提供了可能。

生物医用纺织品的体外生物学评价具有通用性。本章参照国家标准 GB/T 16886.5—2017，即第 5 部分的体外细胞毒性试验，对体外细胞毒性评价给出一个框架式的指南。根据样品的性质、使用部位和适用特性，选择指南中的一种或几种试验方法进行试验。

体外细胞毒性试验的直接目的是评价生物材料导致细胞毒性反应的潜质，并预测生物材料应用于生物体时可能发生的组织学及免疫学反应。通过体外细胞培养技术，可检测细胞与供试样品接触后发生的生长抑制、功能改变、溶解、死亡或其他毒性反应。

体外细胞毒性试验方法较多，可以按照生物医用材料与细胞的接触方式分成三种：浸提液试验、直接接触试验和间接接触试验。

生物材料对细胞的影响评价，可分为四种评价类型：①按形态学方法评价细胞破坏；②细胞损伤的评价；③细胞生长的评价；④细胞代谢特性的评价。

2.1 试验准备

2.1.1 试验样品及其浸提液的准备

试验样品制备应符合 GB/T 16886.12—2017 的规定。应当随机选取样品，并且有足够多的数量。必须使用有效期内的合格产品进行试验。样品若不适合直接用于试验，则采用样品浸提液。

为了测定生物医用纺织品潜在的毒理学危害，浸提条件应模拟或严于临床使用条件，但不应导致材料发生诸如熔化、溶解或化学结构改变等明显变化。浸提液中任何内源性或外源性物质的浓度及其接触试验细胞的量，取决于接触面积、浸提体积、pH 值、溶解度、扩散率、搅拌条件、温度、时间和其他因素。

哺乳动物细胞检测应使用下列一种或几种浸提介质：①含血清培养基；②无血清培养基；③生理盐水；④其他适宜的溶剂。对浸提介质的选择应进行验证。

浸提需运用无菌技术,在无菌、化学惰性的封闭容器中进行。推荐的浸提条件:a. (37±2)℃下不少于24 h;b. (50±2)℃下(72±2) h;c. (70±2)℃下(24±2) h;d. (121±2)℃下(1±0.2) h。可根据器械特性和具体使用情况选择推荐的浸提条件。当浸提过程使用含血清培养基时,只能采用浸提条件a。浸提液用于细胞之前,如果进行过滤、离心或其他处理,报告中应说明,对浸提液pH值的调整也应在报告中说明。对浸提液进行处理,例如对其pH值进行调整,会影响试验结果。

在细胞毒性检测中,某些材料可进行直接接触试验。固态样品应至少有一个平面,液态样品未经调整即可进行试验,其他形状和物理状态的样品应进行调整。试验时,要确保试验样品和试验环境无菌。无菌器械试验材料的试验全过程应按无菌操作法进行。样品如取自通常在使用前灭菌的器械,应按照制造商提供的方法灭菌,并且试验全过程应按无菌操作法进行。

试验前,制备样品时应考虑灭菌方法或灭菌剂对器械的影响。试验材料如取自使用中不需要灭菌的器械,应在供应状态下使用,但试验全过程中应按无菌操作法进行。

对液体样品,应将其附着到具有生物惰性和吸收性的基质上(如滤膜)。对高吸收性样品,如果可能,试验前应用培养基将其浸透,以防止样品吸收试验器皿中的培养基。

2.1.2　试验细胞的选择

试验细胞宜优先采用已建立的细胞系,并且应从认可的贮源获取。需要特殊敏感性时,只能使用直接由活体组织获取的原代细胞、细胞系和器官型培养物,但需证明其反应的重现性和准确性。细胞系原种培养贮存时,应放在相应培养基内,在-80 ℃或以下冻存,培养基内加有细胞保护剂,如二甲基亚砜或甘油等。长期贮存(几月至几年)时,需在-130 ℃或以下冻存。试验应使用无支原体污染细胞,使用前采用可靠方法检测细胞是否存在支原体污染。

用选定的细胞系和培养基制备试验所需的细胞悬浮液,即原种细胞。使用冻存细胞时,如加有细胞保护剂,应除去,使用前至少传代培养一次。取出细胞,用适宜的酶分散法和/或机械分散法制备成细胞悬浮液。

2.1.3　培养基的选择

所使用的培养基应无菌。含血清或无血清培养基应符合选定细胞系的生长要求。培养基中允许含有对试验无不利影响的抗生素。培养基的稳定性与其成分和贮存条件有关。含谷氨酰胺和血清的培养基在2~8 ℃条件下贮存应不超过一周,含谷氨酰胺的无血清培养基在2~8 ℃条件下贮存应不超过两周。培养基的pH值应为7.2~7.4。开始细胞培养时,宜选择与细胞贮源一致的培养基。在细胞培养过程中,要保持培养基的一致与稳定,除非有特殊试验目的。

2.2　试验步骤

试验应至少采用三个平行试验样品($n \geqslant 3$)和对照样品。如上所述,根据样品特点,有三种试验方法可供选择:浸提液试验、直接接触试验和间接接触试验。

2.2.1 浸提液试验

从持续搅拌的细胞悬浮液中吸取等量的悬浮液,注入与浸提液接触的每只培养器皿内。轻轻转动培养器皿,使细胞均匀地分散在培养器皿的表面。根据培养基选择含或不含5%(体积分数)二氧化碳的空气作为缓冲系统,在(37±2) ℃温度下进行培养。

试验应在近汇合单层细胞或新鲜悬浮细胞上进行。如果仅检测克隆形成,应采用较低的细胞密度。试验前用显微镜检查培养细胞的近汇合和形态情况。试验可选用样品浸提原液和以培养基做稀释剂的系列浸提稀释液。

试验如采用单层细胞,应弃去培养器皿中的培养基,在每只培养器皿内加等量浸提液或浸提稀释液。如用悬浮细胞进行试验,细胞悬浮液制备好后立即将浸提液或浸提稀释液加入到每只试验样品培养器皿中。采用水等非生理浸提液时,浸提液用培养基稀释后应在最高生理相容浓度下试验。稀释浸提液时建议使用浓缩的(如2倍、5倍)培养基。加等量的空白试剂和阴性及阳性对照液至其他平行器皿中。如需要,还可用新鲜培养基作对照试验,经过至少24 h的培养后,确定细胞毒性反应。

2.2.2 直接接触试验

从持续搅拌的细胞悬浮液中吸取等量的悬浮液,注入铺有试验样品的每只培养器皿内。轻轻地水平转动培养器皿,使细胞均匀地分散在每个样品的表面。根据培养基选择含或不含5%(体积分数)二氧化碳的空气作为缓冲系统,在(37±2) ℃温度下进行培养。操作时应注意防止样品发生不必要的移动,否则可能会导致细胞的物理性损伤。同法制备阴性和阳性对照材料平行器皿。去除上层培养基,确定细胞毒性反应。

2.2.3 间接接触试验

2.2.3.1 琼脂扩散试验

该试验可用于细胞毒性定性评价,但不适用于不能通过琼脂层扩散的可沥滤物或与琼脂反应的物质。

从持续搅拌的细胞悬浮液中吸取等量的悬浮液,注入每只试验用平行器皿内。轻轻地水平转动培养器皿,使细胞均匀地分散在每只培养器皿的表面。根据培养基选择含或不含5%(体积分数)二氧化碳的空气作为缓冲系统,在(37±2) ℃温度下进行培养,直至对数生长期末细胞近汇合。试验前用显微镜检查培养细胞的近汇合和形态情况。弃去培养器皿中的培养基,然后将溶化琼脂与含血清的新鲜培养基混合,使琼脂最终质量浓度达0.5%~2%,在每只器皿内加入等量的上述混合液。只能使用适合于哺乳动物细胞生长的琼脂。该琼脂培养基混合液应为液态,温度应适合于哺乳动物细胞生长。各种不同分子量和纯度的琼脂可通用。

将试验样品轻轻放在每只培养器皿的固化琼脂层上,样品应覆盖细胞层表面的约1/10。对于吸水性材料,置于琼脂层上之前用培养基进行湿化处理,以防止琼脂脱水。同法制备阴性对照和阳性对照样品器皿,培养24~27 h,从琼脂上小心地取下样品,检测细胞毒性。

用活体染色剂如中性红,有助于检测细胞毒性。活体染色剂可在培养前或培养后与样品一起加入。如培养前加入，应在避光条件下进行细胞培养，以防因染色剂的光活化作用而引起细胞损伤。

2.2.3.2 滤膜扩散试验

此试验可用于细胞毒性定性评价。在数只试验用培养皿内，各放置一枚孔径 0.45 μm 无表面活性剂的滤膜，并加入等量持续搅拌的细胞悬浮液，轻轻地水平转动培养皿，使细胞均匀地分散在滤膜的表面。根据培养基选择含或不含 5%（体积分数）二氧化碳的空气作为缓冲系统，在 (37 ± 2) ℃温度下进行培养，直至对数生长期末细胞近汇合。试验前用显微镜检查培养细胞的近汇合和形态情况。弃去培养器皿内的培养基，将滤膜有细胞面向下，放在固化的琼脂层上。

轻轻地将试验样品放在滤膜无细胞面上面，滤膜上放置不产生反应的环，用以保留浸提液和新加入的成分。同法制备阴性和阳性对照样品滤膜，培养 2 h±10 min，轻轻地从滤膜上取下样品，并从琼脂上小心分离滤膜，采用合适的染色程序确定细胞毒性反应。

2.3 细胞毒性判定

可采用定性或定量方法检测细胞毒性。

2.3.1 定性评价

用显微镜检查细胞（如果需要，使用细胞化学染色）形态、空泡形成、脱落、细胞溶解和膜完整性等方面的变化，形态的改变可描述性地在试验报告中记录或以数字记录。试验报告中应包括评价方法和评价结果。表 2-1 列出了试验材料细胞毒性反应程度分级。

表 2-1 试验材料细胞毒性反应程度分级

级别	反应程度	反应观察
0	无	细胞形态正常，贴壁生长良好，胞浆内有离散颗粒，无细胞溶解
1	极轻	最多 20% 的细胞呈圆形，疏松贴壁，无胞浆内颗粒，偶见细胞溶解
2	轻微	最多 50% 的细胞呈圆形，无胞浆内颗粒，明显可见细胞溶解和细胞间空隙
3	中度	最多 70% 的细胞呈圆形或溶解
4	重度	细胞几乎完全破坏

2.3.2 定量评价

定量评价包括测定细胞死亡、细胞生长抑制、细胞繁殖或细胞克隆形成。可以用客观的方法对细胞数量、蛋白总量、酶的释放、活体染料的释放和还原或其他可测定参数进行定量测试，使用的方法和测试结果应在试验报告中说明。有些检测细胞毒性的特殊方法，可能需要零点或基线细胞培养对照。

此外,应慎重选择评价方法,试验样品如果释放对试验系统或对检测有影响的物质,则试验结果可能无效。如评价细胞活力,释放甲醛的材料须经过可靠的试验验证。各平行培养器皿的试验结果如有显著差异,则判定试验不当或无效。阴性、阳性及任何其他对照物(参照、培养基、空白、试剂等)在试验系统中如无预期的反应,应重新试验。

参照 GB/T 14233.2—2005,通过 MTT(噻唑蓝)分析法和计算**相对增殖率**(RGR),即可对细胞毒性进行定量的分级评价(表 2-2)。

表 2-2　试验材料细胞毒性记分法

级别	相对增殖率(%)
0	≥100
1	80～99
2	50～79
3	30～49
4	0～29

2.4　试验报告和结论

体外细胞毒性试验报告应详细包括:
a. 试验样品的描述。
b. 细胞系,并对选择进行论证。
c. 培养基。
d. 评价方法和原理。
e. 浸提步骤(如必要),沥出物质的性质和浓度(如可能)。
f. 阴性、阳性和其他对照物。
g. 细胞反应和其他情况。
h. 结果评价所需的其他有关资料。

应由合格的专业人员根据试验数据对试验结果进行总体评价。试验结果如没有说服力或无效,应重新试验。

习题与思考题

[1] 生物医用纺织品的体外细胞毒性评价试验主要包括哪些环节?
[2] 体外细胞毒性评价中,根据试验样品的不同,有哪些试验方法可供选择?
[3] 试以自己最熟悉的生物医用纺织品为例,制定评价其体外细胞毒性的试验方案。

第 3 章 生物医用纺织品血液相容性评价

生物医用纺织品直接或间接地接触循环血液,与血液中的血小板、红细胞、白细胞及血浆蛋白等成分发生相互作用,可能会发生血栓形成、溶血、血浆蛋白黏附、补体系统改变及血液中有形成分改变等情况。因此,对与血液相互作用的生物医用纺织品进行体内血液相容性评价之前,务必先进行体外试验,体外试验结果符合预期之后再进行动物试验及临床试验。

本章参考国家标准 GB/T 16886.4—2003,主要介绍医疗器械与血液相互作用的评价的通用要求,并对血液相容性评价进行概括性描述。

3.1 血液相容性评价总则

并不是所有医疗器械都需要进行血液相容性评价,图 3-1 所示为其判定流程,可用于确定是否需要进行血液相容性试验。简言之,若与已知医疗器械相同,则不需要进行血液相互作用评价;否则,在缺乏被认可的数据或证据时,需要进行相应评价。此外,还要根据医疗器械与血液相互作用的类型,进一步判断是否需要进行血液相互作用试验。若医疗器械不与循环血液接触,则无需评价。

根据检测的主要过程或系统可将血液相互作用试验分为五类,分别为血栓形成、凝血、血小板、血液学和补体系统。表 3-1 和表 3-2 分别列出了常用的与循环血液接触的医疗器械或器械部件的适用试验类别,其中表 3-1 所示为外部接入器械,表 3-2 所示为植入器械。

试验应模拟医疗器械临床使用时的几何形状及其与血液接触的条件,包括接触时间、温度、灭菌条件和血流条件。对于有一定几何形状的医疗器械,应评价试验参数(单位体积浓度)与接触表面积(cm^2)之比。如果只对与血液接触部件进行试验,应根据当前技术水平选择试验方法和试验参数。

试验应采用相应的对照,除非能证明这些对照可以省略。如有可能,试验应包括临床已应用过的相关医疗器械或经过鉴定的参照材料。所用参照材料应包括阴性对照和阳性对照。所有供试材料和医疗器械应符合制造商和实验室的全面质量控制和质量保证规范,并能识别出材料和医疗器械的来源、制造商、等级和型号。

如不是在模拟器械使用条件下进行试验,试验结果可能不能准确反映出临床应用中发生的血液-器械相互作用,如一些短期体外或半体内试验难以预示长期的体内血液-器械相互作用。

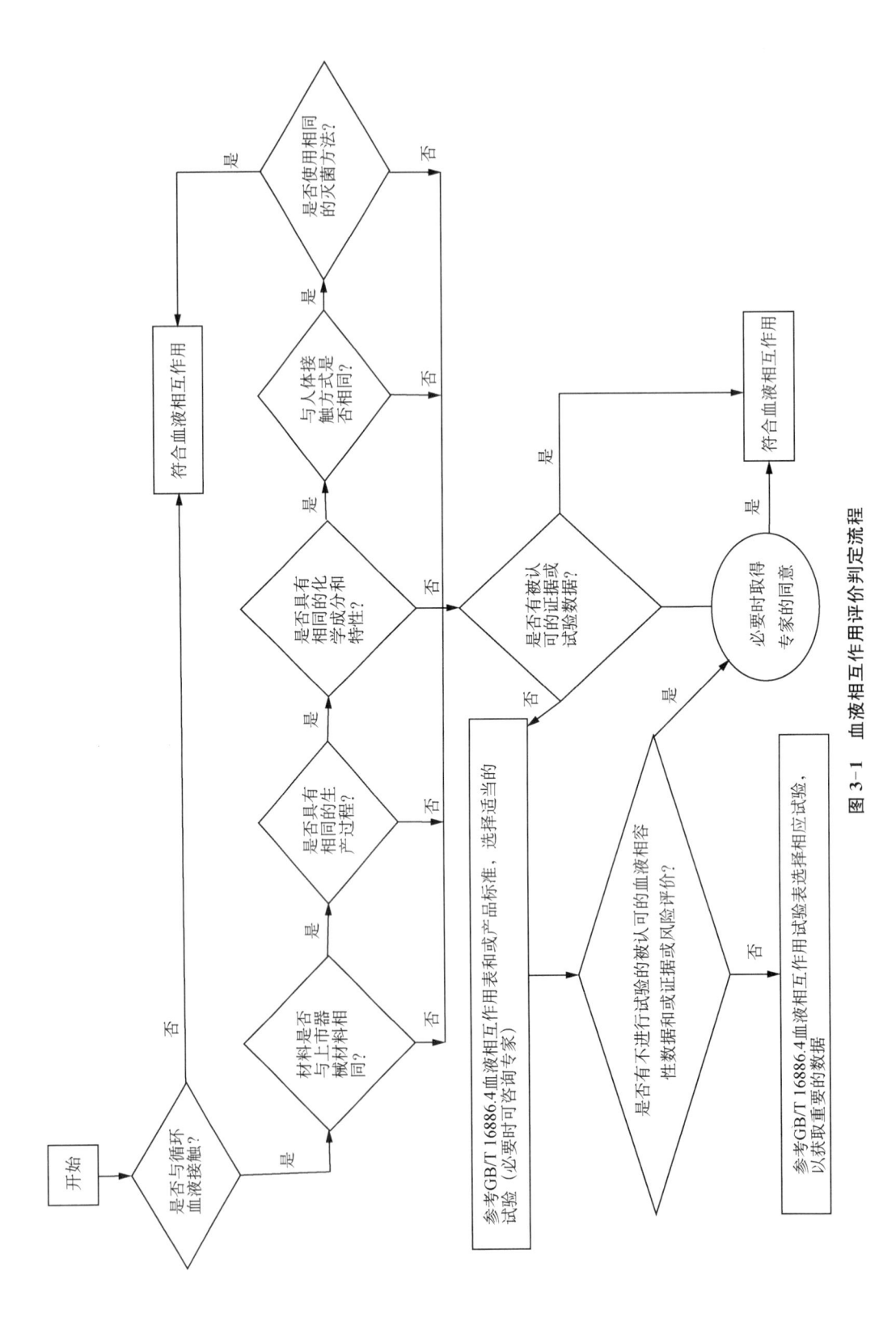

图 3-1 血液相互作用评价判定流程

第3章 生物医用纺织品血液相容性评价

表 3-1 与循环血液接触医疗器械或器械部件和适用试验分类——外部接入器械

器械举例	血栓形成	凝血	血小板	血液学	补体系统
动脉粥样硬化切除术器械				×[a]	
血液监测器	×			×[a]	
血液贮存和输注设备、血液采集器械、延长器		×	×	×[a]	
体外膜式氧合器系统、血液透析器/血液过滤器、经皮循环辅助系统	×	×	×	×	×
导管、导丝、血管内窥镜、血管内超声器械、激光系统、冠状逆行灌注导管	×	×		×[a]	
细胞贮存器		×	×		
血液特异性物质吸附器械		×	×	×	×
血液成分采输器		×	×	×	×

a. 只做溶血试验。

表 3-2 与循环血液接触医疗器械或器械部件和适用试验分类——植入器械

器械举例	血栓形成	凝血	血小板	血液学	补体系统
瓣膜成形环、机械心脏瓣膜	×			×[a]	
主动脉内球囊泵	×	×	×	×	×
人工心脏、心室辅助器械	×			×	
栓塞器械				×[a]	
血管内植入物	×			×[a]	
植入式除颤器和复律器	×			×	
起搏器导线	×			×	
去白细胞滤器		×	×		
人工血管植入物、动静脉分流器	×			×[a]	
支架	×			×[a]	
组织心脏瓣膜	×			×[a]	
组织血管植入物、动静脉分流器	×			×[a]	
静脉腔滤器	×			×[a]	

a. 只做溶血试验。

根据以上所述,预期用于半体内的器械(外部接入器械)应在半体内条件下进行试验,而用于体内的器械(植入器械)应在尽可能模拟临床使用条件下,在动物模型上进行体内试验。

体外试验也适用于筛选外部接入器械或植入器械,但不能准确预示长期、重复或永久接触的血液/器械相互作用。对于不接触循环血液的器械,不需要评价血液-器械相互作用。与循环血液接触时间很短的器械(如手术刀、皮下注射针、毛细吸管),一般不需要进行血液-器械相互作用试验。

各种用于采集血液和进行血液体外试验的一次性使用的实验室器具,均应进行评价,以证实其对所进行的试验无明显干扰作用。

如果按标准所述方法选择试验,并在模拟临床应用条件下进行试验,试验结果能预示器械的临床性能,但物种差异和其他因素也可能会限制试验的预测性。

由于物种间血液反应的差异性,试验应尽可能使用人血。在必须使用动物模型时,如用于评价器械的长期、多次或永久接触相互作用时,应考虑血液反应中的物种差异性。人与其他灵长类动物的血液等级和反应性非常相近,使用家兔、猪、牛、绵羊或狗等动物进行试验,也能获取令人满意的结果。但由于物种间可能存在明显的差异性(如犬科类动物比人更容易发生血小板黏附、血栓形成和溶血),因此对所有动物研究结果均应谨慎地解释。对于试验所用动物和动物数目,应证明其是合理的(GB/T 16886.2—2011)。但是,欧盟法规和有些国家的法规中禁止使用灵长类动物进行血液相容性试验和医疗器械试验。

除非器械设计成在含抗凝剂条件下应用,一般在体内和半体内试验中应避免使用抗凝剂。由于抗凝剂的种类和浓度会影响血液与器械的相互作用,因此应对所用抗凝剂的种类和浓度进行判定。评价与抗凝剂一起应用的器械时,应采用临床使用的抗凝剂浓度范围。

对临床已经认可的器械更改,应考虑其对血液-器械相互作用和临床性能的影响。这些更改包括设计、几何形状的改变,表面的变化,材料主要化学成分的改变,以及材质、多孔性或其他性能方面的改变。

试验应反复进行足够多的次数,包括适宜的对照试验,以能够进行数据统计学评价。某些试验方法因具有波动性,要反复试验多次才有意义。对血液-器械接触的延期重复研究,还可提供关于血液-器械相互作用的时间因素方面的信息。

3.2 器械类型及其与血液相互作用类别

根据医疗器械与循环血液接触情况进行分类,可分为非接触器械(如体外诊断器械)、外部接入器械(与循环血液接触,作为通向血管系统的管路,如插管、延长器、血液采集及血制品贮存和输注器械、心血管介入器械和心肺旁路回路等)和植入器械(如人工血管、血管内植入物等)。根据器械的类型,查阅表3-1和表3-2确定适用的血液试验类别,对比表3-3和表3-4中不同血液试验类别可以确定可获得相应的试验方法,从而进一步确认合理的医疗器械血液试验的评价指标及方法。

非接触器械不要求进行血液-器械相互作用试验。一次性使用试验器具应经过确认,以排除器具材料对试验结果精确性的影响。对照表3-1和表3-2确定具体器械的血液试验类别后,根据表3-3选择外部接入器械的适用试验的评价指标和方法,根据表3-4选择植入器械的适用试验的评价指标和方法,以合理地评价血液相互作用。

第3章 生物医用纺织品血液相容性评价

表3-3 外部接入器械试验方法

试验分类	评价指标和方法	注释
血栓形成	闭塞百分率	
	流速降低	
	质量分析（血栓质量）	
	光学显微镜（黏附的血小板、白细胞、聚集物、红细胞、纤维蛋白等）	
	器械产生的压降	
	血栓成分的标记抗体	
	扫描电镜（血小板黏附和聚集、血小板和白细胞形态、纤维蛋白等）	
凝血	PTT（非活化）	
	凝血酶生成、特异性凝血因子评价、FPA、D-二聚体、F_{1+2}、TAT	
血小板	血小板计数/黏附	
	血小板聚集	
	模板出血时间	
	血小板功能分析	
	PF-4、β-TG、血栓烷 B_2	
	血小板活化标记	
	血小板微粒	
	放射性同位素 ^{111}In 标记的残存血小板 γ 成像	推荐用于长期或重复应用（24 h～30 d）和永久接触（>30 d）
血液学	白细胞计数（有或无分类计数）	
	白细胞活化	
	溶血	
	网织红细胞计数，外周血细胞活化特异性释放产物（如粒细胞）	
补体系统	C3a、C5a、TCC、Bb、iC3b、C4d、SC5b-9、CH50、C3 转化酶、C5 转化酶	

注：PTT，部分凝血激活酶时间；FPA，纤维蛋白肽A；D-二聚体，特异纤维蛋白降解产物（因子ⅩⅢ交联纤维蛋白）；F_{1+2}，凝血酶原激活片段1+2；TAT，凝血酶-抗凝血酶复合物；PF-4，血小板因子4；β-TG，β-血栓球蛋白；C3a，C5a，从C3和C5裂解出的（活化的）补体产物；TCC，末端补体复合物；Bb，替代途径补体激活产物；iC3b，中央C补体激活产物；C4d，经典途径补体激活产物；SC5b-9，末端途径补体激活产物；CH50，50%溶血的补体。

表3-4 植入器械试验方法

试验分类	评价方法	注释
血栓形成	扫描电镜（血小板黏附和聚集、血小板和白细胞形态、纤维蛋白等）	
	闭塞百分率	
	流速降低	

(续表)

试验分类	评价方法	注释
血栓形成	血栓成分的标记抗体	
	器械剖解(肉眼和显微镜下);组织病理学	
	末端器官剖解(肉眼和显微镜下);组织病理学	
凝血	特异性凝血因子测定;FPA、D-二聚体、F_{1+2}、PAC-1、S-12、TAT	
	PTT(非活化)、PT、TT;血浆纤维蛋白原;FDP	
血小板	PF-4、β-TG;血栓烷 B_2	
	血小板活化标记	
	血小板微粒	
	放射性同位素 [111]In 标记的残存血小板伽马成像	
	血小板功能分析	
	血小板计数/黏附	
	血小板聚集	
血液学	白细胞计数(有或无分类计数)	
	白细胞活化	
	溶血	
	网织红细胞计数;外周血细胞活化特异性释放产物(如粒细胞)	
补体系统	C3a、C5a、TCC、Bb、iC3b、C4d、SC5b-9、CH50、C3 转化酶、C5 转化酶	

目前已有适用于人血试验的免疫测定法,但通常不适用于其他物种。人体试验器具一般不与其他物种的血液交叉反应,但有些非人灵长类动物除外。设计试验时,应注意确保实际测得的激活作用由样品所引起,而不是试验系统产生的假象。使用人血的体外和半体内模拟试验,常需要采用血浆,应根据试验条件对血浆进行低、中、高度稀释,以确定免疫测定法的有效范围。对在有效检测范围内测得的结果,在试验报告中应谨慎解释,还应注意要确保样品的稀释范围是可测定的。

由于材料特性不合格或血液试验前的操作不正确,在评价血液-器械相互作用中可能会出现与实际不相符之处。例如,在研究只依赖于一种试验模式时,或试验中可能带入与试验材料或器械无关的异物。此外,处于低流速(静脉)环境的材料和处于高流速(动脉)环境的材料与血液的相互作用有较大差异,改变试验方案或改变血流条件,会使材料体内血液相容性表现发生改变。

3.3 试验类型

3.3.1 体外试验

体外试验方法应考虑的因素包括血细胞比容、抗凝剂、样本采集、样本年龄、样本贮存、供氧,以及 pH 值、温度、试验与对照试验的顺序、表面积与体积之比和血流动力条件(特别是壁剪切率)等。试验应尽快进行,一般在 4 h 内,因为采血后血液的某些性能会迅速改变,同时需要冷藏保存。在体外试验开始之前,提前 30 min 将血液放置在 37 ℃ 环境中,以保证在血液和样品的短时间接触中,整个试验环境可以维持在 37 ℃。

在生物医用纺织品的实验室研究中,学者们往往遵照经济原则,先设计评价方案,然后制定评价流程,最后选择试验方法。如果直接开展动物体内试验,因为动物试验周期长、成本高、风险大,一旦试验失败,会造成较大的时间、经费、人力和物力的损失。因此,医疗器械的血液相容性测试一般先进行体外试验,其次考虑半体内试验,最后才进行动物体内试验。

3.3.2 半体内试验

半体内试验(图 3-2)适用于半体内使用器械,如外部接入器械。半体内试验也适用于如血管植入物这样的体内器械,但不能替代植入试验。半体内试验适用于检测血小板黏附、血栓形成、纤维蛋白原沉积、血栓质量、白细胞黏附、血小板消耗和血小板激活。利用多普勒或电磁流量探测头,可测量血流速度。血流变化可说明血栓沉积和栓塞形成的程度和过程。

许多半体内试验应用放射性同位素标记血液成分,以监测血液/器械相互作用,血小板和纤维蛋白原是最常用的放射性同位素标记血液成分。通过严格控制试验步骤,可将标记过程引起的血小板反应性变化控制在最低程度。

半体内试验与体外试验相比,其优点在于使用流动的本体血(提供了生理血流条件),可评价多种材料,也可对一些状况进行实时监测;缺点是动物间血液的反应不同,可供评价的时间间隔较短。通常在试验中采用同一动物进行阳性与阴性对照试验。

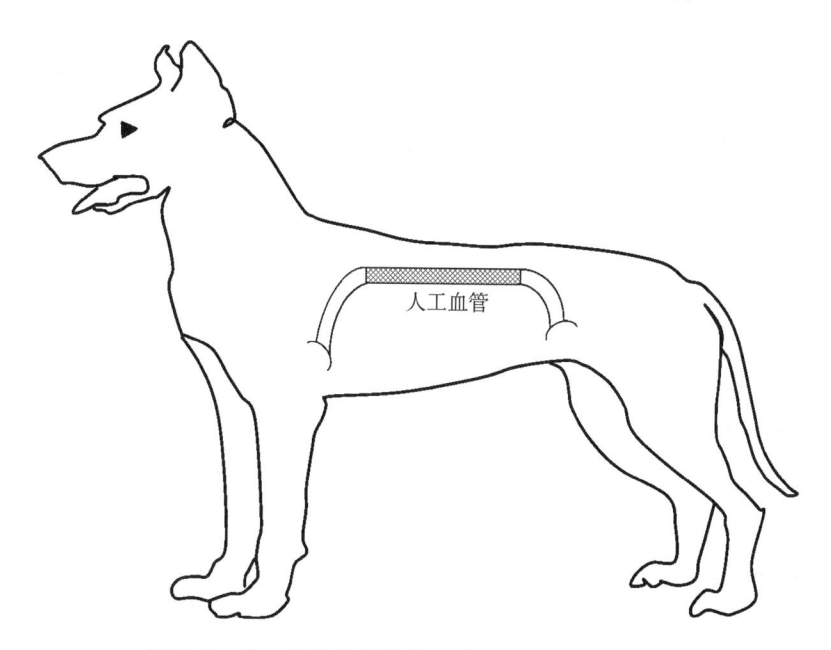

图 3-2 人工血管的半体内试验考察其血栓形成性能

3.3.3 体内试验

体内试验是将材料或器械植入动物体内。用于体内试验的器械有血管补片、血管植入物、瓣膜环、心脏瓣膜和辅助循环器械。

对于大多数体内试验,测定血液管道是否开放是衡量试验成败的常用方法。器械取出后,测定闭塞百分率和血栓质量,应通过肉眼及显微镜仔细检查器械下游器官,评价器械上形成的血栓梗塞末端器官的程度。此外,周围组织和器官的组织病理学评价也有价值。肾脏特别易于滞留肾动脉上游的植入器械(如心室辅助器械、人工心脏、主动脉人工血管)形成的血栓。目前已有无需试验结束即可评价医疗器械体内血液相容性的方法,如用心动图测定植入物开放性或器械上的血栓沉积,放射成像技术可监测体内各个时期血小板的沉积情况。血小板存活与消耗可提示血液-器械相互作用,以及由新内膜形成或蛋白质吸附引起的钝化反应。

有些体内试验中,材料特性可能不是血液-器械相互作用的主要决定因素,确切地说,就是血流参数、柔顺性、多孔性及植入物设计可能比材料本身的血液相容性更重要。比如,对同一种材料,血流流速高低会导致截然不同的结果。在这种情况下,体内试验结果要比体外试验结果更重要。

3.4 试验报告和结论

试验报告应详细包括:
a. 试验样品的描述。
b. 血液及其成分来源与制备方法。
c. 对选择进行论证。
d. 评价方法和原理。
e. 浸提步骤,沥出物质的性质和浓度。
f. 阴性、阳性和其他对照物。
g. 试验反应和其他情况。
h. 结果评价所需的其他有关资料。

应由合格的专业人员根据试验结果进行总体评价。试验结果如没有说服力或者无效,应重新试验。

习题与思考题

[1] 是否所有的医疗器械都需要进行血液相容性评价?如何判定某个医疗器械是否需要进行血液相容性评价?
[2] 评价医疗器械与血液相互作用的试验类型有哪些?各试验类型之间有什么区别和联系?
[3] 每种医疗器械与血液相互作用的试验类型下,有哪些常见的试验方法?

第4章 生物医用纺织品体外化学定性与定量评价

选择和使用生物医用纺织品医疗器械植入体内时,其化学性能(包括本体性能和表面性能)不仅会影响本身的性质,也会影响其对生物体的作用。对生物医用纺织品材料(下面简称材料)进行化学定性与定量测试与分析,能够了解其本身的化学组成、次级和高级结构及表面特性。在此基础上,可以预测材料对生物体的作用(如生物相容性)和生物体对材料的作用(如生物降解、生物老化)。在较清楚地了解材料的化学成分后,有经验的生物学和毒理学专家就能比较准确地设计生物学和毒理学评价程序。

具有明显的生物学毒性的物质,是可能对生物体产生直接或间接的致癌、致畸、致突变毒性作用的化合物。直接致癌物进入生物体后,一般将直接作用于**脱氧核糖核酸**(DNA)、**核糖核酸**(RNA)或蛋白质等生物大分子,导致细胞原癌基因被激活或生长因子分泌失调,因而可能发展成肿瘤。间接致癌物(或称为诱导型致癌物)进入生物体后,需经一定的代谢转化过程,诱导产生致癌活性物质,再与生物靶分子作用产生肿瘤。致癌物在生物体内的活化反应过程,本质上都需要相关生物酶的参与。化合物的致癌过程大多有引发(形成癌细胞)和促发(产生癌症)两个阶段。有些致癌物兼有引发和促发作用,称为全致癌物。致癌物多数含低/高电子密度的活性原子,是具有亲电或亲核基团的化合物,能与生物大分子相应的电子基团作用,使DNA非正常改变。当这种改变不能被生物体修复时,造成细胞中DNA发生结构变异而导致癌症。突变是染色体和DNA引起的病变,与癌变密切相关,一定程度上是癌变的分子基础。致畸是指化合物导致新的生物体从母体出生前机体发生异常。化合物的致畸作用包括突变和染色体异常、对核苷酸合成和其功能的损害、对细胞分裂的损害和对酶的损害四种。

材料的化学定性与定量分析包括其本体性能和表面性能及浸出液成分的确定,它们各自又包括元素组成、官能团组成、化学结构、聚集态结构等。化学定性与定量分析不仅包含对材料的主体成分的确定,也包括对材料的次要成分(添加剂如稳定剂、加工助剂)和材料的降解产物的确定。

4.1 表面性能

生物医用纺织品材料/器械与生物体相互作用时,材料最外层的性能即表面性能,在决定生物体对植入物的作用及材料对生理环境的作用中是很重要的。因此,对材料表面性能进行表征是必不可少的。通过对材料表面性能的定性与定量分析,可以预测在生理环境中生物体对材料的反应,甚至在此基础上还可以设计出具有理想界面行为的材料表面。

材料表面的化学性能、形貌、力学性能和电学性能等，都会直接影响蛋白质和细胞与材料的相互作用。表 4-1 列出了影响与蛋白质相互作用的材料表面性能。

材料表面性能表征需要运用多种技术提供所有需要的信息，不同的表面分析方法所测定的内容是不同的，见表 4-2。

表 4-1　影响与蛋白质相互作用的材料的表面性能

表面性能	影响
形貌	织构表面暴露更多，增加与蛋白质相互作用的区域
成分	表面化学成分影响与蛋白质相互作用的分子间力
疏水性	疏水倾向于结合更多的蛋白质
均匀性	非均匀的表面导致形成不同的微畴，与蛋白质发生不同的相互作用
电势	表面电势影响溶液中的离子分布，并影响与蛋白质的相互作用

表 4-2　材料表面性能及分析方法

测定性能	测定对象	分析方法
表面组成	元素组成和化学组成，包括化学键类型及各种基团	**X 射线光电子能谱(XPS)** 或 **电子能谱化学分析(ESCA)**、**俄歇电子能谱(AES)**、**二次离子质谱(SIMS)**、**离子散射能谱(ISS)**、**软 X 射线显现电势光谱(SXAPS)** 等
表面形貌	表面的微观形貌	显微镜、**透射电子显微镜(TEM)**、扫描电子显微镜(SEM)、原子力显微镜(AFM)等
表面能态	电子云分布和能级结构	XPS、紫外光电子能谱(UPS)、电子能量损失能谱(EELS)、离子中和能谱(INS)等
亲疏水性	接触角和表面张力	接触角分析

4.2　浸出液化学成分分析

对材料浸出液中的化学成分分析可以采用的表征手段较多，如使用**衰减全反射傅里叶变换红外(ATR-FTIR)**、**核磁共振(NMR)**进行定性分析，使用 NMR-紫外光谱进行定量分析等。浸出液分析项目包括：

(1) pH 值。测定浸出液的 pH 值，与浸提介质的 pH 值比较。两者的 pH 值差异不应大于 1.5。

(2) 重金属含量。测定浸出液中重金属含量，以铅含量计，也可测定所有重金属含量，一般采用《中国药典》上介绍的方法。

(3) 还原物。采用高锰酸钾滴定法测定浸出液中还原物总量。

(4) 特定离子浓度。用常规分析化学方法测定浸出液中通常含有的阴离子(如 Cl^-、CO_3^{2-}、SO_4^{2-} 等)和阳离子(如 Na^+、K^+、Ca^{2+} 等)浓度。

4.3 化学定性及定量分析步骤

在生物学评价中,化学定性分析是生物材料安全性评价的首要一步。同时,对判定原材料与临床使用中材料化学成分的等同性,以及原型器械与最终器械的等同性,也十分重要。

化学定性及定量分析步骤:

(1) 确定材料/器械是否与身体直接或间接接触。如果是,进行下一步;如果否,中断化学定性分析及生物学评价。

(2) 收集定性分析信息。收集关于材料/器械的所有资料,包括原材料、助剂、添加剂和加工后的残留物。

(3) 材料等同性确定。比较材料/器械是否与临床使用的相同,加工、灭菌过程是否相同。如果否,进行下一步;如果是,中断化学定性分析及生物学评价。

(4) 定量分析。采用适当的分析方法对材料/器械的化学成分进行定量分析。

(5) 毒理学分析。根据材料与器械的所有化学成分,参考现有的毒理学数据,考虑是否有一定量的化学物质沥出:如果"是",进行下一步;如果"否",中断化学定性分析及生物学评价。

(6) 浸提及浸出液分析。根据材料/器械与人体接触的方式和时间确定浸提条件,并对浸出液中的化学成分进行定性定量分析。

(7) 估计临床接触安全性。根据浸出液中的化学成分及其含量,参考现有的毒理学数据,估计临床接触是否安全:如果"否",继续进行体外、体内试验;如果"是",中断化学定性分析及生物学评价。

(8) 进行生物学评价试验。化学定性与定量分析结果如果基本可以接受,按 GB/T 16886.1—2011 的指导进行生物学评价试验。

4.4 医疗器械加工和灭菌残留物允许限量

在医疗器械的加工和灭菌过程中,有可能引入有毒的辅助剂、残留微屑及残留灭菌剂等。这些在加工或灭菌过程中引入并残留于材料/器械中的毒性物质,称为医疗器械加工和灭菌残留物,其允许限量是指将人类健康利益和工业可行性进行统一,从健康危险性分析的有效数据计算的最大可接受剂量。

尽管该部分不属于 GB/T 16886 规定的内容,但它对有关管理和决策机构起着提供决策依据的作用,也是制定相关法规和标准的基础,而且对研究人员有一定参考价值。

医疗器械加工和灭菌残留物一般可以被体液或溶剂溶出,采用适当的分析方法可以确定其在医疗器械中的含量,并基于毒物管理学理论,结合医疗器械分类,通过危害鉴定、毒性数据的选择、接触评定、利弊分析等步骤,可以建立其允许限量。

上述残留物毒性评定的内容通常包括:毒性与化学物的化学性质、物理性质、化学结构的关系;可能与人体接触的途径(经口、经皮、吸入等);残留物进入人体后在体内的吸收、分布、蓄积、排出等生物转运及其在体内代谢的生物转化过程；急性、亚急性和慢性毒性试验（如果可能，还应包括致突变性、致癌性、遗传毒性试验等）；人群接触资料；急救措施和治疗药物；标准或安全限量。

4.4.1 化学残留物允许限量的建立

4.4.1.1 允许限量建立的步骤

化学残留物允许限量的建立一般分为以下三个阶段：

(1) 第一阶段：化学残留物的安全性评价。

① 收集毒理学数据，并确认决定性终点。

② 确定对残留物接触的持续时间和所有接触途径的可耐受摄入量。

(2) 第二阶段：确定人体对残留物的可耐受暴露量。

① 确定接触人员的体重。

② 在器械使用分析和接触人员体重选择的基础上更改可耐受暴露量。

(3) 第三阶段：在利益评价的基础上，进一步修改残留物允许限量，具体步骤如图4-1所示。

在图4-1所示的步骤中，残留物可耐受摄入量和可耐受暴露量的建立是非常重要的。

4.4.1.2 可耐受摄入量的建立

可耐受摄入量的建立步骤：

(1) 确定残留物的接触时间和途径。对未指定的医疗器械或所有医疗器械都可能含有的残留物(如环氧乙烷)，应分别计算出持久接触、长期接触和短期接触的允许限量。如果要计算较长期接触的可耐受摄入量，没有相应的慢性毒性数据而以急性毒性数据代替时，则需要提高安全系数，器械应归入最严格的分类。对多次接触器械，应考虑毒物积蓄作用，以累计的接触时间和次数分类。接触途径为人体接触的常规途径。

(2) 数据的采集和评价。确定残留物后，应采集相关的有效数据，并对采集的数据的相关性和适用性进行评价。

采集的数据尽可能包括：残留物的物理和化学性质、残留物的产生和使用情况、残留物的药理作用、残留物的毒物代谢动力学数据(包括吸收、分布、代谢和排除)、毒理学数据及与人体作用情况。

采集到的数据可能不具有完全相关性和适用性，如某化学残留物仅能采集到其对动物的急性毒性数据，须利用这些数据来计算其与人类慢性接触的可耐受摄入量。残留物剂量包括**无不良作用剂量、无作用剂量**(NOEL)、**最小作用剂量**(LOEL)和**最小不良作用剂量**等。器械的作用途径不同，如经口、经皮、经组织和肠道等，得到的数据也不相同。

在评价和选用这些数据时，必须依据专业判断考虑最大的相关性，并进行适当的调整。一般性的规律是人类数据严于动物数据，慢性数据严于亚慢性数据，亚慢性数据严于急性数据。若有可能，应选用剂量-反应关系所确定的无不良作用剂量。

(3) 非致癌性终点可耐受摄入量的计算。从动物试验数据或人类直接接触数据中获得最相关的作用剂量(NOAEL 或 LOEL 等，以 NOEL 的要求为最高)，将其除以一个安全系数就得到可耐受摄入量[mg/(kg·d)]。

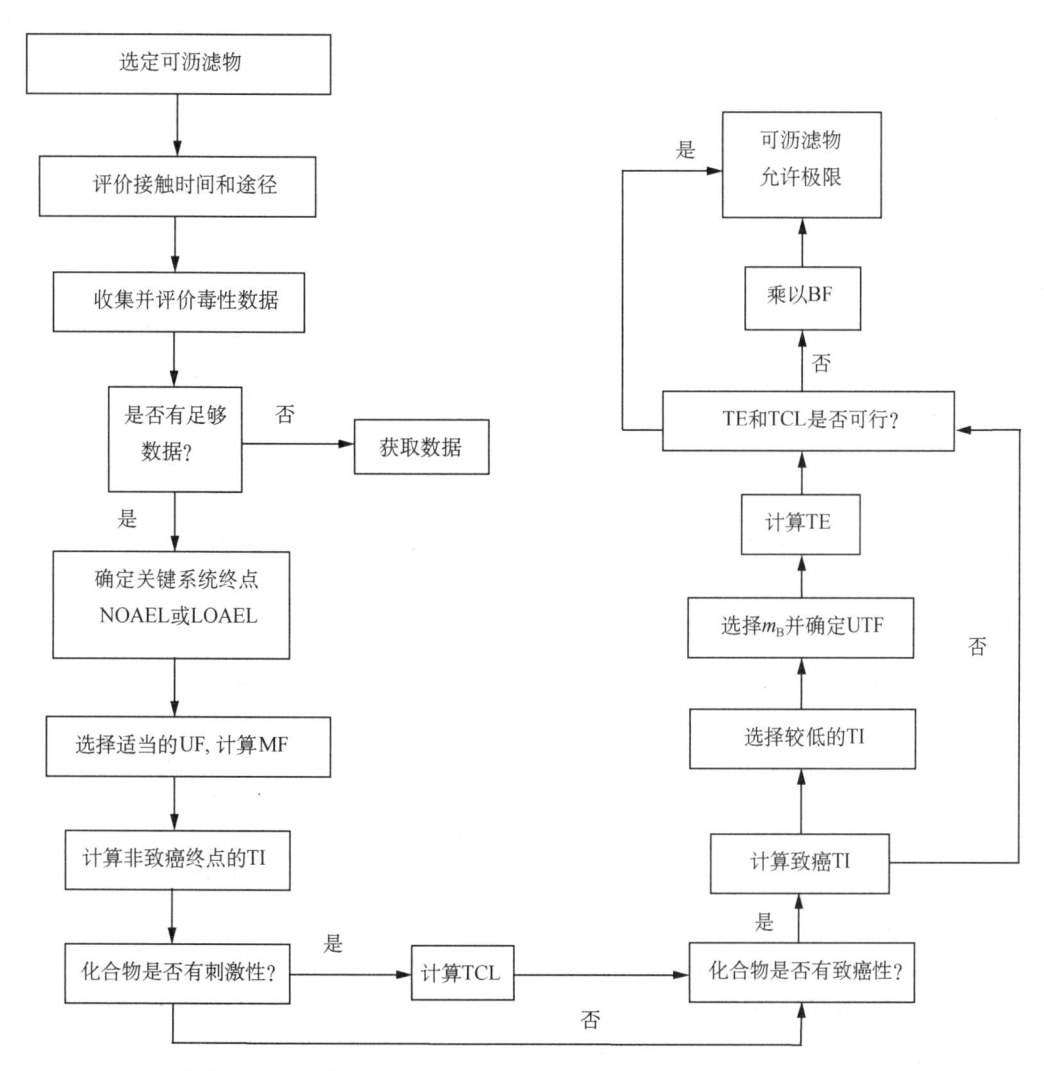

图4-1 建立化学残留物允许限量的步骤(NOAEL:无不良作用剂量;LOAEL:最小不良作用剂量;UF:不确定因子;MF:修正因子;TI:可耐受摄入量;TCL:可耐受接触水平;UTF:利用系数;m_B:体重;BF:有益因子;TE:可耐受暴露量)

安全系数由不确定因子和修正因子构成。除以这一系数,不仅是为了安全,而且是为了尽量减小物种之间的差异、人群个体之间的差异等。

① 不确定因素的选用。

a. 与作用剂量相关的因素:取值在 10~100,采用 NOEL、NOAEL 时接近 10,采用 LOEL 和 LOAEL 时接近 100。

b. 与人群个体差异相关的因素:取值在 1~10,如果无试验数据描述某毒性物质对人类反应的个体变异性时,取值为 10。

c. 其他相关因素:短期研究结果用于推断长期接触反应,提供研究的对象缺乏,判断终点不一致(包括死亡、严重伤害或靶向器官损害等),动物模型使用不恰当,以体外数据替代体内数据等。

② 修正因子的确定。修正因子取值在 1～10，主要反映数据来源的准确性，是对数据质量和研究构思过程的判断。

安全系数由三项不确定因素的乘积再乘以修正因子而得到。大多数情况下，安全系数的值应在 10～1000。个别情况下，例如，仅有急性致死数据用于建立长期接触的可耐受摄入量时，安全系数可能高于 1000。

此外，毒理学界提倡用**基线剂量**(BMD)代替 NOAEL。按剂量梯度设计动物试验，以最恰当的模式计算，求得毒物阳性反应剂量的 95% 可信区间下限值，即 BMD。

(4) 致癌性终点可耐受摄入量的计算。对致癌性物质的遗传毒性、致癌性和致突变等危险作用阀剂量的评价方法，目前毒理学界尚无一致意见。可使用相关的剂量-反应关系获得有效数据，同时考虑细胞遗传的始发与恶变作用机理和细胞群体动力学机制。

此外，可以使用以下方法：

① 用不确定因素逼近安全系数。
② 利用剂量-反应关系进行定量推断，评估可能发生的人类接触的危险性。
③ 利用试验归类相关的化合物浓度-效能等级，选取相应的安全系数。

4.4.1.3 可耐受暴露量的建立

可耐受暴露量考虑了人体体重和器械利用系数，其单位为"mg/d"，计算公式：

$$TE = TI \times BW \times UTF$$

式中：TI——残留物可耐受摄入量[mg/(kg·d)]；

　　BW——指定的体重(kg，如无指定数据，则 BW=70 kg)；

　　UTF——利用系数，考虑或适当预期含有同一残留物的其他器械协同使用的因素。

TI、BW 和 UTF 应根据以下器械使用情况选取或更改：

在确定残留物对病人的接触途径后，尽可能采用同一个 TI 来代表此接触途径类别中所有的 TI。如果一个 TI 已经被用于持续接触时间类别的全部接触途径，也可以为每个接触途径单独计算 TI。

接触人员体重，在器械作用于成年人时，以 70 kg 计；对特殊接触人群，如儿童或妊娠妇女，应单独计算 TI。

利用系数由**低利用系数**(URF)和**高利用系数**(UEF)构成，由两者的乘积得到，通常 UTF=URF×UEF≤1。

(1) 低利用系数。应评定能释放指定残留物的器械的使用范围，如果在一种接触途径中，残留物仅能从少数器械中释放，则 URF 取值为 1。如果在一种接触途径中，残留物可能从许多器械中释放，则 URF 取值小于 1。

(2) 高利用系数。医疗器械在多个接触途径中使用，可以调高利用系数，称为高利用系数。如果器械的使用天数是变化的，应设置一个合理的最坏状况，如果这个最坏状况不能确定，UEF 取值为 1。

(3) 其他严格因素。应考虑采用其他方法来减少残留物的接触，而不是通过调整利用系数。例如，残留物浓度约束可以用于一个疗程期间或一个病人的全部生命周期，尽量控制残留物释放，从而减少接触总量。

4.4.1.4 建立残留物允许限量

在建立残留物允许限量的最后阶段,需要进行可行性评价和利益评价。

可行性表示实现可耐受暴露量的能力,有两个组成部分,即技术可行性和经济可行性。技术可行性是指完成一个器械或一个类别的器械的可耐受暴露量限量而不惜成本。经济可行性是指实行可耐受暴露量限量而不导致资源缺乏。成本和有效性考量是为了更好地增进或改善人类健康。

如果完成可耐受暴露量是可行的,则不必执行利益评价,利益取值应设置为1,并且允许限量和可耐受暴露量相同。如果可耐受暴露量在技术上或经济上不可行,应进行利益评价。

利益评价就是比较医疗器械使用带来的健康利益和使用过程中的健康危险性。当医疗器械的使用预期有更大的健康利益时,相对应地,较大的健康危险性可以被接受。通过协调特殊的健康利益和器械在治疗中的残留物,达到保证公众健康的标准,并可以最大程度地减少残留物。当器械中释放的残留物所产生的毒性可容忍时,可以修改可耐受暴露量。

在进行器械利益评价修改可耐受暴露量后,为每个 TI 单独计算允许限量:

$$允许限量 = TE \times BF$$

因此,在健康利益基础上建立的医疗器械加工和灭菌残留物允许限量的计算公式:

$$允许限量 = \frac{NOEL 或 NOAEL、LOEL 等[mg/(kg \cdot d)]}{MF \times UF} \times BW \times URF \times BF$$

4.4.2 环氧乙烷灭菌残留量

环氧乙烷(EO)又称氧化乙烯,是常用的灭菌剂,其性质非常活泼。环氧乙烷的灭菌机理是与微生物蛋白质上的羧基(—COOH)、氨基(—NH$_2$)、巯基(—SH)和羟基(—OH)发生烷基化反应,阻止微生物的正常功能,导致微生物死亡。环氧乙烷能杀灭各类微生物,如芽孢、结核杆菌、细菌、病毒、真菌等。对环氧乙烷抗力最差的是酵母菌和霉菌,最强的是细菌芽孢。研究发现,枯草杆菌黑色变种是一种抗力比较强的芽孢菌,常用作环氧乙烷灭菌效果监测的指示菌株。

材料/器械使用环氧乙烷灭菌后,残留的环氧乙烷可能对生物体产生毒害,一方面是环氧乙烷本身具有毒性,另一方面是二次生成物具有毒性。环氧乙烷主要通过呼吸器官进入体内,对人的毒害作用很大,吸入后能刺激呼吸道,造成恶心、呕吐、头痛及刺激眼角膜等,严重者可引起肺水肿。它不仅具有急性毒性,而且有致突变和致癌作用。二次生成物主要是指环氧乙烷与氯元素接触时产生毒性更大的**氯乙醇**(ECH)。因此,材料/器械环氧乙烷灭菌残留量是生物学评价中需要密切关注的,GB/T 16886.7—2015 和 ISO 10993-7 做了相应的规定。对于使用环氧乙烷灭菌的材料/器械,应按 GB/T 16886.3—2019 和 ISO 10993-3,以及 GB/T 16886.10—2017 和 ISO 10993-10 的要求进行生物学评价。

4.4.2.1 影响因素

医疗器械生物学评价标准中规定了环氧乙烷灭菌过程和参数,这些参数对环氧乙烷残留量有影响。下面讨论对残留量影响最大的因素,可用来分析一个或多个有代表性的"最坏情况":

(1) 材料的组成。各种材料吸收、保持和释放环氧乙烷的能力有显著差异。例如，天然橡胶、涤纶树脂、聚苯乙烯、硅橡胶对环氧乙烷的吸附性最强，聚氨酯、聚氯乙烯次之，聚乙烯、聚丙烯最弱。

对于由两种不同材料组成的器械，为使分析精确，需从两种材料上取有代表性的样本进行分析。在考虑模拟产品正常使用状况时，器械的组成和体积是非常重要的因素。

当 EO 有可能向 ECH 转化时，两台由不同材料制成的相似器械，其 EO 和 ECH 残留量可能会有很大的差异。例如，材料若释放氯离子，其会对形成的 ECH 浓度产生很大影响。

(2) 包装材料。包装材料对 EO、ECH 和其他残留物的透过或扩散能力有显著差异，包装密度及运输容器密度可能也会影响残留量。所以，选择合适的包装材料十分重要。实践证明，最佳的包装材料是纸质的，既利于蒸汽和灭菌气体穿入，又便于其逸出。聚乙烯可被 EO 气体穿透，但最好采用抽真空过程，以利于 EO 气体逸出。

(3) 灭菌过程。灭菌过程中灭菌气体的浓度、作用时间和温度、循环类型（即纯 EO 或 EO 混合物循环）、湿度、抽真空与换气次数，以及灭菌器内产品装载密度或排列等因素都会影响残留量。

(4) 储存过程。在器械储存过程中，EO 残留量还与装载密度和排列、气流速度、表面积、通风时间和通风温度有关，有些材料通风温度每增加 10 ℃，通风速度可提高约 1 倍（即通风时间可减少一半）。

(5) 残留量校正。灭菌后从灭菌批次中抽样进行日常分析。当样品或其浸提液被运到远离灭菌地点的分析地点时，应特别注意样品上的残留量与批量产品上的残留量是否有误差，并通过试验来建立两者之间的关系。

4.4.2.2 测定

测定残留量的方法已有文献报道和评论。凡是能表明其分析可靠的方法，即有一定精度、准确度、线性、灵敏度和选择度，经过确认，都可以采用。GB/T 16886.7—2015 中附录 B 的方法可作为仲裁方法，作为评价其他方法的基准。

(1) 试验样品抽取及处理。抽取用于残留量分析的样品要能真实地代表产品。抽样时，应注意影响残留量的因素。从批量中抽取送往实验室分析时，也应注意这些因素。如果灭菌完成后立即从产品中抽取样品，送至远离灭菌地点的实验室或贮存在实验室里供日后分析，会造成样品上的残留量不能真实反映批量产品上的残留量。如果样品不是从灭菌后储存的批量产品中抽取，就不能确定通风条件对批量产品的影响，每个季节都应进行试验以确定批量产品上的残留量。

在分析样品之前，应将样品与产品总量保存在一起，尽量缩短从抽样到分析的时间，并采取适当措施控制实验室通风，以免对试验样品产生影响。

如果要推迟分析时间，样品应密封，在冷冻条件下运输和贮存。从包装中取出分析样品后，应尽早进行浸提。

为了保证在测定残留物的同一时间无其他样品成分存在，应评价未灭菌样品中是否有这种干扰。具体方法：将未灭菌样品按与 EO 灭菌样品相同的浸提程序进行浸提，在气相色谱分析中，如果未灭菌样品中浸提的物质保留时间与 EO 灭菌样品的相抵触或相重叠，则应改变色谱条件，把干扰峰从分析峰中分离出来，或选用其他分析过程。

(2) 浸提。

① 浸提液体积。浸提材料/器械或其代表性部分的 EO 残留物的液体体积的确定应考虑浸提效率,同时保持测试灵敏度。材料/器械试验样品的性质和尺寸决定了浸提液的最佳体积,浸提比一般在 1∶2～1∶10,也就是 1 g 样品浸于 2～10 mL 浸提介质中。

由高吸水材料组成的器械或采用充入法浸提的器械,可能需要增大浸提比,但不能降低测试灵敏度。

② 浸提时间和条件。样品浸提温度和时间应该按照材料/器械作用于病人的性质和接触时间确定。浸提时间和条件应能表明材料/器械在实际使用中可能释放给病人的"最坏情况"的限量:短期接触(<24 h)限量,长期接触(24 h～30 d)限量,以及持久接触(>30 d)限量。

对于长期接触类材料/器械,应注意还要符合短期接触类器械的残留量要求;对于持久接触类材料/器械,还要求符合长期类和短期接触类材料/器材的残留量要求。

③ 浸提方法。所用浸提方法应代表产品给患者带来的最大风险,而不仅仅是追求分析效率,或使残留量表观浓度降至最低。

EO 残留量测定有两种基本的浸提方法:模拟使用浸提法和极限浸提法。针对不同接触时间的材料/器材推荐的浸提方法,列于表 4-3 中。在任何情况下,尽量采用模拟使用浸提。若用极限浸提法,测试结果表明残留量在规定范围内,则没有必要再用模拟使用浸提法进行测试。应特别注意前 24 h 和前 30 d 的限量。

表 4-3 建议性浸提方法

持久接触(>30 d)	长期接触(24 h～30 d)	短期接触(<24 h)
极限浸提法	模拟使用浸提法	模拟使用浸提法

a. 模拟使用浸提法。模拟使用浸提法是基准方法,评价的是病人或其他使用者在常规使用中从材料/器械中接受的 EO 残留量水平,它是唯一一种用实际使用产生结果直接与限量进行比较的方法。限量用"EO 和 ECH 释放给患者的剂量"表述。

模拟使用浸提法的浸提介质是水或水溶液,浸提应在预定使用最严格的条件下进行。例如,对于许多血液接触器械和肠胃外器械,可用水或其他水溶液充入或冲洗血路或液路。样品浸提时间应大于或等于样品使用一次的最长时间(或保证全部浸提),浸提温度采用器械实际使用中的最高温度。也可以制备浸提液(最少三个),用浸提比来估计长期或日常重复作用的影响。

通过模拟产品正常使用而浸提出的 EO 和 ECH 含量值,不要求与产品残留物含量相同。水溶液用于洗脱样品上的环氧乙烷残留物,而不是溶解样品本身。如果将水溶液注入器械来模拟产品使用,器械应被水充满并排出残存空气。如果不能马上进行测试,应从样品中分离出浸提液,并密封于盖内衬有聚四氟乙烯衬垫的瓶中。

贮存浸提液的瓶子液面上的空间应小于瓶子总体积的 10%,贮存时间至多几天。贮存浸提液时应注意,环氧乙烷可转换成**乙二醇**(EG)或 ECH 或两者的混合物。

b. 极限浸提法。另一种合适的方法是极限浸提法,它测得的结果代表大于或等于病人可以接受的剂量,能提供有价值的信息。但极限浸提法排除了时间对残留测量的影响,不能确定患者第一天或第一个月与器械接触时,器械释放给患者的 EO 残留量。

极限浸提法用于测试材料/器械上全部的 EO 残留量,有热浸提和溶剂浸提两种:前者浸提完成后进行顶端空间气体分析;而后者可以用溶剂浸提液进行顶端空间气体分析,也可制备 EO 嗅代醇衍生物,用较灵敏的**气相色谱(GC)检测器**测试。

测定 EO 含量的浸提:热浸提后进行顶端空间气体分析,可测定样品上残留的所有环氧乙烷含量。但对于大型或组合器械,这种方法不可行或不易操作。方法:取 1 g 样品(精确至 0.1 mg),放入有盖的 15 mL 带隔膜的管瓶中,密封后置于 100 ℃烘箱内,加热 60 min 后取出并放置于室温下,取样前用力摇晃,两次抽取 100 μL 气体。

采用溶剂浸提时,应选择合适的浸提液,这取决于器械及其组件的材料成分,通常采用能溶解样品且无干扰物质的溶剂。具体方法:精确称取 1 g 样品,放入一有盖的容量瓶内,应使容量瓶的顶端空间最小;用移液管移取 10 mL 所选溶剂至容量瓶中,盖上容量瓶,室温下放置 24 h 后,从 1~5 μL 中选取一整数值量,重复抽取试液进行分析。

测定 ECH 残留量的浸提:溶液浸提常用的浸提介质是水。具体方法:精确称取 1~50 g 部分样品(或完整样品),放入一有盖的玻璃器皿内,玻璃器皿的顶端空间应尽量小;以样品质量(mg)与水的体积(mL)之比在 1∶2~1∶10 的配置加入水并加盖,室温下放置 24 h,用机械振动器强烈振荡 10 min,从 1~5 μL 中选取一整数值,重复抽取浸提液进行分析。

(3)测定。通常采用气相色谱来测定 EO 和 ECH 残留量。

模拟使用浸提法中,EO 残留量测定条件:玻璃色谱柱长 2 m、直径 2 mm,填充物为 3% 聚乙二醇红色硅藻土,101 色谱载体 80~100 目;载气为 N_2 或 He,流速为 20~40 mL/min;柱温 60~75 ℃;进样器容量 200~210 μL;检测器容量 220~250 μL,进样体积 1~5 μL。

模拟使用浸提法中,ECH 残留量测定条件:a. 除柱温约 150~170 ℃外,其余与测定 EO 的条件相同;b. 玻璃色谱柱长 2 m、直径 2 mm,填充物为 5% LGEPAL CO-990 红色硅藻土。T 色谱载体 40~60 目,载气为 N_2 或 He,流速为 20~40 mL/min,柱温约 140~160 ℃,进样器容量 200~250 μL,检测器容量 240~280 μL,进样体积 1~5 μL。

极限浸提法中热浸提测定条件:除柱温为 125 ℃外,其余与模拟使用浸提法中 EO 残留量测定条件相同,测试样品为 100 μL 顶端空间气体。

极限浸提法中乙醇浸提测定条件:玻璃色谱柱长 2 m、直径 3 mm;填充物为 25% FLEXO18N8 红色硅藻土,WAW 色谱载体 80~100 目;载气为 N_2,流速为 40 mL/min;柱温 50 ℃,进样器容量 120 μL,检测器容量 120 μL,测试样品为乙醇浸提液面上顶端空间气体 100~1000 μL。

4.4.2.3 环氧乙烷残留允许限量的建立

按化学残留物允许限量建立原则,可以确定材料/器械上 EO 和 ECH 的允许限量。

(1)数据的选取和分析。动物试验表明环氧乙烷可导致肿瘤产生。材料/器械上环氧乙烷残留的允许限量数据选用**美国药物制造业联合会(AmPharMA)**的数据,比一般经口吸入数据更接近材料/器械使用情况。急性毒性数据(半数致死剂量 LD_{50})、24 h~30 d 的亚慢性全身接触和生殖毒性无作用剂量分别列于表 4-4 和表 4-5 中。取两表中最严格数据,计算短期接触、长期接触和致癌性(和慢性毒性)允许限量。

(2) EO 和 ECH 允许限量的计算。

① 短期接触允许限量。各种接触途径及一系列动物的急性毒性数据(半数致死剂量 LD_{50})列于表 4-4 中。

表 4-4 急性毒性数据   单位:mg/kg

经口 LD_{50}	静脉注射 LD_{50}	腹腔注射 LD_{50}	皮下注射 LD_{50}	吸入 LD_{50}
大鼠:72	家兔:175	大鼠:150	小鼠:130	155~773注
家兔:631	小鼠:260 大鼠:350	家兔:251	大鼠:187 家兔:200	—

注:采用平均体重为 0.25 kg 的大鼠试验,环氧乙烷换气率为 0.29 m³/d,浓度为 800~4000 mg/L,得到 4 h 的 LD_{50}。

表 4-5 亚慢性毒性和生殖毒性数据

数据类型	经口 NOEL [mg/(kg·d)]	吸入 NOEL [mg/(kg·d)]	非肠道接触 [mg/(kg·d)]
亚慢性毒性	30	5①	25②
生殖毒性	无毒性	13②	9

注:①采用体重为 30 g 的小鼠试验,环氧乙烷换气率为 0.043 m³/d,浓度为 10 mg/L,6 h/d,5 d/周,评价 11 周内小鼠毒性反应,得到 NOEL;②采用体重为 350 g 的怀孕大鼠试验,环氧乙烷换气率为 0.29 m³/d,浓度为 33 mg/L,评价大鼠妊娠期 6~15 d 内的生殖毒性,得到 NOEL。

EO 平均日剂量不应超过:

$$TI = \frac{LD_{50} \times BW}{SM} = \frac{72 \times 70}{250} = 20 \text{(mg)}$$

式中:LD_{50}——半数致死剂量;

BW——体重;

SM——安全系数(LD_{50} 的数据比 NOEL 更好,因而取值为 10,人群和个体的变异性取值 10,其他相关因素取值 2.5,最终取安全系数为 250。)

按同样方法可计算出 ECH 平均日剂量不应超过 12 mg。

(2) 长期接触允许限量。24 h~30 d 的亚慢性全身接触和生殖毒性无作用剂量(NOEL)列于表 4-5 中。

$$TI = \frac{NOEL \times BW}{SM} = \frac{9 \times 58}{250} = 2 \text{(mg/d)}$$

式中:NOEL——亚慢性毒性和生殖毒性(非肠道接触)试验研究中得到的最小无作用剂量;

BW——体重;

SM——安全系数(采用 NOEL 数据,取值 10,人群和个体的变异性取值 10,修正因子为 2.5,最终取安全系数为 250)。

通过计算可得到长期接触类材料/器械上 EO 和 ECH 的平均日剂量和最大剂量,列于表 4-6 中。

表 4-6　长期接触类材料/器材上 EO 和 ECH 的允许限量

残留的长期接触	平均日剂量(mg)	最大剂量(mg)	
		前 24 h	前 30 d
EO	2	20	60
ECH	2	12	60

(3) 持久接触允许限量。PMA 证实在生命周期内超过平均日剂量的千分之一即有致癌性。

表 4-7　慢性毒性和致癌性数据

类型	经口 NOEL [mg/(kg·d)]	吸入 NOEL [mg/(kg·d)]	非肠道接触 [mg/(kg·d)]
慢性毒性	2.1,按 7.5 mg/kg 比例,每周两次	9.2①	无数据
致癌性	2.1,按 7.5 mg/kg 比例,每周两次	2.1②	无数据

注:①采用体重为 2.7 kg 的 Cynomolgus 猴试验,环氧乙烷换气率为 1.2 m³/d,浓度为 50 mg/L,7 h/d,5 d/周,评价两年内对精液功能的影响,得到 LOEL;②采用体重为 0.5 kg 的大鼠试验,环氧乙烷换气率为 0.29 m³/d,浓度为 10 mg/L,6 h/d,评价大鼠体 5 d/周内的致癌性,得到 LOEL。

$$TI = \frac{LOEL \times BW}{SM} = \frac{2.1 \times 70}{1000} = 0.15 (mg/d)$$

式中:LOEL——慢性和致癌性(吸入)研究中所得到的最小作用剂量(或中毒阈剂量);
　　　BW——体重;
　　　SM——安全系数(采用 LOEL 数据,取值 100;人群和个体的变异性取值 10,其他相关因素包括动物数据推导到人,判断终点的差异性,使用动物模型的差异性等,最终取安全系数为 1000)。

通过相应的计算可得出持久接触类材料/器械上 EO 和 ECH 的平均日剂量和最大剂量,列于表 4-8 中。

表 4-8　持久接触类材料/器材上 EO 和 ECH 的允许限量

残留物	平均日剂量(mg)	最大剂量(mg)		终生接触限量(g)
		前 24 h	前 30 d	
EO	0.1	20	60	2.5
ECH	2	12	60	50

由此可见,成人与环氧乙烷的短期接触(24 h 以内)剂量不得大于 20 mg。亚慢性接触或长期接触(1~30 d)剂量不得超过 60 mg(2 mg/d),终生接触限量为 2.5 g(另有数据为 3.7 g);成人与环氧乙烷接触 2 年以上剂量超过 0.15 mg/d,即有千分之一的致癌可能性,但根据利益分析,在疾病危及生命的状况下,实际使用医疗器械时可能对致癌性允许限量有不

同程度的放宽。

（4）代表性产品的环氧乙烷限量。对组合器械系统，应对每个器械规定允许限量。

化学残留物允许限量建立原则，对人工晶体、氧合器和血液透析器的 EO 限量并不完全适用。人工晶体上 EO 残留量以动物眼内刺激试验确定，每只每天不应超过 0.5 g。根据连续的心外科操作证实，氧合器上环氧乙烷限量可以放宽至 60 mg/d（此时安全系数为 80）。对于血液透析器，由计算得到的环氧乙烷的致癌性、长期接触及终生接触限量，在实际使用中都可能不能满足，但认为其健康利益超过残留环氧乙烷所带来的风险，因此允许适当放宽限量。

4.5 潜在降解产物的定性与定量分析

本节介绍潜在降解产物的定性与定量测试总则，它是指为具体材料的降解性能系统评价及研究方案设计提供一般指导原则，不涉及具体材料的降解产物的生成方法。关于各类材料的降解产物的定性与定量分析，在 GB/T 16886 或 ISO 10993 中有专门论述。

4.5.1 概述及基本概念

4.5.1.1 概述

生物体具有非常复杂的体内环境。植入生物体内的生物医用材料长期处于物理、化学、生物、电、力学等因素的作用下，不仅受到各种器官运动的作用，也受到代谢、呼吸、酶催化反应的作用。同时，植入物的不同部件经常处在相对运动之中。在如此复杂、长期的综合作用之下，有些材料/器械不能保持其原有的化学、物理及力学特性而发生降解。

通常的降解材料是指在生物体内能完全降解，降解产物能被生物体吸收、代谢的材料。在材料/器械生物学评价中，降解是反映材料/器械在生物体内的一个特性，而不是只针对材料而言的。

材料/器械生物学评价中的降解，既包括器械各部件间机械磨损作用，也包括生命体与材料间相互作用而导致的材料结构裂解或腐蚀，后者又称为生物降解。降解产物既可能是机械磨损作用产生的颗粒状主体材料的碎屑及其裂解产物，也可能是生物降解而从材料表面释放出来的自由离子或与主体材料化学结构不尽相同的有机或无机化合物。

因此，尽管主体材料是生物相容的，但由于它的降解产物在生物体内聚集与分布以及化学结构与主体材料不尽相同，其降解产物的生物相容性与主体材料不完全相同，两者的评价方法与要求也不完全一样。降解产物的生物学行为常常与医疗器械的安全性与有效性密切相关。因此，潜在降解产物的定性与定量分析是医疗器械安全性评价中极其重要的环节。

除性质和浓度外，降解产物的生物相容性可能还与它们的尺寸有关。聚四氟乙烯是很典型的一个例子，它用于人工血管时很稳定，是安全的，但它用于人工关节时会产生 10 μm 以下的小微粒，其在体内累积会引起严重的炎性反应。大量研究证明聚四氟乙烯用作植入体是生物相容材料，但最近的研究发现，它的小微粒（0.1 μm 以下）被细胞吞噬后表现出毒性反应。这说明降解产物的生物相容性是一个极其复杂的问题。

降解的小微粒除引起炎性反应外，还可能造成细胞损伤，特别是具有高分化特殊功能的实质细胞，如肝细胞、肾小管上皮细胞、神经细胞、血细胞和心肌细胞等。细胞损伤轻微者出现变性，严重者则坏死。变性包括混浊肿胀、水样变性、脂肪变性、玻璃样变性、淀粉样变性、神经髓鞘变性、糖原浸润和色素沉着等。

材料/器械多种多样,不同材料的降解行为与降解机理不尽相同。同时,临床使用对材料及其降解行为的要求也各不相同。因此,系统评价医用材料的降解行为和设计评价程序时,既要根据材料种类,又要依据材料的使用部位和使用时间综合考虑。

4.5.1.2 基本概念

(1) 降解:材料结构发生破坏或分子链发生断裂等。

(2) 生物降解:生物环境造成的降解,可用体外试验进行模拟。

(3) 生物吸收:在生物体内降解并被生物体吸收或参与代谢。

(4) 溶出物:可从材料中浸提出的成分。

(5) 腐蚀:对于金属材料,指化学或电化学反应引起的材料浸蚀。此概念广义上也指其他材料的变质。

(6) 降解产物:因材料的裂解而产生的所有化学成分。

(7) 水解降解:受水侵蚀而导致的聚合物中的化学键断裂。试验用水可以是中性、酸性或碱性的,也可以含有其他化学成分或离子。

(8) 氧化降解:受氧化剂侵蚀而导致的聚合物中的化学键氧化断裂或分离。

4.5.2 影响降解的因素与分析

影响材料/器械降解的因素十分复杂。可能是下面列举的因素之一起主要作用,也可能是两种或多种因素共同起作用。

4.5.2.1 材料种类及性能

不同种类的材料,如金属及合金、陶瓷、聚合物、天然生物材料,在生物体内的降解机理不同,降解速度也不同。

金属及合金的降解主要是在体液中的电解质作用下发生的电化学腐蚀,因此与其主体成分与结构,特别是表层的耐腐蚀性密切相关。陶瓷的生物降解与其化学组成直接相关。由于化学组成不同,陶瓷有易降解和不易降解两种类型。陶瓷的机械降解则和它的植入部位的应力有关,也与材料的弹性模量有关。

聚合物在体内的降解主要是水解,也有酶解和氧化作用。材料的降解行为主要与材料的化学性能、物理性能有关。聚合物本身的化学结构、极性、分子量及其分布、分子构象和结晶等是影响其降解的主要因素。

4.5.2.2 材料均匀性

材料/器械的降解首先在不均匀处发生,这种不均匀性包括材料的化学组分不均匀,以及存在的杂质、气泡、划痕、裂隙、缺陷,与分子取向、结晶程度、局部应力集中等引起的物理和力学性能的不均匀性。

4.5.2.3 加工与灭菌过程

材料/器械的加工过程不当,导致局部应力较大,这些部位的降解速度会明显加快。例如,人工关节的髓臼与股骨间配合不良,其机械磨耗量就明显提高。加工工艺控制也十分重要。不同的力学过程大大影响金属及合金的腐蚀。聚合物在高温、高剪切力条件下成型,会导致分子量的下降且呈多分散性,相关器械植入生物体内后其降解过程会加速。

材料/器械的灭菌处理可能对材料结构产生影响,从而影响降解性能。采用蒸汽灭菌,由于存在水解反应,常使聚合物降解;采用紫外线灭菌、γ射线灭菌,在多数情况下会导致聚合物解聚而降解,有时也会使聚合物发生交联,使其降解速率减慢。

4.5.2.4 运输与储备过程

材料/器械在运输与储备过程中,环境条件变化可能加速降解进程,如某些聚合物经日照后会产生光辐射降解。

4.5.2.5 植入部位与时间

生物体内不同部位的体液组成和各组分浓度不一致,材料/器械植入不同部位时,其降解情况不同。材料/器械植入同一部位但植入时间不同,其降解情况也会不同。例如,聚甲基丙烯酸甲酯增强聚己内酰胺作为接骨材料,短期植入几乎不发生降解;长期植入后,聚己内酰胺缓慢降解,聚甲基丙烯酸甲酯微粒则被巨噬细胞吞噬。

4.5.2.6 炎症与感染

材料/器械植入生物体内后,生物体常常会发生炎症或感染,其对材料降解的影响机理尚未完全阐明,可能与炎性细胞或微生物有关。

4.5.3 潜在降解产物分析原理与方案

4.5.3.1 分析原理

在材料/器械降解研究前,必须确定是否有必要进行降解研究。

(1) 应考虑进行降解研究的材料/器械包括:

① 可被生物吸收的材料/器械。

② 长期植入的材料/器械(大于30 d),可能产生明显生物降解的材料/器械。

③ 通过广泛研究表明,与人体长期接触期间,毒性物质可以或可能释放出来的材料/器械(尤其指插入或植入器械)。

(2) 不必进行降解研究的材料/器械包括:

① 可溶出的或以一定的量和速度从器械中释放出的物质已经过安全性评价及具有安全临床使用史的材料/器械。

② 在预计使用中已有充分的有关物质和降解产物的安全性评价研究数据的材料/器械。

确定对材料/器械进行降解研究后,要充分查阅文献,了解材料或构成器械的材料的降解机理和生物降解情况,并再次排除不必进行降解研究的可能。设计降解研究方案时应考虑材料的化学特性与物理特性,所制成的器械的作用原理、使用时间、位置及其局部环境的化学特性等因素,对不同材质的部件要考虑不同的降解机理。若能检索到相应的标准与文献中通用推荐的方法,应优先考虑采用这些标准和方法。一般先进行体外试验,根据体外试验结果考虑是否进行体内试验。体内试验时应考虑保护动物。进行体内试验时,还应进行体内外试验的相关性研究。

由于体内试验只能得到综合的降解结果,因此常采用体外试验研究降解机理和降解产物。体外试验又分为加速试验和实际时间降解试验。加速试验或实际时间降解试验可用于生成降解产物或对降解产物做定性与定量分析。加速降解试验只作为筛选试验。如果在加速试验中没有观察到降解产物,则无需进行实际时间的降解试验。如果发现降解产物,则需进行实

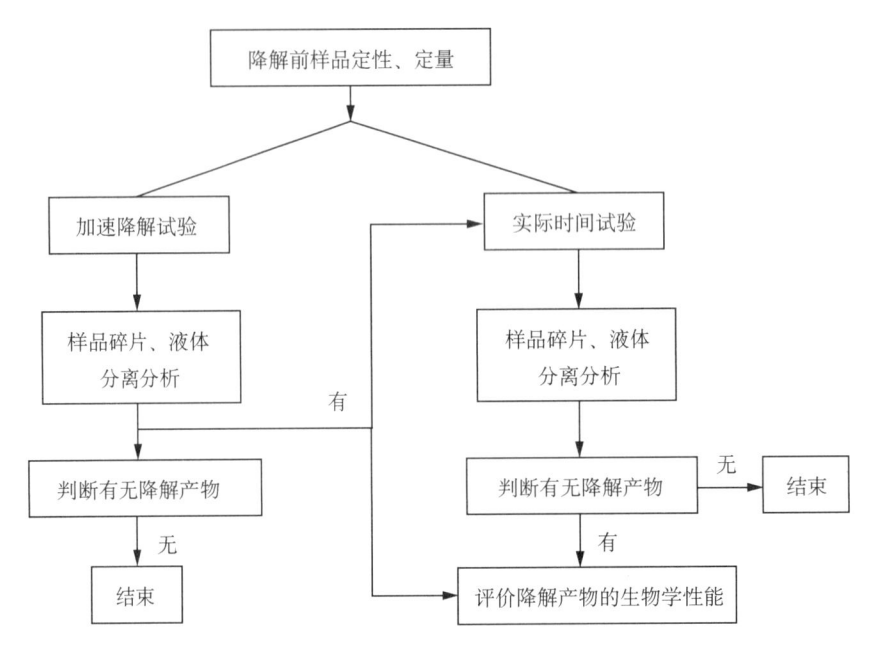

际时间试验。体外降解时，可以将材料浸泡在模拟体液、氧化剂或含有酶、磷脂等的溶液中，观察材料降解情况，如0.9%生理盐水，(37 ± 1) ℃ 72 h、(50 ± 2) ℃ 72 h、(70 ± 2) ℃ 24 h、(121 ± 2) ℃ 1 h。有时需要材料或器械在外加应力作用下进行降解试验。近年发展了在降解液中加入各种细胞来研究材料的降解产物对细胞的影响情况。试验条件选择主要取决于材料的种类及其降解机理。体外降解研究过程见图4-2。

图4-2 体外降解研究过程

4.5.3.2 降解研究中需考虑的问题

在降解研究中，如果缺少材料/器械降解和潜在降解产物的生物反应方面的重要数据，应考虑下列情况：

（1）材料/器械的基本情况，包括：样品的名称、种类、外形、作用与设计原理的描述；制备的器械的使用功能，使用时的基本要求及使用的生物环境；材料化学成分及组成；材料加工工艺、灭菌方法等。

（2）材料/器械的特定情况，包括：表面组成及形貌；是单一组件还是多组件器械；若是多组件器械，则要研究各组件的降解情况；与生物体的接触时间。

（3）主体材料改变。灭菌、储存、安装、植入操作、植入体内后与组织的相互作用等因素，可能导致主体材料发生改变，如主体和表面碎片可能导致不同性质的降解产物，其结果会影响表面稳定性。

（4）物质从表面释出。腐蚀、溶出、迁移、解聚合、脱落、剥落等因素，可能导致物质从表面释出。

对多组件器械或共同使用的器械，除了考虑各组件与组织的作用外，还应考虑同一器械各组件界面之间的作用，包括磨损、腐蚀、结构断裂、分离成层、层剥离、物质从一个组件迁移到其他组件等。

4.5.3.3 研究方案

由于生物体内环境复杂,设计非常好的研究方案很困难。目前一般采用体外试验的方法进行研究,然后通过体内试验进行验证。制定的降解研究方案应包括:生成降解产物的方法,了解材料/器械的降解过程,确定降解产物的物理化学性能并进行定量分析,研究降解产物的生物学性能。

降解产物的释放程度和速率取决于其浓度、从材料内部向表面的迁移速率、产物在降解环境中的溶解性、液体的流动状态等。

材料/器械在降解试验中产生的降解产物可能是颗粒状的,也可能是可溶性的化合物,需要采用适当的方法对它们进行定性分析,并在试验报告中对采用的方法加以说明。若需要对降解产物进行生物学评价,应排除材料或器械中原有其他物质(如残留单体、溶剂、催化剂、填料、加工助剂等)的影响。对多组件器械,研究方案应考虑到每一种组件材料及不同组件间的协同降解问题。

图 4-3 显示了降解介质对生物材料降解的影响。扫描电镜结果表明,PGA/PGLA 双组分输尿管支架管在人体尿液中降解 14 d 后,纤维成分暴露的更多,纤维表面出现了更明显的腐蚀的痕迹。这说明,尽管人工尿液尽可能地模拟了人体尿液,但是实际上两者有显著差异。

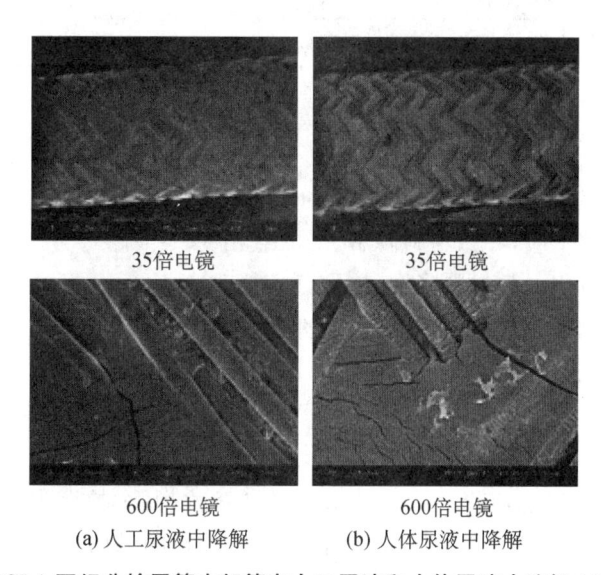

35倍电镜	35倍电镜
600倍电镜	600倍电镜
(a) 人工尿液中降解	(b) 人体尿液中降解

图 4-3　PGA/PGLA 双组分输尿管支架管在人工尿液和人体尿液中降解 14 d 时的观察结果

4.6　聚合物材料/器械降解产物的定性与定量测试

在人体中,聚合物材料/器械尽管不会受到光、射线、氧气、臭氧等因素的破坏,但仍有可能发生变化。它们在复杂生物环境中通常有以下三种表现:

(1) 长时间埋植于生物体内,对生物体一般不会产生太大的不良影响,如聚甲基丙烯酸甲酯人工骨、聚四氟乙烯人工血管。

(2) 出现生物老化,如硅橡胶心脏瓣膜小球会被生物体内的类脂(如胆固醇)溶胀而变性,聚乙烯、聚丙烯失去弹性并变脆。

(3) 生物降解,如外消旋聚乳酸一般在不到半年的时间内被生物体完全降解、吸收。

聚合物材料/器械降解产物的定性与定量分析参见 GB/T 16886.13—2010(或 ISO 10993-13)。表 4-9 列出了几种聚合物材料植入体内的反应。

表 4-9 聚合物材料植入体内的反应

聚合物	在体内的变化及其影响
聚四氟乙烯	固体块状材料是惰性的,但破碎成小片以后,引发炎症;硬块会破碎,被腐蚀
硅橡胶	不会引起组织反应,但材料有轻微的破坏
低密度聚乙烯	吸收一些液体,强度降低
高密度聚乙烯	表现为惰性,不会被破坏
聚丙烯	视使用环境,有些会有明显降解
聚氯乙烯	增塑剂会溶出,材料变脆,引起组织反应
对苯二甲酯乙烯共聚物	会发生水解,失去强度
聚酰胺	吸水,使组织发炎,失去强度
聚乳酸	发生水解,被吸收,引起局部炎症

4.6.1 概述

生物环境对植入的聚合物材料产生影响的因素可以归结于:

(1) 体液引起水解反应,导致材料降解、交联或相变。

(2) 体内自由基氧化引起材料降解,导致其性能改变。

(3) 酶的催化作用引起材料降解,导致其性能改变。

以上各个因素同时发生作用时会加速材料降解。另外,机械运动等物理因素也会加速材料降解。

聚合物材料在这些因素的作用下发生变化,是由材料本身的结构所决定的。聚四氟乙烯、聚甲基丙烯酸甲酯没有活泼官能团,又是疏水性聚合物,不易发生老化、降解;聚烯烃类物质没有活性基团,不会水解,应该是稳定的,但其中的键断裂时会产生游离基或在体内自由基作用下引起氧化降解;脂肪族聚酯的酯基不够稳定,易水解。

不同的生物医学用途需要聚合物材料具有不同的生物稳定性或降解性。永久和长时间埋植于体内的材料必须具有生物稳定性,而缝合线、某些充填材料等只需暂时提供支持,在一定时间后允许被降解。

通常认为具有生物稳定性的硅橡胶、聚乙烯-乙烯酯共聚物、聚甲基丙烯酸甲酯、聚乙烯及聚氨酯等是非降解型材料。但在体内水解、酯解、氧化降解等作用下,这些材料也会发生一定程度的降解。例如,聚醚聚氨酯材料在体内外试验会发生表层降解,结构发生变化,分子量下降,有降解产物出现。在临床使用中,也发现有类似现象。例如,常用聚醚聚氨酯制作起搏器电极表面的绝缘层,在体内使用五年后,发现绝缘层产生龟裂。再例如,聚丙烯缝合线在体内使用两年后，缝合线的表层已出现严重的裂解、剥落现象(图4-4)。因此，对非降解型生物材料也应该进行降解研究，对其降解产物进行定性和定量表征，并对降解产物是否有害进行评价。由此可见，聚合物材料/器械在人体中的降解主要发生在水环境中，由水解或氧化过程导致化学键断裂而形成降解产物，酶和蛋白质也能改变降解速度。

进行聚合物材料/器械降解产物的定性与定量分析时，聚合物材料/器械内常含有的单体、低聚物、溶剂、催化剂、添加剂、填充物和加工助剂等残留物和沥滤物，会干扰分析结果。对这些残留物和沥滤物，应在降解研究

图4-4 血管覆膜支架固定用的聚丙烯缝合线的体内48个月降解观察结果

前进行定性与定量分析。同时，需要注意这些残留物和沥滤物的降解产物可能与聚合物的降解产物相同，而且，如果聚合物材料在模拟体液中发生降解，其在生物体内也会发生降解。

4.6.2 试验方法

4.6.2.1 试验准备

降解试验准备包括以下内容：

(1) 样品制备。

样品制备参照GB/T 16886.12—2017(或ISO 10993-12)的有关规定进行。此外，降解试验前，样品应干燥至恒重。应注意，干燥温度不能使材料发生不可逆的变化，如熔融、流动或降解等。同时更要注意，在干燥条件下，聚合物的结晶度等与材料降解行为有关的性能不能改变；否则会导致材料降解行为发生变化，影响试验结果的可靠性。

(2) 试验前样品的定性与定量分析。

降解试验前，样品的定性与定量分析极其重要。应当选择与样品相适应的分析方法，对试验前样品的化学成分、结构及物理性能进行定性与定量分析，可以参照GB/T 16886.18—2011或ISO 10993-18的有关规定进行。

医疗器械可能含有几种来自不同渠道的材料，进行细致研究时需要的分析时间较长，花费的经费较多。因此，要尽可能从材料供应商处获取准确的分析数据，以减少分析工作量。

(3) 降解液和仪器。

① 降解液。常用的降解液有两类：一类是水溶液。如果采用分析实验室用水，应符合ISO 3696《分析实验室用水规定和试验方法》中二级水质的要求。缓冲液也是常用的水降解用试验溶液，应符合ISO 13781：2017的要求，最常用的是pH=7.4的磷酸盐缓冲液，它由0.5 mol(68.08 g/L)磷酸氢钾和0.5 mol(89.07 g/L)磷酸氢钠组成，用二次蒸馏水的0.9%氯化钠溶液配制。第二类是含氧化剂溶液。一般采用药典级过氧化氢配制成质量分数为3%的过氧化氢水溶液。也可采用芬顿试剂(即稀过氧化氢溶液与Fe^{2+}盐的混合液)，一般采用1 mmol H_2O_2与100 μmol Fe^{2+}混合。含氧化剂溶液在温度升高时或长时间放置或试验时间延长时，其中的氧化剂浓度会发生变化。因此，降解试验中要定期(一般为一周)测试试验溶液浓度。最好采用新配制的降解液进行降解试验。

除上述试验溶液外,针对聚合物材料/器械的不同用途或不同降解条件,还可以选择其他的降解液,如人工体液、含酶或蛋白质的溶液等。

a. 人工胃液。按《美国药典》XXII版配制,即用1 mL盐酸溶解2 g氯化钠和3.2 g胃蛋白酶,加水至1000 mL,pH值约1.2。

b. 人工肠液。按《美国药典》XXII版配制,即用250 mL水溶解6.8 g磷酸二氢钾,混匀;加入190 mL 0.2 mol/L氢氧化钠和100 mL水,再加10 g胰酶,混匀;用水稀释至1000 mL,用0.2 mol/L氢氧化钠溶液调节pH值为7.5±0.1。

c. 人工血浆和人工唾液。人工血浆、人工唾液的组成分别见表4-10、表4-11。

表4-10 人工血浆组成

化合物	质量浓度(mg/L)	摩尔浓度(mol/L)
NaCl	6800	117.24×10^{-3}
$CaCl_2$	200	1.80×10^{-3}
KCl	400	5.41×10^{-3}
$MgSO_4$	100	0.83×10^{-3}
$NaHCO_3$	2200	26.20×10^{-3}
Na_2HPO_4	126	0.89×10^{-3}
NaH_2PO_4	0.22×10^{-3}	—

表4-11 人工唾液组成

化合物	质量浓度(mg/L)	摩尔浓度(mol/L)
Na_2HPO_4	260	1.91×10^{-3}
NaCl	6700	3.4×10^{-3}
KSCN	330	1.47×10^{-3}
KH_2PO_4	200	1.47×10^{-3}
$NaHCO_3$	1500	17.86×10^{-3}
KCl	11 200	16.22×10^{-3}

由于抗菌素或抗霉剂的使用会干扰生物学评价,如果要对降解产物进行生物学评价,整个降解试验要保持在无菌条件下进行。

② 仪器。

a. 试验容器:根据选择的试验溶液的配方,可选择密闭的化学级玻璃容器、聚四氟乙烯或聚丙烯容器。试验时,要设置空白容器对照组,以证明容器不干扰试验结果。

b. 天平:应符合所需精确度要求。测定可降解材料,天平的精确度为1‰;测定不可降解材料,天平精确度为0.1‰。用于测定样品质量的天平,对于可吸收材料,天平精确度为样品总质量的0.1%;对于不可降解材料,天平精确度为样品总质量的0.01%。试验报告中应对质量耗损测定方法的精确度和标准偏差加以说明。

c. 干燥器:能干燥试验样品至恒重且不引起污染或挥发性降解产物丢失。试验报告中详细说明干燥器的结构与使用。

d. 真空装置：能使干燥器内达到足够的真空度（<500 Pa）。试验报告中应详细说明真空装置的结构、操作与技术参数。

e. 分离装置：用于分离降解试验中产生的碎片。可采用惰性滤器和温控离心机或两者的组合。试验报告中应详细说明分离装置的结构、操作与技术参数。

(4) 试验样品。

① 预处理。为建立质量平衡，样品应干燥至恒重。如果器械含有易挥发成分，注意选择适当的干燥方法。此时，试验报告中应对干燥方法和条件加以说明。

② 数量。每次试验，至少应采用三个样品同时试验（$n \geqslant 3$）。每个样品应单独使用一个容器。每次试验期间，应使用一个空白对照样品。若试验结果需进行统计学处理，则需要更多样品。

③ 形状和大小。样品的形状和大小对降解产物的数量起着关键作用。若只选取器械的一部分作为试验样品，应避免或尽量减少选用器械上不与生物环境接触的面，从而保证试验结果更接近实际情况。

选择样品的形状、大小和表面积，应考虑降解液和测定质量平衡至恒重的平衡时间。对于可降解聚合物材料，不要求样品质量与降解液达到平衡。

在某些情况下，应按器械制造时所使用的同样的加工、清洁、无菌方法制备试验样品。

(5) 试验溶液。

① pH 值。根据使用部位的 pH 值范围选择，并保持在一个适当范围内；同时还应考虑生理现象如炎性反应及温度变化引起的 pH 值的改变。试验报告中应对选择的 pH 值及范围控制加以说明。

② 样品质量/溶液体积比。通常是 1∶10。使用该比例时，还应考虑到降解产物的释放可能会干扰降解过程，并影响降解速度和降解反应的平衡。样品应完全浸入试验溶液。试验报告中应对选用比例加以说明和论证。

(6) 质量平衡的测定。

样品从试验溶液中取出后，需用足量的分析用水冲洗，并将冲洗液及被冲下的碎片加入试验溶液。最后将经过过滤或离心处理所获得的样品和碎片干燥至恒重，再测定质量平衡。

(7) 试验后样品及降解产物定性分析。

使用试验前样品定性方法，对试验后样品及降解产物进行定性分析。

4.6.2.2　加速降解试验与实际时间降解试验的比较

加速降解试验与实际时间降解试验的区分主要在两方面：试验温度和试验期。

(1) 加速降解试验的温度和试验期。

① 温度。温度应高于 37 ℃，而且低于材料的熔化或软化温度。温度低则降解可能不发生，温度太高又会导致聚合物发生副反应。一般选用（70±1）℃。选用其他温度，应在试验报告中对所选温度加以说明。

② 试验期。可使用两个试验期：2 d 和 60 d。也可根据聚合物特点，选择其他试验期。对于由可降解聚合物材料做成的器械，试验期可持续到器械上的单一材料失去完整性为止。所选的试验期如不是 2 d 和 60 d，应在试验报告中进行报告和论证。

(2) 实际时间降解试验的温度和试验期。

① 温度：（37±1）℃。

② 试验期：可选用1个月、3个月、6个月和12个月四个试验期，也可根据聚合物的特点选择其他试验期，但应在试验报告中报告并论证选用的试验期。

4.6.2.3 聚合物材料的定性分析方法

聚合物材料的定性分析方法主要包括：

① 由聚合物溶液黏度测定平均分子量、分支、膨胀/交联密度。

② 由流变特性测定熔化区域、熔化黏性、热稳定性、分子量分布。

③ 用色谱法（如气相色谱法、高效液体色谱法）测定残留单位、附加剂和可沥滤物；用凝胶色谱法测量平均分子量和分子量分布。

④ 用光谱法（如紫外光谱法、红外光谱法、核磁共振、质谱法）识别聚合物，测试浓度和分布；用原子吸收光谱法测定催化剂、重金属含量。

⑤ 用热分析方法（如差式扫描量热法）测定玻璃化转变、熔化区域或软化点、混合物成分。

4.6.3 聚合物材料降解试验通用程序

聚合物材料降解试验通用程序如图4-5所示。不管是加速降解试验还是实际时间降解试验，都包含三个共同步骤和判定初步降解结果后采取的步骤。

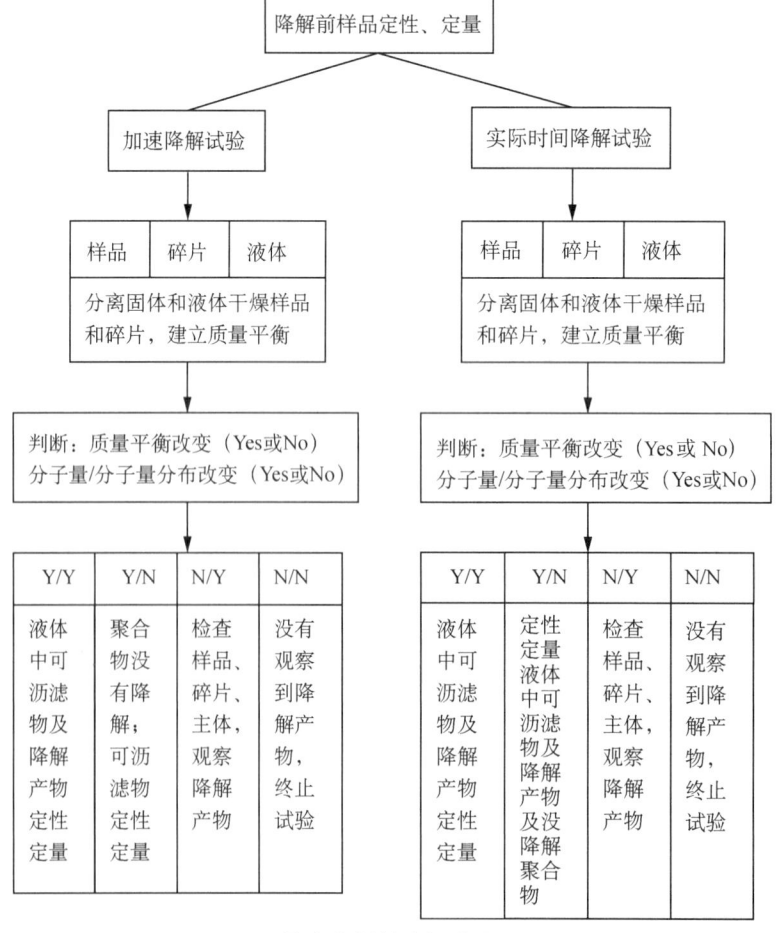

图4-5 聚合物材料降解试验通用程序

试验中或试验结束后,应对聚合物性能进行定性与定量分析,并对材料降解后的碎片和液体进行定性与定量分析。

在实际研究过程中,医疗器械或其部件、材料的理化性能通常已知,如材料可降解或不可降解。因此,进行聚合物材料/器械降解试验,一般旨在考察降解速率、形态结构改变、理化性能演变、降解速率与组织再生速率的匹配、加速降解试验与实际时间降解试验之间的关系等。

习题与思考题

[1] 对生物材料为什么要开展体外定性与定量分析?
[2] 生物材料的表面性能为什么重要?其表面性能的表征方法有哪些?
[3] 生物材料在体内外生物环境中如何影响生理生化反应或过程?
[4] 对生物材料浸出液中的化学成分进行分析,通常有哪些项目?
[5] 材料化学定性分析的步骤是怎样的?
[6] 建立化学残留物允许限量的步骤是怎样的?
[7] 环氧乙烷灭菌残留量如何测定?
[8] 对于可降解生物材料或医疗器械,如何进行降解性能评价?

第5章 生物医用纺织品体内生物学评价概论

生物医用纺织品是医疗器械的重要组成部分。对生物医用纺织品进行体内生物学评价，是为了确定它们在生物环境中的生物安全性和有效性。生物相容性是最常见的提法，可理解为生物医用纺织品在特定应用中发挥其功能的同时，与生命体及其组成单位相容的程度。

从实用角度来看，医疗器械组织相容性的体内评价，是为了确定该器械是否既能实现预期功能，又不会对患者产生明显的危害。因此，组织相容性体内评价就是在模拟临床应用条件下，评价、预测医疗器械是否会对患者存在潜在的危害。

国际标准化组织（ISO）、**美国食品药品监督管理局**（FDA）、**美国材料与试验学会**（ASTM）和《美国药典》等相继提供了可用于医疗器械组织相容性体内评价的操作程序、试验方案、指南和标准。本章主要介绍我国的国家标准GB/T 16886，该系列标准提供了医疗器械组织相容性体内评价的系统方法。

用于医疗器械设计和制造的生物材料选择，首先应考虑生物材料本身的性能是否适合其预期用途，包括物理、化学、毒理学、电子、形态和力学性能。医疗器械组织相容性体内评价，要了解材料的化学组成、与生物组织接触的条件，器械及其成分与预期使用部位组织接触的性质、程度、频率和持续时间。可能影响医疗器械生物学反应的因素包括加工的原材料、预期加入的添加剂、加工过程中的污染物及残留物、可溶出物、降解产物、最终产品中的其他成分及其之间的相互作用，以及最终产品的性能和特征。潜在生物学危害的范围很广，可能包括短期影响、长期影响或者特殊毒性的影响。对每种材料和医疗器械，都要考虑这些影响。然而，这并不意味着对所有潜在风险的测试都是必需的或者是适用的。

医疗器械组织相容性体内试验项目包括致敏、刺激、皮内反应、全身毒性（急性毒性）、亚慢性毒性（亚急性毒性）、慢性毒性、遗传毒性、植入、致癌性、生殖和发育毒性、生物降解、免疫反应和血液相容性。针对某种医疗器械，不一定需要进行所有试验。

GB/T 16886和ISO 10993均指出，一般所有医疗器械的生物学评价应该包括细胞毒性、致敏性和刺激性的试验。在这些基本试验的基础上，生物相容性体内评价的进一步试验，根据器械或者材料的特征和最终用途进行选择。

5.1 致敏、刺激和皮内反应试验

即使仅暴露于或者接触到少量的器械或材料中的可溶出物，也可能引起组织过敏或致敏反应。致敏试验用于评价器械、材料及其浸提液的接触致敏性的潜能。致敏症状通常在皮肤表面进行观察，常利用豚鼠进行试验。试验设计应该反映出预期的施用途径（经皮、眼或黏膜）和材料在预期临床应用中接触生物组织的性质、程度、频度、持续时间和条件。致敏反应是免疫系统对化学物质的一种反应。严重的刺激性化学可溶出物，在体内试验之前往往可以通过严格的材料表征和体外细胞毒性试验被发现，不需要进行体内试验。刺激试验主要利用生物材料的浸提液确定潜在可溶出物的刺激作用。皮内反应试验用于测定组织对皮内注射医疗器械、生物材料或者最终假体制品浸提液的局部反应。当不能通过皮肤或黏膜试验测定生物材料或医疗器械的刺激性时，可以采用皮内反应试验，常用的实验动物是兔子。

这些试验都是针对生物材料中可沥滤成分的生物学反应，因此要使用各种溶剂制成浸提液作为注射溶液。这类试验实施的关键是材料制备和（或）浸提液制备，以及必须选择具有生理适应性的溶剂。选择的溶剂应该既能测试水溶性也能测试脂溶性两种可溶出物。

下面以纺织基伤口清创材料和医用纱布为例，介绍皮肤刺激试验过程。采用新西兰大白兔为实验动物，进行完整皮肤刺激试验和破损皮肤刺激试验。将新西兰大白兔背部的兔毛剃除，露出尺寸约 10 cm×15 cm 的皮肤。在纺织基伤口清创材料和医用纱布上，随机剪取尺寸为 2.5 cm×2.5 cm 的试样各两块。为了保证试样与实验动物皮肤之间有效接触，用 0.9% 生理盐水将试样充分浸润。然后，将试样按图 5-1 所示分别贴敷在实验动物背部的裸露皮肤上，并用医用透明胶带和医用绑带固定。对于单次接触试验，贴敷试样在实验动物皮肤上保持 24 h；进行多次接触试验时，试样每次贴敷时间为 4 h，并连续试验 3 d。

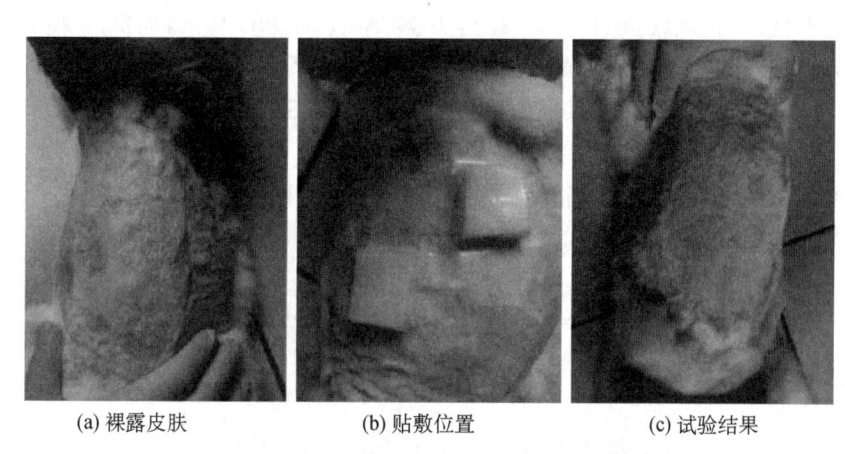

(a) 裸露皮肤　　(b) 贴敷位置　　(c) 试验结果

图 5-1　皮肤刺激试验试样样品贴敷位置

破损皮肤刺激试验操作步骤同完整皮肤刺激试验，只是增加了破损皮肤准备步骤。破损皮肤的准备：先用酒精棉球对实验动物背部裸露的皮肤进行消毒，然后用无菌手术刀轻轻刮擦裸露皮肤，直至有体液轻度渗出，完成破损皮肤的准备。表 5-1 列出了纺织基伤口清创材料和医用纱布的皮肤刺激试验结果，两种材料的刺激指数均低于 0.4，参考 ISO 10993-10:2010，两种材料的皮肤刺激性均属于极轻微型。

表 5-1 两种材料的皮肤刺激试验结果

试样	完整皮肤		破损皮肤	
	单次接触 PII*	多次接触 CII*	单次接触 PII	多次接触 CII
纺织基伤口清创材料	0.042	0.083	0.125	0.167
医用纱布	0.042	0.125	0.167	0.209

* 依据 ISO 10993-10:2010,PII 为**原发性刺激指数**,CII 为**累积性刺激指数**。

5.2 急性全身毒性、亚急性毒性、亚慢性毒性和慢性毒性试验

全身毒性试验是评价体内一次或多次接触医疗器械、生物材料和(或)它们的浸提液后,远离接触点的靶组织和器官发生潜在危害的可能性。这类试验可评价医疗器械释放的成分产生的潜在全身毒性。这类试验还包括热原试验,用于评价诱发全身炎症反应的能力,通常通过发热现象进行判定。

在利用浸提液的试验中,材料形状和面积、厚度及表面积与浸提介质容量,都是试验方案中需考虑的关键因素。应该选择适当的浸提介质,从而最大限度地从材料中浸提出用于测试的可沥滤成分。通常使用小鼠、大鼠或兔子作为实验动物。根据生物材料的预期应用,可以使用经口、皮肤、吸入、静脉内、腹腔内或皮下途径。

急性毒性是指给予单剂量或多剂量后受试动物在 24 h 以内出现的不良作用。亚急性毒性(重复剂量毒性)是指每天给予单剂量或多剂量后受试动物在 14~28 d 内出现的不良作用。亚慢性毒性是指在实验动物生命期的一段期间内,每天给予单剂量或多剂量后受试动物出现的不良作用;该试验期间不应超过实验动物生命期的 10%,通常为 90 d。

尽管兔子热原试验是标准检测方法,但近年来,**鲎试剂**(LAL)法的应用不断增加。需要注意的是,没有一种单一试验可以区分由材料介导的发热反应和由内毒素污染诱发的发热反应。

慢性毒性试验用来测定在实验动物的至少 10% 寿命期间内(如大鼠超过 90 d),一次或多次接触医疗器械、材料和(或)其浸提液后所受的影响。慢性毒性试验可视为亚慢性毒性试验的延长。

5.3 遗传毒性试验

如果生物材料的某些组分或化学成分显示,或者体外试验结果表明其具有潜在的遗传毒性(DNA 出现了变化),则需要进行体内遗传毒性试验。首先,至少选用三项体外试验,其中两项应使用哺乳动物的细胞。初期的体外试验应该包括三个水平的遗传毒性效应:DNA 损伤、基因突变和染色体畸变(用细胞遗传学分析、评价)。体内遗传毒性试验包括啮齿动物微核试验、哺乳动物骨髓细胞遗传试验(染色体分析)、啮齿动物显性致死试验、哺乳动物生殖细胞遗传试验、小鼠斑点试验及小鼠遗传物质易位试验。并非上述所有的体内遗传毒性试验都要进行,最常用的试验是啮齿动物微核试验。遗传毒性试验采用适当的材料浸提液,

或者将材料溶于适当介质中进行,所用介质可以根据生物材料的已知成分确定。

5.4 植入试验

植入试验利用一种生物材料样品或者最终产品,通过外科植入或直接放入方式到达生物材料及医疗器械预期应用的植入部位或组织中,评价其产生的局部病理学反应。局部病理学反应最基本的评价为定性评价,包括肉眼观察和显微镜观察。显微镜观察用于评价各种生物学反应指标(表5-2)。对于发现的特殊问题,可能还需要做更多复杂的研究。例如,对组织切片进行染色以确定细胞类型,以及胶原形成和破坏的研究(图5-2)。对于12周短期植入评价,常选用小鼠、大鼠、豚鼠或兔子作为实验动物。对于长期植入评价,如植入皮下组织、肌肉或者骨组织,可选择大鼠、豚鼠、兔子、狗、绵羊、山羊、猪及其他寿命相对较长的动物作为实验动物。如果要评价一个完整的医疗器械,可能需要大型动物作为实验动物。例如,人工韧带通常采用羊作为实验动物,人工心脏瓣膜通常通过对羊施行心脏瓣膜置换术来进行测试,而心室辅助装置和完全型人工心脏通常用牛作为常选动物。

表 5-2 显微镜观察常用指标

序号	指标
1	炎性细胞的数量和分布及其与材料/组织界面的距离
2	纤维囊的厚度和血管化程度
3	组织向内生长的性质和数量(针对多孔材料)
4	根据组织形态学变化确定变形
5	坏死存在
6	其他如材料碎片、脂肪渗透、肉芽肿、营养障碍钙化、细胞凋亡、增殖率、生物降解、血栓形成、内皮化、生物材料或降解产物的迁移

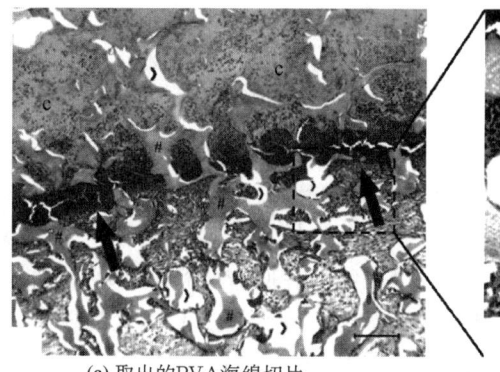

(a) 取出的PVA海绵切片　　　(b) 局部放大

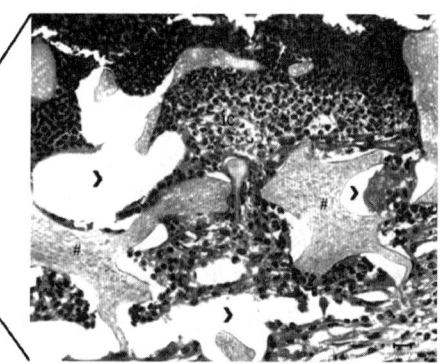

图 5-2　大鼠背部皮下植入 PVA 海绵后 18 d 组织切片结果(H.E.染色):
比例尺＝100 μm;箭头指示炎症浸润的界线;无尾箭头指示空隙;
♯指示 PVA 海绵;c 指示胶原蛋白;ic 指示炎症细胞

5.5 致癌性试验

致癌性试验用来确定实验动物在其寿命期的大部分时间内,一次或多次接触医疗器械、材料和(或)其浸提液后发生肿瘤的潜能。因为与医疗器械相关的肿瘤非常罕见,所以只有当该医疗器械具有诱导肿瘤的趋向时,才进行致癌性试验。另外,致癌性(致瘤性)和慢性毒性试验可以在同一实验对象上进行。对于生物材料,致癌性研究集中于固态材料的潜在致癌性,如奥本海默效应。在致癌试验中,应该包括性状和形状可比的参照物,聚乙烯材料植入体是常用的参照物,并且有必要对受检生物材料/器械与参照材料进行统计学比较。为了使致癌性试验容易操作且试验周期缩短,FDA 在探索使用携带人原型 c-Ha-ras 基因的转基因小鼠进行快速致癌试验。

5.6 生殖和发育毒性试验

生殖和发育毒性试验用于评价医疗器械、材料和(或)其浸提液对生物体生殖功能、胚胎发育、出生前和出生后发育的不良影响。必须考虑器械作用位置,只有当器械有可能对生物体的生殖潜能产生不良影响时,才需要进行生殖和发育毒性试验。

5.7 生物降解试验

生物降解性能可以通过生物体外或体内试验定性或定量地进行评价,可参照 GB/T 16886 和 ISO 10993 的第 9、13 和 16 部分。生物体内降解性试验可确定可降解材料及其降解产物对组织反应的影响。生物降解试验主要注重在给定时间内,生物材料的降解量、降解产物的性质、降解产物的来源(如杂质、添加剂、腐蚀产物、聚合物本体),以及近邻组织和远离植入位置的器官中的降解产物和可溶出物的定性及定量分析。生物医用材料的生物降解有多种机制,其中一部分与材料相关,所有与器械和器械的最终应用相关联的降解机理都必须考虑到。可以制备与降解产物相似的试验材料,用于测试预期长期植入物可能产生的降解产物引起的生物学反应。应用这种方法的例子,如研究金属和塑料的磨耗颗粒,可能在人工关节长期使用后会出现。

降解产物的毒代动力学研究应考虑溶出研究的实验结果,应采用适当物种和性别的实验动物。试验物质应通过适当的途径给入体内,应与医疗器械的应用途径一致。参照样应从试验前的实验动物上采集,如不可能则从参照组采集。在吸收、分布、代谢及排泄一系列试验中,可进行单项试验,也可进行多项试验。吸收取决于给入途径、试验物质和介质的形态和结构。分布研究通常需要使用放射性同位素标记成分。

5.8 免疫反应试验

GB/T 16886.12—2017 给出了医疗器械免疫毒理学试验原则和方法。免疫毒性可理解为当有些材料和器械进入体内后,与免疫系统相互作用,导致免疫功能紊乱,从而对人体产生有害影响。一般来讲,合成材料没有免疫毒性。但是,对于改性的天然组织来源的植入体,有必要进行免疫反应评价,如胶原蛋白。它已被用于许多不同类型的植入体中,可能会引起免疫学反应。免疫毒性是指对免疫系统的功能或结构产生的任何不良影响或者因免疫系统功能障碍对其他系统造成的不良影响。通常体液或细胞免疫是宿主保护自身、抵抗感染或肿瘤或者不必要的组织损伤(慢性炎症、超敏反应、自身免疫)所必需的,当机体缺乏体液或细胞免疫时就会发生有害的或免疫毒性效应。潜在的免疫效应和反应可以与表5-3中所列的一个或多个效应相关。

表 5-3 潜在的免疫效应和反应

效应
(1) 超敏反应 ◆ Ⅰ型——过敏的 ◆ Ⅱ型——细胞毒性的 ◆ Ⅲ型——免疫复合物的 ◆ Ⅳ型——细胞介导的(迟发型) (2) 慢性炎症反应 (3) 免疫抑制反应 (4) 免疫刺激作用 (5) 自身免疫反应
反应
(1) 组织病理学改变 (2) 体液反应 (3) 宿主抵抗力 (4) 临床症状 (5) 细胞反应 ◆ T细胞 ◆ 自然杀伤细胞 ◆ 巨噬细胞 ◆ 粒细胞

免疫反应评价的代表性试验如表5-3所示。表5-3未包括所有的试验,其他试验也可能是适用的,这些试验应特别考虑检测可能存在的由器械或者其组成部分产生的潜在免疫毒性效应。表5-4表述的仅是目前大量有效试验中的典型例子。然而,当直接和间接的免疫反应标志物被验证,并且其预测价值被证明时,可能为将来的免疫毒性试验提供新方法。通过功能分析进行免疫系统活性的直接测定是最重要的免疫毒性试验类型。功能测定通常比可溶性介质试验更重要,而可溶性介质试验又比表型检测更重要。体内试验中疾病体征可能是重要的,而疾病症状也同样在临床试验和上市后的免疫功能研究中发挥重要作用。

表 5-4　常用免疫反应试验

试验名称	表型	可溶性介质	疾病表征
皮肤试验 免疫测定（如 ELISA*） 淋巴细胞增殖 空斑形成细胞 局部淋巴结实验 混合淋巴细胞反应 肿瘤毒性 抗原提呈 吞噬	细胞表面标记 MHC* 标记	抗体 补体 免疫复合物 细胞因子模式（T 细胞亚群） 细胞因子（IL-1，IL-lra，TNFa，IL-6，TGF-β，IL-4，IL-13） 趋化因子 嗜碱活性胺	变态反应 皮疹 风疹 水肿 淋巴结病

* ELISA 为**酶联免疫吸附测定**；MHC 为**主要组织相容性复合体**。

5.9　展望

　　生物材料和医疗器械的体内组织相容性评价必要性取决于生物材料和医疗器械的最终用途。因此，新型生物材料和器械的发展和使用，要求建立新的试验方案和程序。必须认识到生物材料和医疗器械的体内组织相容性评价尚有发展空间，新的最终用途应该采用新的试验去评价。

　　早期，生物材料和医疗器械在组织中普遍处于"消极"状态。近年来，具有潜在临床应用价值的生物材料和医疗器械的发展重点放在了生物活性材料和组织工程器官方面。生物活性和组织工程化器械与组织的相互作用不是"消极的"，而是"积极的"。例如，生长因子、细胞因子、药物、酶、蛋白质、细胞外基质成分以及可以或者不可以被遗传学修饰的细胞等，这些生物或组织成分被结合到合成化合物中，可以使消极的材料变成能控制和调节组织学反应的器械。显然，组织工程化器械特定的生物学反应的体内评价，在器械本身的研究和发展及其安全性评价中都将起到重要作用。从事组织工程化器械研究的科学家们将致力于发展生物相容性评价的体内试验，因为这些试验在器械研制的研究阶段也将被用于研究特定的生物学反应。

　　关于组织工程化器械，必须认识到在体内环境中生物学成分可能会诱导组织产生各种效应。例如，从器械中释放一种生长因子来促进细胞增殖，这一类问题具有潜在的复杂性。植入部位的细胞类型不同可能对外来的生长因子会产生不同的反应，如自分泌、旁分泌和内分泌信号，这在植入部位的同类型细胞间和不同类型细胞之间可能是不相同的。信号转导系统视植入部位存在的不同细胞而变化。一种生长因子的存在可能明显地导致不同细胞的增殖、分化、蛋白质合成、附着、迁移、形状改变等，这些均依赖于不同的细胞类型。因此，在一个植入部位，根据不同类型细胞的反应，对一种外源性生长因子信号所产生的反应可能导致不相称的、不适当的或者是负面的组织反应。

　　在对组织工程化器械进行组织相容性的体内评价时，这些因素必须在试验计划中综合考虑。最后，组织工程化器械体内组织相容性评价面临的主要挑战是，在器械研发早期阶段使用的是动物组织成分,但根据最终器械的预期用途,最终使用目标是人体组织成分。因此,必须要建立针对组织工程化器械的体内组织相容性的新的和创新的评价方法来解决这些重大问题。重要的是,发展临床上有用的组织工程化器械需要提高认识,其中包括患者以及生物力学因素对重建组织的结构和功能的影响。还需要开展方法学研究,如允许体内重建的动态过程评价,也许可以通过无损性细胞基因表达和细胞外基质重建的成像技术来实施。仔细研究取出的植入物去建立生物标记技术,并研究结构演变的机制将是很有发展前景的研究方向。

习题与思考题

[1] 生物材料/医疗器械的体内生物学评价包括哪些项目?
[2] 针对具体的生物材料或医疗器械,如何设计生物学评价方案及体内生物学评价方案?
[3] 体内生物学评价与形态结构评价、理化性能、力学性能、体外生物学评价有什么关系?

第2部分
形态结构及基本性能测试与评价

本部分着重介绍生物医用纺织品的基本形态结构、力学性能、降解性能及其他基本性能的评价与测试等。

生物医用纺织品的基本形态结构，包括表面形态特征、显微形貌、组织结构、多孔特征、纺织品的厚度和密度、线密度及面密度、单纤维直径测试等内容。这些基本形态结构特征是对医用纺织品的初步评价，也是后续评价的基础。从构效关系的角度讲，这些基本形态结构在一定程度上决定了性能及功能的发挥。从结构仿生的角度讲，这是基础，也是先决条件。

力学性能测试与评价是生物医用纺织品基本又重要的方面。最常见的力学性能方面的评价指标，包括拉伸和压缩性能、剪切、扭转和弯曲性能、蠕变与应力松弛、疲劳性能等。通常情况下，力学性能测试与评价在常温、常压、干燥状态下进行，测试条件相对单一。而生物医用纺织品的应用环境实际上非常复杂，可能是湿态的环境，还存在各种酶、盐及其他生物分子。还可能是更复杂的环境，比如人工血管的移植环境，同时存在径向张力、轴向拉力、血流切应力、扭转弯折、血液缓冲体系等。

生物医用纺织品的降解性能测试与评价，对可降解材料来说至关重要。材料的降解主要与两方面的性能密切相关，一个是力学性能，另一个是组织再生。理想的可降解生物材料，应当具备可控的降解速率，从而具备可控的力学衰减过程。其次，降解产物不会引起明显异常的异物反应。第三，降解速率能够与组织再生速率相匹配，既不会因为降解太快而丧失支撑作用，又不会因降解太慢而阻碍组织再生、重塑。医用纺织品的降解性能与高分子的化学结构、分子量及其分布、所处环境等密切相关。可见，本部分各章之间的内容具有潜在的联系。

其他功能性生物医用纺织品的性能测试与评价，如抗菌性能、抗辐射性能、抗渗透性能、防颗粒性能、药物缓释性能等。抗菌性能测试与评价主要面向抗菌生物医用纺织品，包括抗细菌和抗真菌纺织品。抗辐射性能主要是指纺织品的电磁屏蔽性能，即屏蔽各种电磁波的能力。抗渗透性能主要是指对液体的抗渗透性，包括水、血液、酒精溶液等，多针对防护服、手术服等。人工血管的水渗透性是纺织基人工血管性能评价的重要指标。合适的水渗透性，是指人工血管移植后不会发生过度的血液渗出或漏出，但有利于血管内皮的形成，从而大幅提高人工血管的中长期通畅率。防颗粒性能，可以理解为过滤性能，比如口罩的过滤效率就是防颗粒性能的一个指标。对载药纺织品而言，药物缓释性能是评价其性能的关键指标，主要考察药物的释放速率及绝对释放量。药物释放曲线往往因医用纺织品的用途不同而不同，有些希望药物缓释，有些则希望先突释后缓释等。对药物释放绝对量的关注主要是考虑到药物的有效作用浓度。

第 6 章　生物医用纺织品结构测试与表征

6.1　概述

生物医用纺织品的结构,包括宏观结构、介观结构和微观结构三个层次。宏观结构指纺织品的织物结构,介观结构指纱线和纤维结构,也包括其表面形态学结构,微观结构指高分子材料的结晶态及其大分子结构。

鉴于纺织结构的特点,本章首先介绍纺织品的宏观和介观结构的表征,包括织物、纱线和纤维的物理规格,以及织物中孔的特性;其次,介绍相对微观的结构,即采用各种显微技术进行纺织材料的细致形态学表征;最后描述纺织材料的结晶态以及纤维的分子结构的各种现代表征技术。

6.2　纺织品结构测试

生物医用纺织品结构与性能密切相关。因而,测试生物医用纺织品结构是评价其性能的重要内容之一。纺织品结构测试项目主要包括织物组织、织物密度、织物厚度、面密度(单位面积质量)、孔隙率、孔密度和孔尺寸、纱线的线密度、纱线中单丝根数及纤维直径。当生物医用纺织品试样尺寸较小时,可按以下顺序进行结构的测试:

6.2.1　织物厚度的测定

织物的厚度取决于织造方式、织物组织、所选用的纱线细度及纱线在织物中的屈曲程度等因素。生物医用纺织品厚度测试,需要根据生物医用纺织品的相关标准,选择合适的压力及加压时间等参数。若相关标准中未注明,可参照 GB/T 3820—1997 的规定,采用织物测厚仪(图 6-1)。

对于纺织人工血管管壁厚度的测试,拟根据标准 ISO 7198:2016 中的测试厚度压力条件要求,可选择 KES 织物风格仪中的压缩测试仪,如图 6-2(a)所示。将试样放置在基准板测试部位,测量接触试样的压脚与基准板之间的距离,即得厚度值。该仪器采用面积为 2 cm² 的圆形测试头,以恒定的速度垂直压向试样,测得单位面积试样所受压力

图 6-1　织物测厚仪

(P)与受压试样厚度(T)的关系曲线,如图 6-2(b)所示。在压力-厚度曲线上,读取试样厚度对应的压力值。该仪器的测试头压力在 0~50 cN/cm²,速度在 0.01~0.1 mm/min,这些参数都符合 ISO 7198:2016 的测试要求。

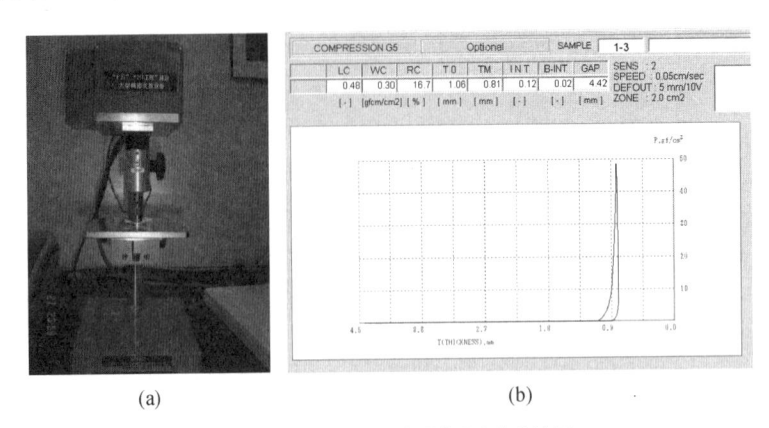

图 6-2　KES 压缩测厚仪与测试结果

对于表面外观呈现明显凹凸的生物医用纺织品,如人工血管,其管壁的波纹表面直接影响其厚度的测量。因此需保证样品在无波纹、无张力的状态下测试。在测试中,应避开影响实验结果的疵点和折痕,尽量保持织物的平整。在织物面积较大的情况下,测试点要按阶梯形均匀分布,且各个测试点不能在相同的纵向和横向位置上。

6.2.2　织物密度的测定

6.2.2.1　机织物

机织物密度指机织物单位长度内的纱线根数,分为经密和纬密。经密是沿机织物纬向单位长度内的经纱根数;纬密是沿机织物经向单位长度内的纬纱根数。经、纬密只能反映相同直径纱线制成织物的紧密程度。

机织物的密度可用织物密度镜直接测量,亦可用带有标尺的光学显微镜测量。通常先在 5 个不同部位测出织物经向和纬向 2~5 cm 内的纬纱根数及经纱根数,取其平均值,然后换算成经密和纬密,单位为"根/(10 cm)"。常用三种方法:

(1) 织物分析镜法。记录由织物分析镜窗口所看到的纱线根数,折算至 10 cm 长度内的纱线根数。

(2) 移动式织物密度镜法。使用移动式织物密度镜,测定试样一定长度内(5 cm)的纱线根数,折算至 10 cm 长度内的纱线根数。

(3) 织物分解法。适用于所有机织物,特别是复杂组织织物,分解规定尺寸的试样,记录纱线根数,折算至 10 cm 长度内的纱线根数。

当生物医用纺织品试样面积较小时,可以测量长和宽各 1 cm 范围内的密度,密度值可用经(纬)纱每毫米中的根数来表达。

6.2.2.2　针织物

针织物也是生物医用纺织品的重要组成部分。如疝修补补片、压力袜等,多采用针织物结构。针织物的密度指针织物单位长度内的线圈数,分为纵密和横密。按照服装用纺织品结构表征的习惯,纵密用针织物纵向 5 cm 内的线圈横列数表示,横密用针织物横向 5 cm 内的线圈纵行数表示。生物医用纺织品常用 1 cm 内的线圈数表示。针织物的纵密与横密可直接用织物密度镜观察测量。

针织物的密度能反映相同直径纱线构成针织物的疏密程度。但当织物中纱线直径不同时,需要用未充满系数表示其纱线疏密程度。针织物的未充满系数(δ)是线圈长度[图 6-3(b)中,1—2—3—4—5—6—7 的长度]与纱线直径的比值,纱直径愈粗,未充满系数值就愈小。

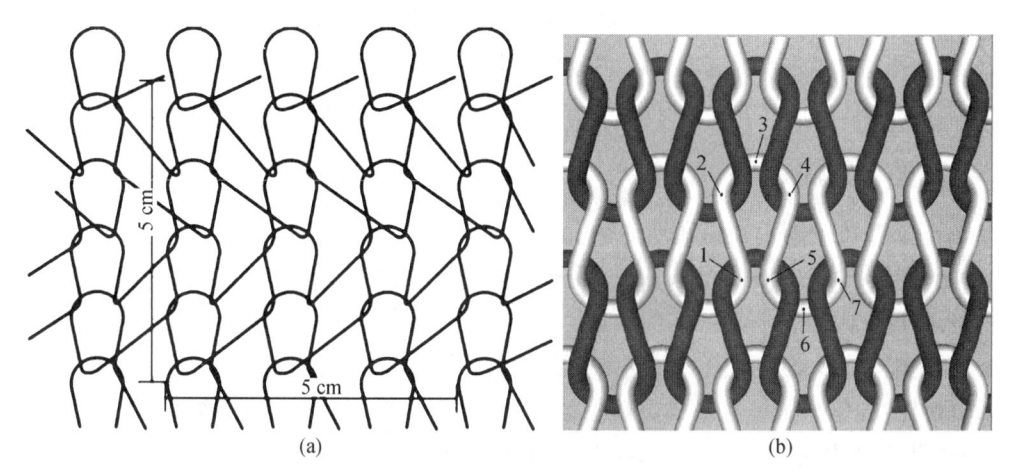

图 6-3 (a)经编织物(疝修补补片的一种结构)的横纵密示意;(b) 纬编线圈示意(线圈由圈干 1—2—3—4—5 和沉降弧 5—6—7 组成,圈干包括直线部段的圈柱 1—2 与 4—5 和针编弧)

针织物的未充满系数计算公式如下:

$$\delta = \frac{l}{d} \tag{6-1}$$

式中:l 为线圈长度(mm);d 为纱线直径(mm)。

6.2.3 织物单位面积质量(面密度)的测定

织物的单位面积质量(也称面密度)一般用每平方米的公量(即标准质量——织物在公定回潮率下具有的质量)表示,单位为"g/m²"。测试前,为避免因纤维中水分对织物质量的影响所造成的误差,需要先进行调湿处理。服装用纺织品在测试其单位面积质量时,需要先在大样板上标出一个正方形,其对角线分别沿经纱和纬纱方向,在该正方形中间用小样板标画一个面积不小于 150 cm² 的正方形,其各边分别与经纱和纬纱平行,从样品中裁剪试样并称重。但由于生物医用纺织品其尺寸有限,故在不能满足上述测试条件时,通常会剪取较小面积正方形试样或裁取圆形试样进行称重,并计算单位面积的质量。一般取 5 个试样进行测试,然后计算平均值和离散度。

6.2.4 织物组织的分析

织物组织是指织物中的纱线相互交错或相互串套而形成的规律,就机织物而言,它是指织物中的经纱和纬纱相互交错或彼此沉浮的规律;就针织物而言是指织物中的纱线弯曲成的线圈相互串套的规律。不同的组织对织物的结构有显著的影响。织物组织的分析方法主要有两种。

6.2.4.1 直接观察法

对于组织较为简单的织物,可通过直接观察或者使用放大镜、光学显微镜等辅助仪器观察其组织,如机织的平纹、针织的纬平针等。

6.2.4.2 拆线法

对于组织较为复杂的织物,需要先鉴别织物的正反面、经纬向或纵横向,确定拆纱方向。拆除试样两垂直边上的若干根纱线,用分析针依次拨动纱线,观察各根纱线的交织情况,并记录其交织点,直至获得一个完全组织。

6.2.5 孔隙率的测定

孔隙率是指生物医用纺织品织物中孔隙部分在织物总体中所占的比率,适当的孔隙大小和孔隙分布将利于其植入体内后人体组织的生长和愈合。孔隙率的测试方法主要有图像法、称重法和压汞法等。

6.2.5.1 图像法

将材料的光学显微镜或扫描电镜图像导入 Matlab 或 Photoshop 等软件中,应用像素或者面积测定方法,测定孔隙面积在织物总面积中所占的比重,用以表征孔隙率。对扫描电镜拍摄的图片,一般进行灰阶强度处理和二值化处理,借助二值图来计算材料的孔隙面积。进而对孔隙结构进行表征。

表 6-1 图像处理法协同 Matlab 计算的孔隙率测试的基本步骤

① 图像采集	② 图功能转化为数值矩阵	③ 灰度图进行二值化处理	④ 孔隙率计算
扫描电子显微镜 HITACHI/S-3000N 日本 JEOL。测试电压 13 kV,放大倍数 1000。将扫描电镜图剪切,去除图片下的信息	用 Matlab 的 Imread 读图功能转化为数值矩阵,再用 Matlab 的图像格式转换功能,把 RGB 图转换为灰度图	再把灰度图进行二值化处理,得到只有两种颜色的二值图	得到二值图后,便可以对孔隙面积和孔隙率进行计算,首先观察二值图的信息,可知此图的像素为 $800×500$,再通过函数计算二值图中材料区域的像素。经计算得到材料区域像素总和为 159 802,则孔隙率 $P=[1-$材料区域的像素$/(800×500)]×100=60.05\%$

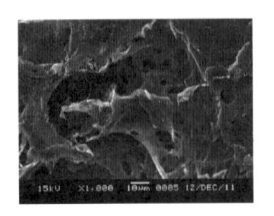

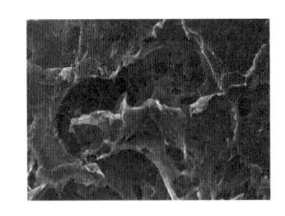

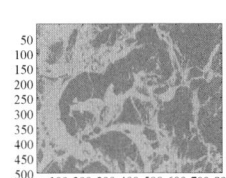

第6章 生物医用纺织品结构测试与表征

对于纺织结构的超大孔材料,特别是经编疝修补补片材料,具有明显的贯穿孔结构。下面举例说明孔隙率测试和分析方法:

孔隙率参考 ISO 7198:2016 中的面积法进行测试,测试仪器采用 SMZ745T 体视显微镜(尼康仪器(上海)有限公司),测试步骤如下:

(1) 使用体视显微镜对试样拍照(20倍),获取清晰图像,如图 6-4(a)所示。

(2) 利用 Adobe Photoshop 图像处理软件,截取补片整体面积的图像,并记录整体像素值,如图 6-4(b)所示。

(3) 利用魔棒工具或其他区域选择工具选取图像中孔隙部分,如图 6-4(c)所示。记录孔隙个数与每个孔隙的像素值,以及所有孔隙部分的总和像素值,如图 6-4(d)所示。

(4) 根据定标尺计算图片面积,再根据像素比可得每个孔隙的实际面积。

(5) 补片试样的孔隙率即图 6-4(d)中孔隙部分的总和像素值与图 6-4(b)中整体图像的像素值之比。

(a) 补片整体图像　　(b) 补片整体图像的像素值

(c) 所有孔隙部分图像　　(d) 所有孔隙部分的总和像素值

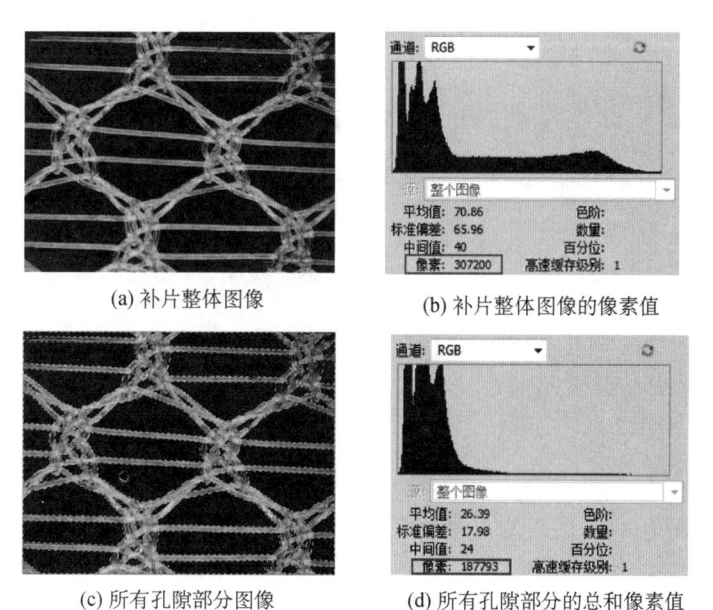

图 6-4　孔隙率测试方法示例

6.2.5.2　称重法

图像法特别适用于具有贯穿孔的单层试样,但由于扫描电镜(SEM)在取样上具有局部性,以及当试样为多层或有复杂孔形时,希望采用可以较全面反映样品孔隙率的方法。称重法就是其中的主要方法。通过测量试样的单位面积质量、试样的壁厚,再结合所用材料的密度计算试样的孔隙率(P),公式如下:

$$P(\%) = \left(1 - \frac{M}{T \times \rho \times 1000}\right) \times 100 \tag{6-2}$$

其中:M 为试样的单位面积质量(g/m^2);T 为试样的厚度(mm);ρ 为试样的密度(g/cm^3)。

6.2.5.3　压汞法

压汞法测定材料的孔径,其原理是利用汞对固体表面不浸润的特性,用一定压力将汞压入材料的孔隙中以克服毛细管的阻力。因此,在试验过程中,随着压力的不断升高,汞被压入试样的孔隙中,至试样的孔隙中充满汞所需的压力,可以作为表征试样孔径的一种量度,而相应的汞压入量则相当于该孔对应的孔体积。其测量方法如下:先将膨胀计置于充汞装置中,在真空条件下充汞,充完后称出膨胀计的质量W_1(kg);随后将充入的汞排出,装入质量为W的试样(kg),再放入充汞装置中,在同样的真空条件下充汞,称出带有试样的膨胀计质量W_2(汞未压入多孔试样孔隙时的状态,kg);之后再将膨胀计置于加压系统中,将汞压入开口孔隙内,直至试样呈汞饱和时,算出汞压入的体积,即试样的总开孔体积V_{TO},则可得到多孔试样的孔隙率。计算过程如下:

$$W_1 = W_{PS} + W_{DM-PS} + W_D \tag{6-3}$$

$$W_2 = W + W_{DM-PS} + W_D \tag{6-4}$$

其中:W_{PS}为试样所占总体积(含孔隙)的汞质量(kg);W_{DM-PS}为膨胀计中除去试样所占总体积(含孔隙)的汞质量(kg);W_D为膨胀计空载时的质量(kg)。

由式(6-3)减去式(6-4),得:

$$W_{PS} = W + W_1 - W_2$$

故试样的总体积(含孔隙)V_{PS}(m³):

$$V_{PS} = \frac{W_{PS}}{\rho_M} = \frac{W + W_1 - W_2}{\rho_M}$$

其中:ρ_M为汞的密度(kg/m³)。

由此可知试样的开孔率θ_O(%)的计算公式:

$$\theta_O = \frac{V_{TO}}{V_{PS}} = \frac{V_{TO} \times \rho_M}{W + W_1 - W_2} \tag{6-5}$$

以及试样的闭孔率θ_C(%)的计算公式:

$$\theta_C = \frac{V_C}{V_{PS}} = 1 - \left(\frac{V_{PPS}}{V_{PS}} + \frac{V_{TO}}{V_{PS}}\right) = 1 - \left(\frac{\frac{W}{\rho_T}}{V_{PS}} + \frac{V_{TO}}{V_{PS}}\right) \tag{6-6}$$

$$= 1 - \left(\frac{W + V_{TO} \times \rho_T}{\rho_T}\right) \times \frac{1}{V_{PS}} = 1 - \frac{(W + V_{TO} \times \rho_T)\rho_M}{(W + W_1 - W_2)\rho_T}$$

其中:ρ_T为试样对应致密材质的理论密度(kg/m³);V_{PPS}为试样中固体所占体积(m³);V_{TO}为试样的总开孔体积(m³);V_C为试样的闭孔体积(m³)。

由此得出待测材料的孔隙率P(%),其计算公式为$P = \theta_O + \theta_C$。需要说明的是,由于设备承受的最大压力有限,压汞法能够测量的最小孔径一般为几十纳米到几微米,可测量的最大孔径也是有限的,一般为几百微米。

6.2.5.4 其他方法

(1)渗透法:选取气体和液体的渗透性对产品的孔隙结构进行表达。这种表征方法指通过材料对水或者气体的透过性来表征材料的渗透性能,间接衡量材料的孔隙结构。

(2) 气体吸附法:适合直径在 2~50 nm 的介孔和直径大于 50 nm 的大孔的孔隙率测定。将吸附于一定表面上的气体量记录为吸附物质相对压力的函数,可以采用等温线吸附分支上一系列逐步升高的相对压力或等温线脱附分支上一系列逐步降低的相对压力,也可两者并用。在恒定温度下,气体吸附量与气体平衡相对压力之间的关系即为吸附等温线。所能测定的最小孔径由吸附气体分子的尺寸决定。基本测试原理:在静态体积法中,将已知量的气体通到自动恒定在吸附温度的试样管内。气体在试样表面发生吸附,固定空间内的气体压力不断降低,直到吸附质与吸附气体达到平衡。平衡压力下吸附质的量就是供气量与残留在气相中的吸附气体量之差。测量系统的压力、温度和体积。通过惰性气体(如氦气)的气体膨胀可以很容易测定体积。

6.2.6 孔尺寸及孔分布的测定

除孔隙率外,研究表明孔的大小、形态和分布对人体疝修补补片在体内的愈合也有明显的影响。因此,类似于上节面积法测试,可以逐个测试计算每个孔的面积、试样单位面积中孔个数,还可以测试孔的最大孔径,从而可以绘制出孔径分布图,更全面地表达补片的孔特征。

疝修补补片产品指南中指出,应该提供孔尺寸(mm)和网孔密度(个/mm²)两个指标。下面以常用的三针开口经缎组织疝修补补片结构为例,说明以上两个指标的测试方法:

每个样本随机取点拍摄 20 倍表观形态照片,对图像选择适当的选区(图 6-5 中虚线方框内区域),并获得选区像素;记录所取选区范围内的孔径数量,其中部分不完整的孔拟对侧合并成若干孔。此例中,选区内共计数 80 个孔,选区像素为 4 275 975,图像整体像素为 4 910 016,根据图像中的定标尺计算图像拍摄范围的真实面积,为 50.31 mm²,因此选区的真实面积为 50.31×4 275 975/4 910 016=43.81 mm²,网孔密度为 80/43.81=1.83 个/mm²。

孔尺寸的表征,可以采用孔面积,也可以用孔的最短和最长对边的距离。例如,三针经缎组织的网孔为不规则形,除了单丝间隙外,主要有由延展线构成的网孔Ⅰ和由闭口线圈构成的网孔Ⅱ,开口线圈构成的网孔特别小,可不纳入孔径计算范围内,计算网孔Ⅰ和Ⅱ的最大和最小孔间距,对于每个孔(图 6-6),软件中拖动测量线条可以找到网孔间的最大距离或最小距离,并记录下来,该示例中的最大尺寸为 0.845 mm。

图 6-5 网孔密度测量选区

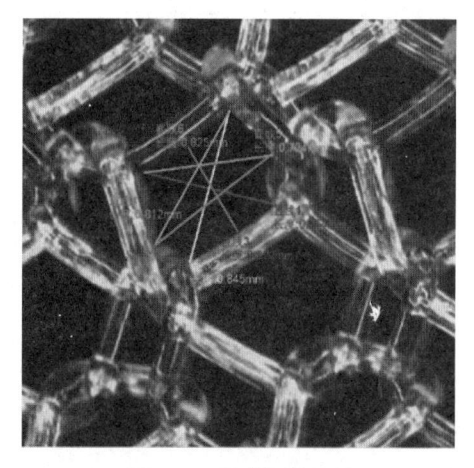

图 6-6 网孔间距示例

6.2.7 纱线细度(线密度)的测定

纱线的细度是指纱线的粗细程度,对纺织品的加工工艺及产品质量影响很大,是纱线品质检验与评定的重要内容和依据。纱线细度可用直接指标(直径、截面积)和间接指标(长度与质量的关系)来表示,由于纱线的截面一般为非圆形,运用直接法测量其直径和截面积比较困难,故通常用间接指标测量纱线细度,即纱线的线密度,它是指在公定回潮率下,1000 m 长纱线的质量克数,单位为特克斯(tex),其算式如下:

$$T_t = \frac{G_k}{L} \times 1000 \tag{6-7}$$

式中:T_t 为纱线的线密度(tex);G_k 为纱线在公定回潮率下的质量(g);L 为纱线的长度(m)。

6.2.7.1 绞纱称重法

该法适用于量多、有卷装的纱线测试纱线线密度,测试一定长度内纱线的质量,具体见表 6-2。

表 6-2 不同细度范围的绞纱长度的选择

细度范围(tex)	绞纱长度(m)
<12.5	200
12.5~100	100
>100	10

6.2.7.2 单根纱线测长称重法

当纱线试样的长度有限,不宜采用绞纱法时,可采用测长称重法。即在标准测试条件下调湿后,一定长度的纱线,在一定张力下测量其长度及质量,并计算纱线的线密度。

6.2.7.3 纤维直径换算法

对于许多生物医用纺织品,由于其试样较小,纱线根数少,很难使用前两种方法。故可通过测量纤维的直径和根数的方法换算出纱线线密度,计算式如下:

$$T_t = \frac{n\rho\pi}{1000} \times \left(\frac{D}{2}\right)^2 \tag{6-8}$$

式中:n 为每根纱线中的单纤维根数;ρ 为纤维的密度(g/cm³),如涤纶纤维的密度为 1.38 g/cm³;D 为单纤维直径的平均值(μm)。

6.2.8 单纤维直径的测定

从试样中随机取样 20 根纤维,将单根纤维的两端用双面胶固定在载玻片上。依次在生物显微镜 400 倍放大倍数下观察拍照。之后用软件如 MB-Ruler 根据图像标尺测量记录每根纤维任意位置的直径(μm),并计算纤维直径的平均值和标准差。当纤维拟取自织物时,务必细致从织物中分离得到纱线,再从纱线中分离得到单纤维,注意避免纤维产生意外拉伸。

本节主要介绍了生物医用纺织品的结构测试与评价方法,在生物医用纺织品试样量较小时,相应的结构测试与评价应针对试样有序进行,做到合理分配。

6.3 表面形态表征

生物材料的表面形态,如表面的粗糙度、孔洞的大小及分布、沟槽的尺寸和取向等,对蛋白质的吸附,以及对细胞的黏附、铺展、增殖、分化、功能表达均有明显的影响。因此,对生物材料表面的形态学(拓扑结构)的研究和表征非常重要。

材料结构从尺度上看,可分为宏观结构、显微结构、亚微观结构和微观结构等。宏观结构是指用人眼或小于30倍的放大镜可分辨的结构范围;显微结构是光学显微镜下分辨出的结构范围;亚微观结构是在普通电子显微镜(透射电子显微镜和扫描电子显微镜)能够分辨的结构范围,组成结构单元是微晶粒、胶粒等粒子;微观结构是高分辨电子显微镜所能观察的范围,结构组成单元主要是原子、分子、离子或原子团等质点。

从某种意义上讲,材料的显微结构特征对生物材料的性能起决定性的影响。传统的观察材料显微结构的是光学显微镜,它能够直接反映材料的样品的组织形态。但是光学显微镜分辨率低,且只能够观察表面形态而不能观察内部结构。随着科学技术的进步,人们通过现代显微术能够进一步观察材料的微观结构。显微术主要包括光学显微术、扫描电子显微术、透射电子显微术、扫描隧道显微术、原子力显微术。

每种分析方法或是检测技术均具有一定的适用范围和局限性。因此,对于生物材料的分析测试,必须根据具体的研究内容和研究目的,来选择适当的测试技术,必要时可以综合各种测试技术。

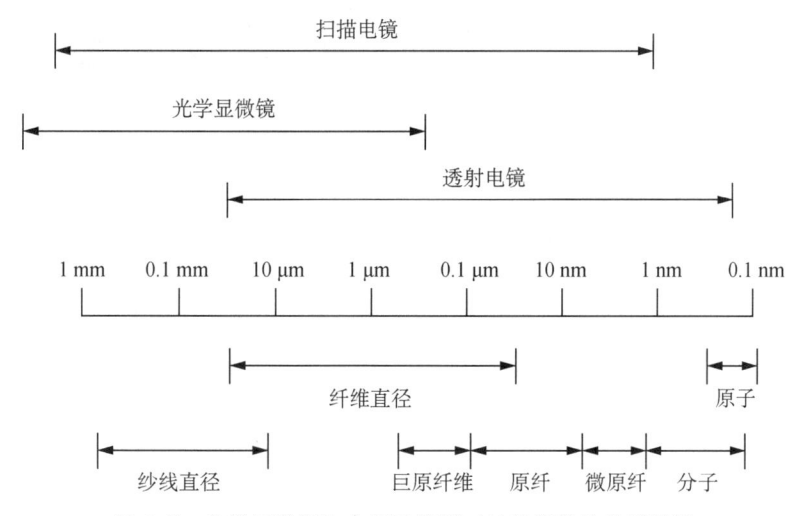

图6-7 光学显微镜和电子显微镜对纺织纤维的分辨范围

6.3.1 光学显微镜观察

光学显微镜(简称"光镜")观察是一种相对简单的技术,通常用作获得关于表面拓扑结构定性信息的首要方法,或者用于观察薄样品的截面,分为直立型和倒置型。

光学显微镜图像可以进一步用特殊软件分析,以获得某种颜色或人们设定参数的半定量数据。除成像表面拓扑结构外,这种仪器在生物相容性评价的组织学分析中极其重要。简单地说,体内植入后的包含生物材料和周围组织的样品,连续切片、染色,可通过光镜观察检测植入假体的炎症反应程度、植入假体的宏观降解程度等。

光镜具有不需要真空即可观察试样的优势,但是对于厚试样或水合试样很难观察,因此在体内直接成像是不可能的。尽管局限于空间分辨率,光镜仍然是观察试样表面特征的首选方法。

图 6-8 为人工血管在体内不同移植阶段的光镜图像,可清晰捕获到样品的宏观形态,尤其是对植入假体破损形态的观察。其中:(a)为未经移植的对照样;(b)、(c)和(d)皆为移植样从体内取出,并经无损清洗后拍摄的破损形态,其移植时间分别为 18 月、24 月和 54 月。

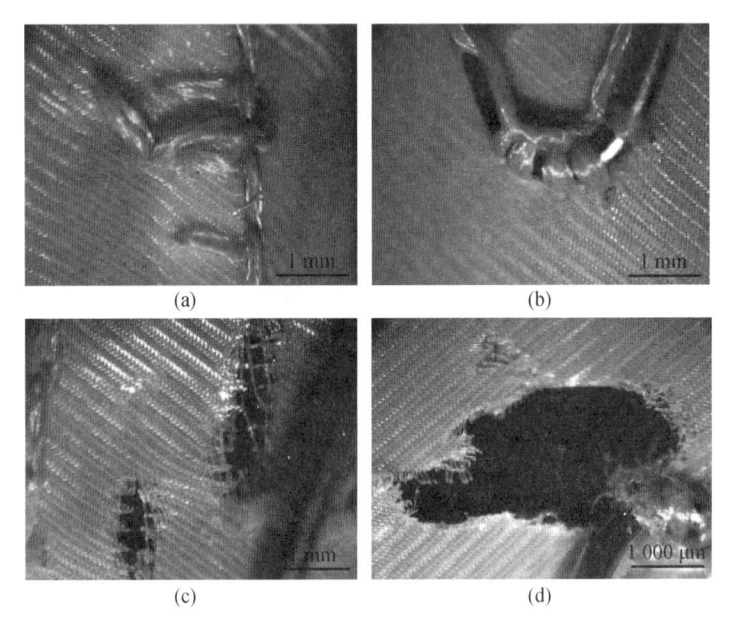

图 6-8　失效人工血管移出植入物清洗后的的光镜图像

6.3.2　扫描电子显微镜观察

扫描电子显微镜(SEM)可获得更高放大倍数、更清晰的图像。其工作原理:由电子枪发射出来的电子束,经过电磁透镜汇聚成细聚焦电子束轰击样品表面,激发出二次电子、背散射电子、X 射线等信号,信号被相应的接收器接收,经放大后送到显像管的栅极(或阴极)上,调制显像管的亮度。扫描线圈是电子束在样品表面上的扫描和显示器电子束的扫描同步进行,使试样上电子束激发点的信号,与荧光屏上的像点逐点对应,采用这种逐点成像的方法,把样品表面不同的特征,成比例地转换为视频信号,在荧光屏上观察到样品表面的各种图像。

SEM 的主要工作参数有放大倍数、分辨率和景深。目前 SEM 的放大倍数,可以从 20 倍至 20 万倍区间连续调节,实现由低倍到高倍的连续观察,这对断口分析等工作非常有利。分辨率是扫描图像中可以分辨的两点之间的最小距离,是扫描电子显微镜的核心性能指标。景深是指透镜对试样表面高低不平的各部位能同时清晰成像的距离范围,可以理解为试样上最近清晰像点到最远清晰像点之间的距离。

SEM 的主要用途：

(1) 分析试样的表面形貌。对于粉体颗粒的形貌分析，首先拟制备 SEM 观察样品，其方法一般分为两种：一种方法是首先将粉体颗粒样品用美工刀尖取少量，抹在导电胶带上，利用工具将粉体颗粒压紧，并借助于洗耳球吹掉黏接不牢固的部分，对于不导电的粉体颗粒需要喷金或碳处理，最后进行观察。另一方法是首先将粉体压制镶嵌成金相样品，不导电材料再喷金或碳处理，然后在 SEM 下观察。图 6-9 所示为聚己内酯-聚乙二醇嵌段共聚物的微球，可以观察到该颗粒为圆形的形貌，表面有皱缩和微孔。

(2) 直接观察断口形貌，如纤维增强复合材料断口。图 6-10 所示为涤纶（聚对苯二甲酸乙二酯）纤维增强聚己内酯基复合材料的断口照片，断口上存在被拔出的涤纶纤维后的沟槽。涤纶纤维的强度高于聚己内酯基体，因此承载时基体首先开裂，但涤纶纤维没有断裂，随着载荷进一步增大，基体和纤维界面脱黏。

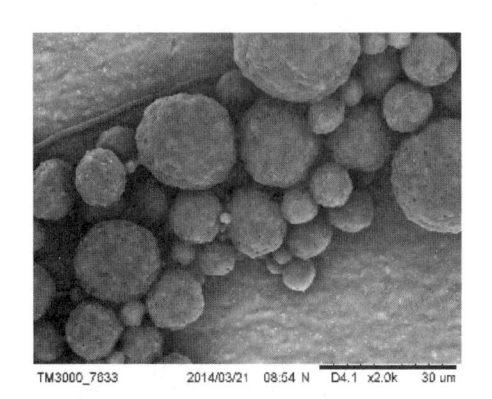

图 6-9 聚己内酯-聚乙二醇嵌共聚物微球表观形貌

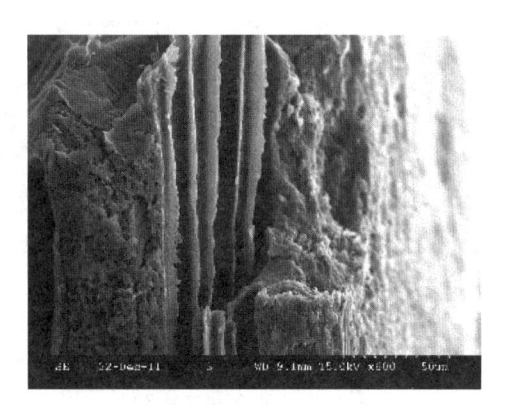

图 6-10 聚对苯二甲酸乙二酯纤维增强聚己内酯基材材料断口

6.3.3 透射电子显微镜观察

透射电子显微镜（TEM）是以波长极短的电子束作为照明源，用电磁透镜聚焦成像的一种高分辨率、高放大倍数的电子光学仪器。主要由电子光学系统、电源系统与真空控制系统三部分组成。

在 TEM 观察中，试样制备至关重要。试样的基本要求是对电子束透明和保持原始状态。试样必须是固体，且不含水分；试样具有一定的强度和稳定性，在电子轰击下不致损坏；试样必须清洁，未受污染；试样的厚度通常要小于 200 nm，保证电子束能够"透射"；除纳米级粉末，以及用物理或化学气相沉积等方法直接制备的薄膜外，大多数块状材料都要经过一系列减薄过程，制备成电子束能够穿透的薄膜。不同材料制备 TEM 试样的方法也不同。一般地说，TEM 试样可以分为粉末试样、薄膜试样和复型试样三类。

(1) 粉末试样。超细及纳米粉体可以直接制备 TEM 试样，其关键是如何将粉末颗粒均匀分散开来，通常有火棉胶混合制备、粉体直接制备和树脂包埋制备来制备超细粉末电镜试样的方法。

(2) 薄膜试样。块体材料一般需制备成薄膜试样。最重要的是在制备过程中试样的组织结构和化学成分不发生变化,制备成的薄膜试样能保持块体材料的固有性质,用于观察的薄区面积要足够大。超薄切片法,适用于生物试样。生物医用纺织品体内移出植入物,通常也采用该类薄膜试样。

(3) 复型试样。用对电子束透明的薄膜把材料表面或断口的形貌复制下来,此过程通常称为复型。复型方法主要有碳一级复型、塑料-碳二级复型和萃取复型,适用于陶瓷等材料。

透射电镜能用于物质表面的形貌分析、晶体的结构分析和物质的成分分析,在金属材料、无机非金属材料、高分子材料领域应用极广:

(1) 纳米复合增强材料的研究。图 6-11 所示为纳米材料天然凹凸棒土材料的透射电镜图片,可以看见凹凸棒土呈现长宽比很大的线性结构。

(2) 核壳结构的微纳米粒子研究。图 6-12 所示为聚己内酯-聚乙二醇包含肝素钠的电喷微球的 TEM 精细结构,可以看出聚己内酯-聚乙二醇作为壳层材料包含肝素钠作为芯层材料,在芯层周围形成包覆层。

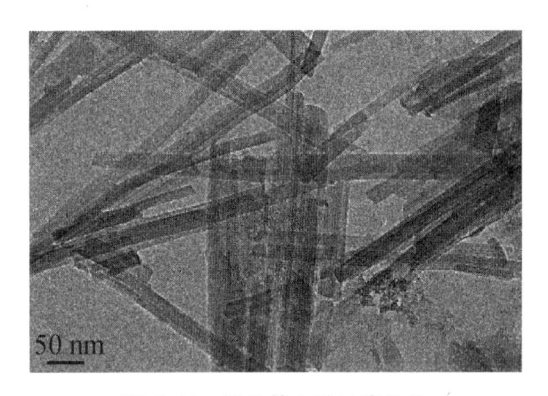

图 6-11 凹凸棒土的纳米结构

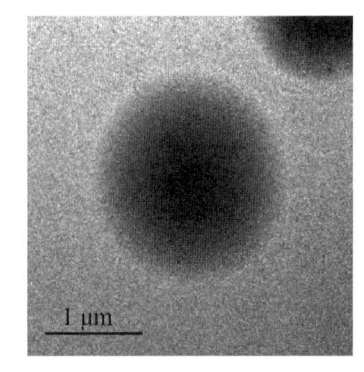

图 6-12 聚己内酯-聚乙二醇包含肝素钠的电喷微球

6.3.4 原子力显微镜观察

原子力显微镜(AFM)的基本原理是,通过检测待测试样表面和一个微型力敏感元件之间极微弱的原子间相互作用力来研究物质的表面结构及性质。将一对微弱力极端敏感的微悬臂一端固定,另一端的微小针尖接近试样,这时它将与其相互作用,作用力将使得微悬臂发生形变或运动状态发生变化。扫描试样时,利用传感器检测这些变化,就可获得作用力分布信息,从而以纳米级分辨率获得表面形貌结构信息及表面粗糙度信息。它主要由带针尖的微悬臂、微悬臂运动检测装置、监控其运动的反馈回路、使试样进行扫描的压电陶瓷扫描器件、计算机控制的图像采集、显示及处理系统组成。

相对于 SEM,AFM 具有许多优点:(1)不同于 SEM 只能提供二维图像,AFM 提供真正的三维表面图;(2)AFM 不需要对试样作任何特殊处理,这种处理可能对试样造成不可逆转的伤害;(3)SEM 需要在高真空条件下运行,AFM 在常压下甚至在液体环境下都可以良好工作。AFM 可以用来研究生物宏观分子,甚至活的生物组织。然而,和 SEM 相比,AFM 的缺点在于成像范围太小,速度慢,受探头的影响很大。图 6-13 所示为 AFM 用于真丝织物表面处理后的拓扑结构表征。

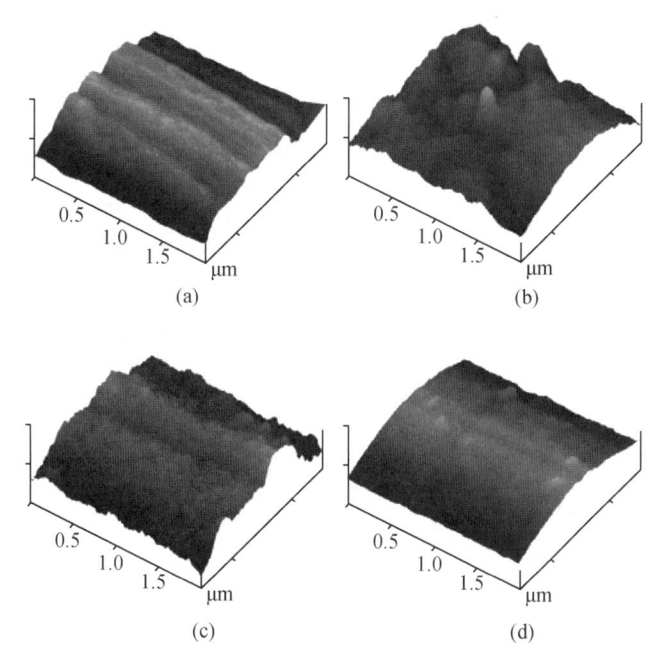

图 6-13 AFM 用于真丝织物表面处理后的拓扑结构表征：(a)未经组装的真丝织物；(b)、(c)、(d)组装海藻酸钠和再生丝素蛋白 1.5、5.5、9.5 层后的真丝织物试样

6.3.5 荧光显微镜观察

荧光显微镜是以紫外线为光源，用以照射被检物体，使之发出荧光，然后在显微镜下观察物体的形状及其所在位置。

荧光显微镜能用于具有经紫外线照射可发荧光的生物材料或生物体的定性和定量研究，常用于研究细胞内物质的吸收、运输、化学物质的分布及定位等。细胞中有些物质，如叶绿素等，受紫外线照射后可发出荧光；另有一些物质本身虽不能发出荧光，但如果用荧光染料或荧光抗体染色后再经紫外线照射，亦可发出荧光。

图 6-14 (a)细菌分泌物染色；(b)细菌细胞核染色的荧光显微镜图像

6.4 结晶态表征

结晶性是聚合物最重要的一个物理特征,对材料的力学性能和降解性能有重要影响。结晶性对生物材料加工性能和最终应用功能显得尤为重要。结晶性的特征指标有结晶度、晶型结构(球晶、片晶)、玻璃化转变温度(T_g)和熔点(T_m)等。

本节着重介绍测试生物医用纺织材料结晶性的几种常用测试技术:

(1) 热分析技术。热分析是测定材料在控制的温度变化条件下,其物理性质随温度变化的函数。热分析技术包括**差示扫描量热分析**(DSC)、**热重分析**(TGA)和**动态力学分析**(DMA)等。DSC 是普遍使用的热分析技术,可以提供材料的熔点、玻璃化转变温度和聚合物结晶度等信息。

(2) X 射线衍射(XRD)。

(3) **小角 X 射线散射**(SAXS)。

(4) 密度梯度法。

6.4.1 差示扫描量热分析法

差示扫描量热分析法是测量输入到试样和参照样的热流量差或功率差与温度或时间的关系的一种技术。测试基本原理是,在 DSC 测试中,参照样和试样放在同样的温控台上,热流同时通入试样和参照样,记录通过试样和参照样的热流差对温度的函数,测定试样的热转变性质。

测试仪器包括三个基本组件:

(1) 加热炉:对试样和参照样进行加热,加热参数由计算机设定。

(2) DSC 传感器:装载试样和参照样,并保持试样池和参照样池温度相同时的功率变化。

(3) 计算机:控制加热时间和加热炉的最终温度;借助传感器产生的电信号实时控制试样的温度,绘制曲线。

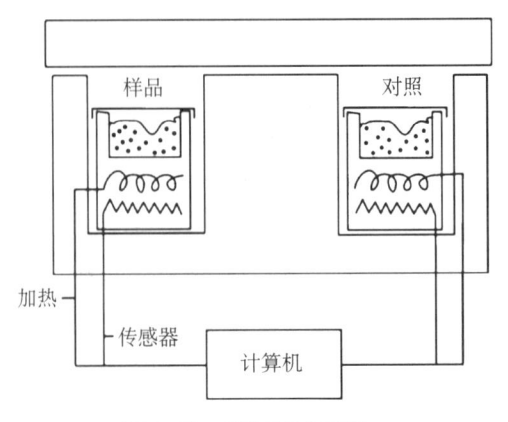

图 6-15 DSC 测试示意

第 6 章 生物医用纺织品结构测试与表征

DSC 曲线的纵坐标是试样与参照样的功率差 dH/dt,也称作热流率,单位为毫瓦/毫克(mW/mg),横坐标为温度(T)或时间(t),如图 6-16 所示。此图中,曲线离开基线的位移即代表试样吸热或放热的速率,而曲线中峰或谷的面积即代表热量的变化,因而差示扫描量热法可以直接测量样品在发生物理或化学变化时的热效应。还可以利用 DSC 测定聚合物的结晶度。

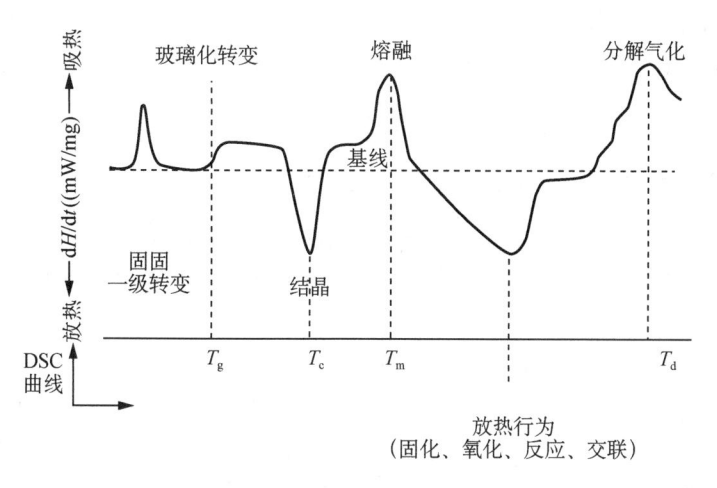

图 6-16 DSC 典型曲线

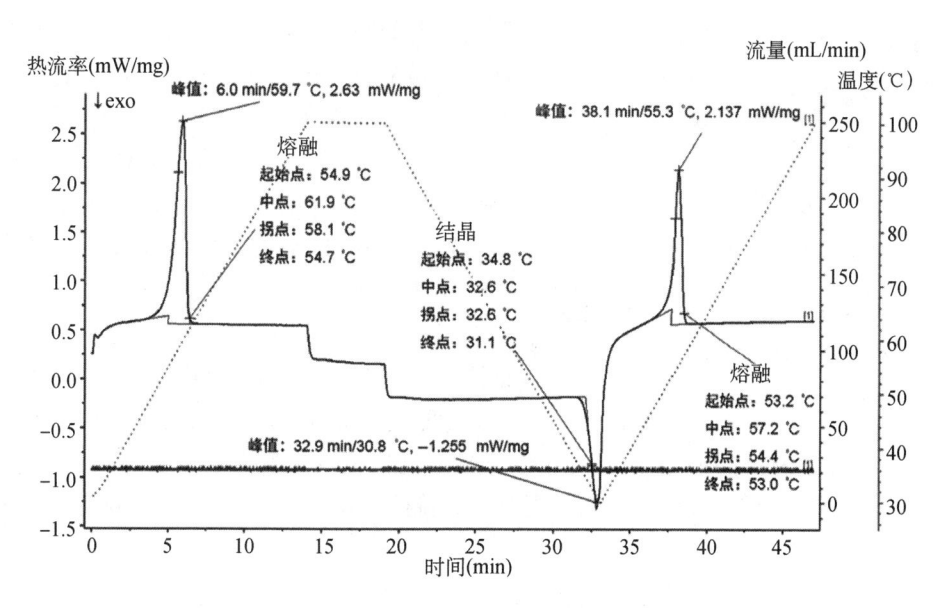

图 6-17 ε-己内酯(PCL)材料的 DSC 图像

实例分析:本实例中,采用 DSC 二次升温的方式测试聚己内酯(PCL)材料的热力学行为。样品质量为 3 mg,温度程序设置为"30 ℃—100 ℃—30 ℃—100 ℃",升温及降温速率为 10 ℃/min。测试完成后得到如图 6-17 所示的结果。从第一次升温(30 ℃—100 ℃)所生成的曲线上观察到唯一的吸热峰出现在温度约 59.7 ℃处,这是随着温度升高到 PCL 的熔点附近时,材料发生熔融吸热而产生的,而 59.7 ℃ 即材料的熔点。从降温(100 ℃—30 ℃)所生成的曲线上观察到唯一的放热峰出现在温度约 30.8 ℃ 处,这是因为随着温度降低,原先熔融状态的材料会释放热量重新结晶固化,而 30.8 ℃ 即材料的结晶温度。从第二次升温(30 ℃—100 ℃)所生成的曲线上观察到唯一的吸热峰出现在温度约 55.3 ℃ 处,这是材料再次发生熔融时的温度。可以发现,相比于第一次升温的熔融温度,第二次升温的熔融温度有向低温移动的趋势,这可能是因为材料成型过程中提高了 PCL 大分子的规则排序程度,进而提高了材料的热稳定性,而第一次升温后消除了这种材料成型对其结晶结构的影响,因此,第二次升温所测出的熔融温度是 PCL 的真实熔点。

6.4.2 X 射线衍射法

X 射线衍射法是将高能量的电磁辐射的 X 射线入射到材料中,考察 X 射线从材料原子中衍射强度。通常用于检测材料的晶体结构,包括米勒指数和晶胞大小的计算。因为 X 射线的波长与固体中的原子间距大小接近,因此是探索晶体结构中原子排列状态的理想能源。当入射射线被原子散射后其散射波互相干涉增强,则形成 X 射线衍射。

测试仪器:目前最常用的是粉末 X 射线衍射技术,试样放入衍射仪器前需先研磨成粉末,目的是使得大量的试样微粒(晶粒)随机排列,因此,各个颗粒沿特定角度的取向的概率增大,从而使得所有可能的原子面在实验过程中都满足布拉格条件。在粉末衍射技术中,X 射线源的角度不变,而是试样绕入射 X 射线束旋转。

图 6-18 是壳聚糖粉末及其改性物质的衍射图谱,其中:(a)为纯壳聚糖粉末,其在 20.34°处出现特征衍射峰,这与壳聚糖线性分子的结晶区有关;(b)为壳聚糖/PEO 静电纺纤维膜,其没有出现明显的衍射峰,但在 10°~40° 范围内出现宽阔的隆起,表明 PEO 的加入使得壳聚糖的衍射峰减弱,在两者之间形成氢键,有助于大分子间的有效缠结,从而改善壳聚糖的静电纺丝性;(c)为载银壳聚糖/PEO 纳米纤维膜,其在 36.24°和 45.8°两处都出现了衍射峰,它们为纳米银粒子的特征峰,说明经过载银纤维膜中存在纳米银颗粒。

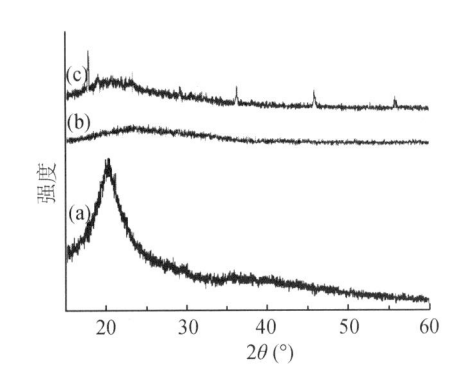

图 6-18 壳聚糖及其改性物质的衍射图谱:(a)纯壳聚糖粉末;(b)壳聚糖/PEO 静电纺纤维膜;(c)载银壳聚糖/PEO 纳米纤维膜

6.4.3 小角 X 射线散射法

小角 X 射线散射法是研究亚微观结构和形态特征的一种技术,是一种区别于 X 射线大角(2θ 为 5°~165°)衍射的结构分析方法。小角 X 射线散射利用 X 射线照射试样,相应的散射角 2θ 较小(5°~7°),用于分析特大晶胞物质的结构分析,以及测定粒度在几十纳米以下的超细粉末粒子(或固体物质中的超细空穴)的大小、形状及分布,对于高分子材料,可测量高分子粒子或空隙大小和形状。

SAXS 测试的基本原理是,利用靠近光束的很小角度内的电子对 X 射线的漫散射现象,是研究纳米尺度微结构的重要手段。根据 SAXS 理论,只要体系内存在电子密度不均匀(微结构或散射体),就会在入射 X 光束附近的小角度范围内产生相干散射,通过对小角 X 射线散射图或散射曲线的计算和分析,可推导出微结构的形状、大小、分布及含量等信息。微结构可以是孔洞、粒子、缺陷、材料中的晶粒、非晶粒子结构等,适用的样品可以是气体、液体、固体。

小角 X 射线散射法常用于测量晶粒大小和大小分布。因为一般物质的晶胞尺寸都达不到在这么小的角度出现衍射峰的尺寸,所以 SAXS 不适用于测晶体结构。简而言之,SAXS 与 XRD 的区别是前者分析粒子大小、形状和分布,后者分析结构。

SAXS 仪器主要包含几个部分:(1)X 射线源;(2)样品台;(3)光学系统;和(4)探测器。SAXS 同时测定不同角度的散射强度,获得二维散射图像;通过计算机处理,还可获得各方位角度的一维散射曲线。

实例分析:在研究结晶聚合物时,往往将广角衍射和小角散射结合在一起分析,用广角衍射观察晶体结构(0.1~1.5 nm),如晶型、结晶度和晶粒尺寸等;用小角散射观察形态特征(大于 1.5 nm),如晶体微区大小、形状、长周期和界面层等。

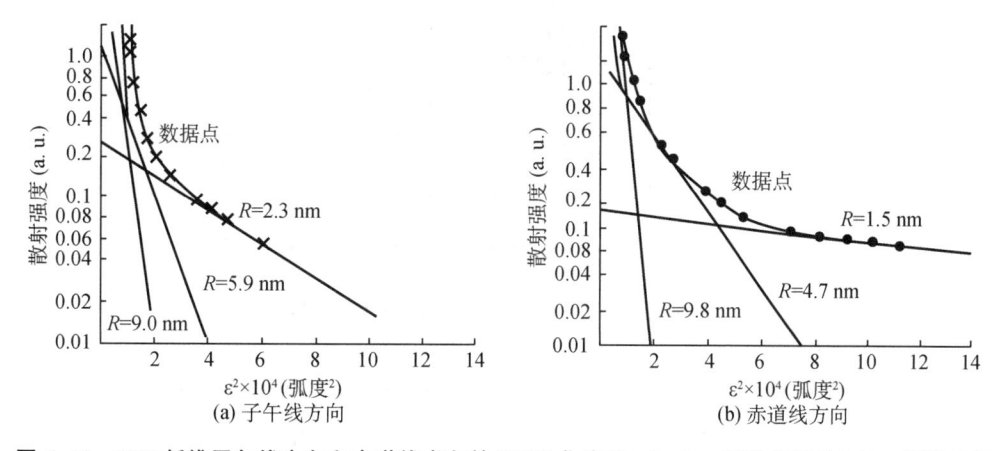

图 6-19　PET 纤维子午线方向和赤道线方向的 SAXS 曲线(Fankuchen 逐次切线法):R—回转半径

从图 6-19 可以看出,沿子午线测得的微孔宽度比沿赤道线的大。Hosemann 认为赤道线的散射强度反映的是原纤维宽度,而不是微孔宽度。纤维散射是由微孔引起的。但是应该指出,切线法有一定的人为倾向,同一组数据经不同的人处理,结果往往不同。另外,纤维微孔比较复杂,有开孔和闭孔,形状和大小又常不相同,这给数据解释带来了困难。

6.4.4　密度梯度法

聚合物的结晶度的测定方法有 X 射线衍射法、差示扫描量热分析法、红外光谱法(IR)、核磁共振法、反相色谱法等,但这些方法都要使用复杂的仪器设备。利用密度梯度管法,从测得的密度换算到结晶度,既简单易行,又较为准确,而且它能同时测定多个不同密度的样品,尤其是很小的样品或密度差异极小的一组样品。此法既方便又灵敏。

(1)基本原理。将两种不同但能互相混溶的轻、重液体,经过混合自流,使连续注入梯度管内的液体最终能形成自上而下地递增且呈连续性分布的梯度密度。用已知密度的标准小球进行标定,作出密度—高度工作曲线。把样品制成小球,经预处理后浸入梯度管内,根据沉浮原理,当样品小球在恒定的温度条件下达到稳定平衡位置后,该位置所对应的平面液体密度值即为样品的密度值。

(2) 测试仪器。密度测定仪主要由搅拌棒、U形管、恒温浴槽和密度梯度管等构成,图6-20所示为MD-1型密度测定仪的外观。

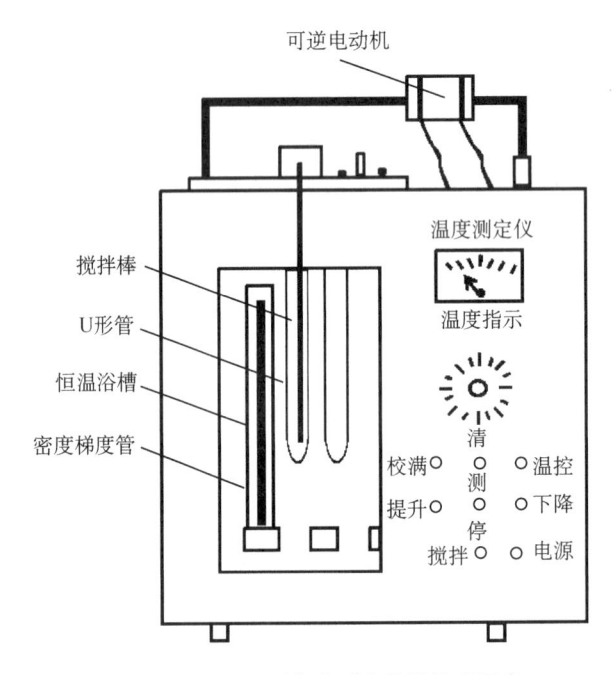

图 6-20 MD-1型密度测定仪的外观示意

(3) 应用。很多材料都具有结晶和无定形两相结构。材料大分子链在结晶区规整堆砌。因此材料结晶部分的质量密度要大于非结晶部分的质量密度,材料的质量密度介于两者之间。若以缨状胶束模型为基础,假设结晶部分和非晶部分的质量、体积都具有线性加和特性,则材料的结晶度可以用下式计算:

$$X_C(\%) = \frac{\rho_c(\rho - \rho_a)}{\rho(\rho_c - \rho_a)} \times 100 \tag{6-9}$$

式中:X_C 为材料的结晶度(以材料结晶部分的质量分数表示);ρ 为材料密度(g/cm³);ρ_c 为材料结晶部分的密度(g/cm³);ρ_a 为材料非晶部分的密度(g/cm³)。

由式(6-9)可知,为了计算材料的结晶度,首先应该知道材料结晶部分密度 ρ_c 和非晶部分密度 ρ_a 及材料密度 ρ。材料密度 ρ 可以用密度梯度法进行测定,而 ρ_c 和 ρ_a 可借助其他试验方法进行测定。

6.5 分子结构表征

6.5.1 红外光谱法

红外光谱法是最常用的测试方法,目前主要采用两类红外光谱仪:色散型红外光谱仪和傅里叶变换红外光谱仪。傅里叶变换红外光谱仪主要由光源(硅碳棒、高压汞灯)、Michelson 干涉仪、检测器、计算机和记录仪组成,其核心部分为 Michelson 干涉仪,它将从光源来的信号以干涉图的形式送往计算机,进行傅里叶变换的数学处理,最后将干涉图还原成光谱图。此法的特点:(1)扫描速度极快。傅里叶变换红外光谱仪是在整个扫描时间内同时测定所有频率的信息,一般只要 1 s 左右。因此,它可用于测定不稳定物质的红外光谱。(2)分辨率高。通常,傅里叶变换红外光谱仪的分辨率达 $0.1 \sim 0.005$ cm^{-1}。(3)灵敏度高。傅里叶变换红外光谱仪可检测质量在 10^{-8} g 数量级的样品。

6.5.1.1 基团频率和特征吸收峰

物质的红外光谱是其分子结构的反映,谱图中的吸收峰与分子中各基团的振动形式相对应。多原子分子的红外光谱与其结构的关系,一般通过试验手段得到。这就是通过比较大量已知化合物的红外光谱,从中总结出各种基团的吸收规律。试验表明,组成物质分子的各种基团,如 O—H、N—H、C—H、C≡C、C=O 和 C=C 等,都有其特定的红外吸收区域,分子的部分对其吸收位置的影响较小(表 6-3)。通常把这种能代表其存在且有较高强度的吸收谱带称为基团频率,其所在的位置一般又称为特征吸收峰。

中红外光谱区分成 $4000 \sim 1300$ cm^{-1}(1800 cm^{-1})和 $1800(1300) \sim 600$ cm^{-1} 两个区域。最有分析价值的基团频率在 $4000 \sim 1300$ cm^{-1},这一区域称为基团频率区,或官能团区或特征区。区内的峰是由伸缩振动产生的吸收带,比较稀疏,容易辨认,常用于鉴定官能团。在 $1800(1300) \sim 600$ cm^{-1} 区域,除单键的伸缩振动外,还有因变形振动产生的谱带。这种振动与整个分子的结构有关。当分子结构稍有不同时,该区的吸收就有细微的差异,并显示出分子特征。这种情况就像人的指纹一样,因此称为指纹区。指纹区对于指认结构类似的化合物很有帮助,而且可以作为化合物存在某种基团的旁证。

表 6-3 各种纺织纤维基团的特征吸收谱带

振动形式	波数(cm^{-1})	振动形式	波数(cm^{-1})
O—H 伸缩振动(形成氢键)	3500~3300	O—H 面内变形振动(纤维素)	1325
C≡N 伸缩振动(聚丙烯腈)	2240	O—H 面外变形振动(纤维素)	640
C=O 伸缩振动(聚酯)	1725	C—O 伸缩振动(纤维素)	1110
C—O 伸缩振动(聚酯)	1250,1110	N—H 伸缩振动(酰胺基)	3320~3270
苯环 C=O 伸缩振动	1650,1500	N—H 面内变形振动(酰胺基)	1530
苯环 C—H 面外变形振动	1900~700	C—Cl 伸缩振动	635
C—H 变形振动(纤维素)	1370	—	—

6.5.1.2 应用

红外光谱的试样可以是液体、固体或气体,一般应要求:

(1) 试样应该是单一组分的纯物质,纯度应>98%或符合商业规格,才便于与纯物质的标准光谱进行对照。多组分试样应在测定前尽量预先用分馏、萃取、重结晶或色谱法进行分离提纯,否则各组分光谱相互重叠,难于判断。

(2) 试样中不应含有游离水。水本身有红外吸收,会严重干扰样品谱,而且会侵蚀吸收池的盐窗。

(3) 试样的浓度和测试厚度应选择适当,以便使光谱图中的大多数吸收峰的透射比处于10%~80%。

红外光谱法广泛用于有机化合物的定性鉴定和结构分析。

(1) 定性分析。①对于已知物的鉴定,将试样的谱图与标准的谱图进行对照,或者与文献上的谱图进行对照。如果两张谱图各吸收峰的位置和形状完全相同,峰的相对强度一样,就可以认为样品是该种标准物。如果两张谱图不一样,或峰位不一致,则说明两者不为同一化合物,或试样有杂质。如用计算机谱图检索,则采用相似度来判别。使用文献上的谱图应当注意试样的物态、结晶状态、溶剂、测定条件以及所用仪器类型均应与标准谱图相同。②未知物结构的测定。测定未知物的结构,是红外光谱法定性分析的一个重要用途。如果未知物不是新化合物,可以通过两种方式利用标准谱图进行查对:a. 查阅标准谱图的谱带索引,与寻找试样光谱吸收带相同的标准谱图;b. 进行光谱解析,判断试样的可能结构,然后在由化学分类索引查找标准谱图对照核实。

(2) 定量分析。红外光谱定量分析是通过对特征吸收谱带强度的测量。来求出组分含量。其理论依据是朗伯-比耳定律。由于红外光谱的谱带较多,选择的余地大,所以能方便地对单一组分和多组分进行定量分析。此外,该法不受样品状态的限制,能定量测定气体、液体和固体样品。因此,红外光谱定量分析应用广泛。但红外的定量灵敏度较低,尚不适用于微量组分的测定。

定量分析方法,可用标准曲线法、求解联立方程法等方法进行分析。

6.5.2 衰减全反射红外光谱法

衰减全反射红外光谱(ATR-IR)由于在研究聚合物薄膜方面具有显著的优势而被广泛使用。

衰减全反射傅里叶变换红外光谱(ATR-FTIR)是用来测定物质表层结构信息的,测定样品具有非破坏性,无需预处理等优点。对于传统透射光谱法难以处理的样品如皮革,纤维等都可获得较好的红外光谱图。

6.5.3 X射线光电子能谱法

6.5.3.1 简介

X射线光电子能谱法(XPS)最初以化学领域应用为主要目标,故又称为化学分析用电子能谱法(ESCA)。

在这类光谱中,X射线吸收引起原子轨道内层的电子逃逸,然后记录下逃逸电子的动能。X射线光电子平均自由程只有 0.5~2.5 nm（对于金属及其氧化物）或 4~10 nm（对于有机物和聚合材料），因而 X 射线光电子能谱法是一种表面分析方法。

6.5.3.2 应用

在有机材料测试时，常采用压片法、溶解法和研压法等制样方法。XPS 可用于定性和定量分析：

（1）元素及其化学状态定性分析，以实测光电子谱图与标准谱图相对照，根据元素特征峰位置及其化学位移确定试样固态表面中存在哪些元素及这些元素存在于何种化合物中。定性分析原则上可以鉴定除氢、氦以外的所有元素。分析时首先通过对试样（在整个光电子能量范围）进行全扫描，以确定试样中存在的元素；然后再对所选择的峰进行窄扫描，以确定化学状态。

（2）定量分析。采用理论模型法、灵敏度因子法、标样法等方法。由于在一定条件下谱峰强度与其含量成正比，因而可以采用标样法（与标准试样谱峰相比较的方法）进行定量分析，精确度可达 1%~2%。但由于标样制备困难费时，而且应用有一定的局限性，故标样法尚未得到广泛采用。原子灵敏度因子法一般通过试验进行，应用最广。

（3）化学结构分析。通过谱峰化学位移的分析不仅可以确定元素原子存在于何种化合物中，还可以研究样品的化学结构。两种聚合物的 C1s 电子谱图（a）聚乙烯，（b）聚氟乙烯。由图可知，与聚乙烯相比，聚氟乙烯 C1s 对应于不同的基团 CFH— 与 —CH_2— 成为两个部分分开且等面积的峰。

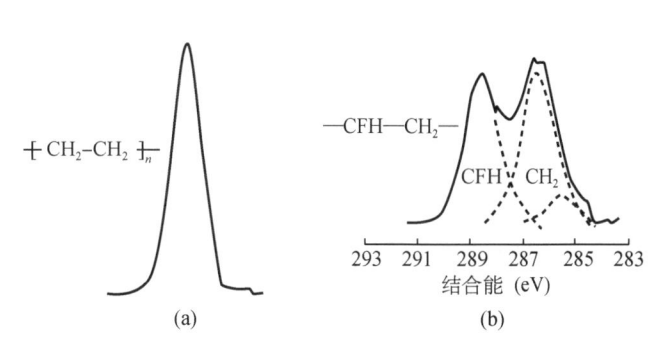

图 6-21　聚乙烯（a）及聚氟乙烯（b）的电子谱图

习题与思考题

［1］对材料尺寸有限的生物医用纺织品进行结构和性能测试，应遵循何种顺序？
［2］简述采用图像法与称重法计算材料孔隙率时的不同点。
［3］请用准确词汇描述以下扫描电镜照片中试样横截面的特征。

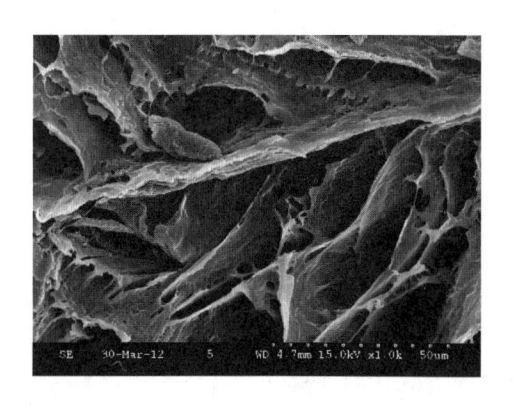

[4] 在聚乳酸(PLA)与聚乙二醇(PEG)的共混物中,使用何种方法能够观测到两种材料的相分离情况?

[5] 请查阅资料,简述原子力显微镜 AFM 的发展与应用进展。

[6] 简述确定聚氨酯材料的熔点及熔融焓的方法。

[7] 简述确定静电纺壳聚糖纳米纤维膜的结晶度的评价方法。

第 7 章 生物医用纺织品的力学性能测试与评价

力学性能是生物医用材料最重要的性能之一,在大多数生物医用纺织品的临床应用上具有决定性的作用,如缝合线、人工血管、补片等。本章重点介绍生物医用纺织品的力学性能的测试原理、测试方法,以及相关的测试标准和评价方法。力学性能主要涉及拉伸、剪切、弯曲、蠕变、松弛和疲劳等方面,将细致分析影响各种性能的主要因素,并简述材料的黏弹行为的分子机制。

7.1 引言

力学性能是指材料在不同环境(温度、介质、湿度)下,承受各种外加载荷(拉伸、压缩、弯曲、扭转、交变应力等)时所表现出的形态改变等力学特征(图 7-1)。

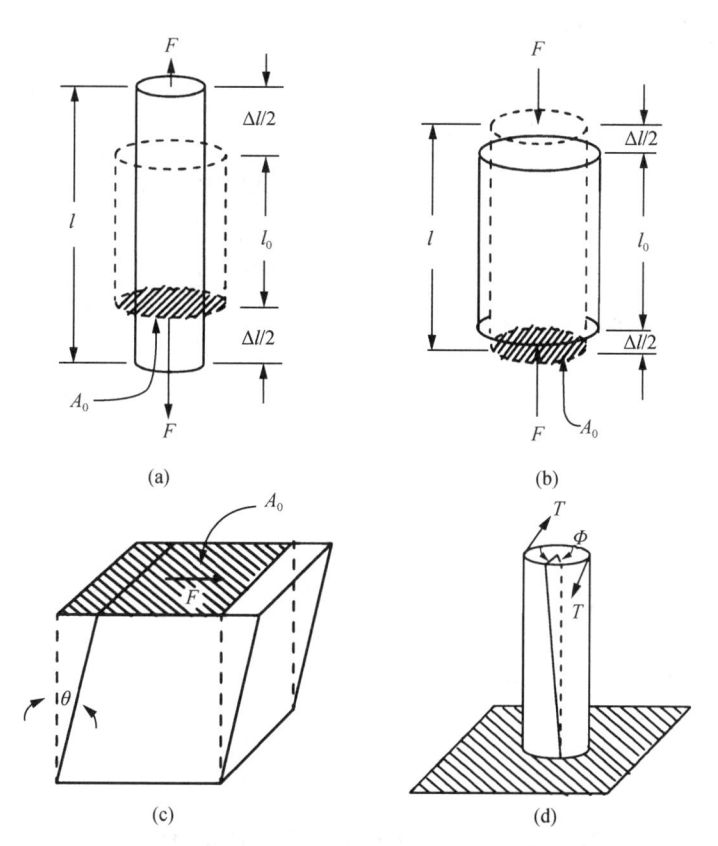

图 7-1 对材料施加的各种外力(图中虚线为材料样本受力前的位置):
(a)拉伸;(b)压缩;(c)剪切;(d)扭转

材料力学性能测试的基础实验是拉伸试验，常用力学试验机如图7-2所示。利用此试验机，借助不同的夹具，可以完成拉伸、压缩、剪切和扭转等各种力学性能的测试。

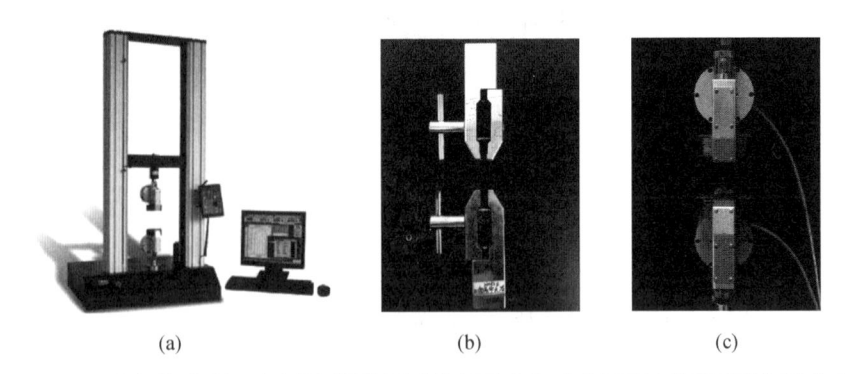

图7-2 (a)力学试验机；(b)用于拉伸测试的手动夹头；(c)用于拉伸测试的气动夹头

为满足生物材料应用的需要，力学实验机应能够提供材料在潮湿条件下的测试要求，以模拟体内环境的条件。

材料的力学性能与材料的结构，特别是微观结构关系很大，通过改变材料的微结构可调控材料的力学特性。

7.2 拉伸和压缩性能

7.2.1 拉伸和压缩性能简介

拉伸是纺织品最常测的一种性能。按照国际标准和中国国家标准对纺织品拉伸性能的测试，一般是将试样剪成长条形，由夹持器两端固定，其中一端固定在可移动的平台上，然后沿试样长轴方向，以一定的速度加载，直至试样完全断裂。全程记录试样伸长 L 和其所承受的拉力 F，由负荷-伸长曲线或应力-应变曲线表述。从该曲线能够计算得到试样的拉伸力学性能指标。

根据拉力 F 和拉伸量 L 这两个参数，结合材料的横截面积与初始长度，可计算得到应力（σ）和应变（ε）。

应力的计算公式：

$$\sigma = F/A_0 \tag{7-1}$$

式中：F 为测试过程中沿试样长轴方向垂直于试样横截面所施加的拉力（N）；A_0 为试样的初始截面积（m^2）。

应力的国际标准单位是帕(Pa)，常用单位是兆帕(MPa)（即 10^6 Pa）。

应变的计算公式：

$$\varepsilon = (l_i - l_0)/l_0 \tag{7-2}$$

式中：l_0 为拉伸试样的初始长度（mm）；l_i 为拉伸过程中任意时间点的试样长度（mm）。

应变是无量纲的。

应力和应变都是相对值,可用来比较不同规格材料的性能。

压缩性能测试也是一种常见的试验。常针对使用时需要承受压力的材料,如整形外科植入用纺织生物复合材料的生物材料制品。

典型的压缩试样为圆柱体,其长度一般为直径的 2 倍以上。计算拉伸应力和应变的公式同样可用于计算压缩应力和压缩应变,但是压力和拉力的作用方向相反,因此 F 是负值,所得应力为负值;其样品变形时,沿应力方向其长度缩短,l_0 大于 l_i,因此,计算出的应变为负值。

7.2.2 典型应力-应变曲线

图 7-3 所示为各种材料的典型应力-应变曲线。观察图 7-3 中的材料Ⅰ和图 7-4 可发现,材料的应力与应变成正比,满足**胡克定律**:

$$\sigma = E\varepsilon \tag{7-3}$$

式中:E 为**弹性模量**或**杨氏模量**。

应力-应变曲线上应力与应变满足线性关系的区域,样品发生的是**弹性形变**,曲线的斜率就是弹性模量。弹性模量高的材料需要很大的应力才能使材料发生变形。弹性形变不是永久性变形,载荷释放后,材料可恢复其初始形状。

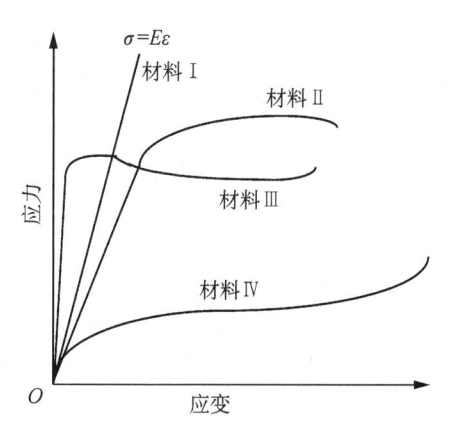

图 7-3 不同材料的应力-应变曲线

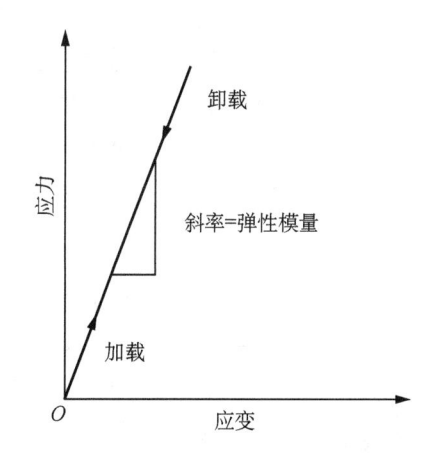

图 7-4 应力与应变呈线性的应力-应变曲线

织物典型的负荷-伸长曲线如图 7-5 所示,曲线可分成三个阶段,分别对应织物的不同变形作用。第一阶段的高模量区是由于织物克服纱线和纤维间屈曲变化引起的摩擦阻力,此阶段较短。在第二阶段,机织物的主要变形是在受力方向上纱线的弯曲减小和垂直受力方向上纱线的弯曲加大的弯曲变形,以及纱线在交织点的压缩;针织物以线圈沿受力方向大变形为主,故为低模量区。第三阶段为纱线的伸长,其包括纤维的伸直、伸长和滑移,故为高模量区,且模量会因纤维伸长变形继续缓慢上升。

值得一提的是,当织物很薄时,若不计厚度的差异,有时将试样拉力与试样拉伸初始时的宽度比作为相对应力(强度),如图 7-6 中纵坐标所示。

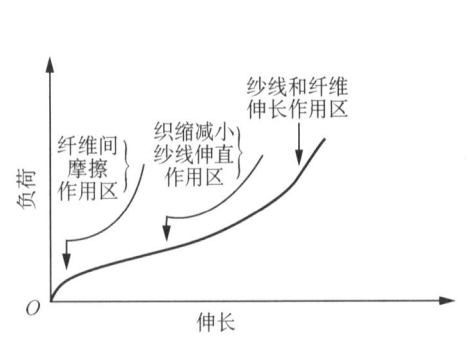

图 7-5 织物典型的负荷-伸长曲线

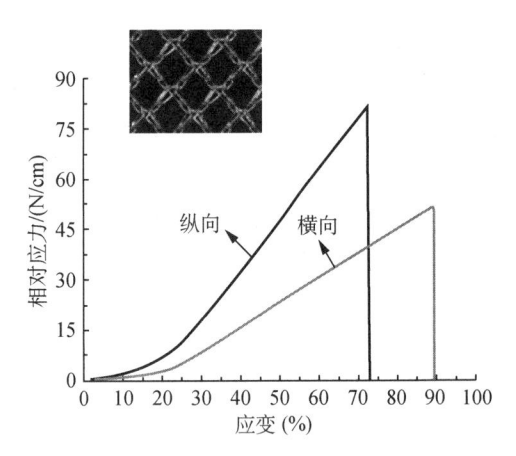

图 7-6 薄织物试样的应力-应变曲线

7.2.3 泊松比

如图 7-7 所示,当试样沿加载方向发生弹性伸长时(从 l_0 到 l_f),试样垂直于加载方向的部位就会发生收缩(从 d_0 到 d_f)。对圆柱形试样,垂直于试样轴向方向的应变(横向应变)可表示为 $\varepsilon = \Delta d/d_0$,$\Delta d$ 为直径的变化,d_0 为试样的初始直径。

横向方向发生的应变(ε_t)与轴向应变(ε_a)的比值称作泊松比(Poisson's ratio,ν):

$$\nu = -\frac{\varepsilon_t}{\varepsilon_a} \tag{7-4}$$

式中:引入负号是为了保证泊松比为正值。

泊松比没有量纲,对完全各向同性的材料(材料所有方向的性能相同),其泊松比应该为 0.25。如果变形过程中体积不发生变化,则泊松比的理论最大值为 0.5。材料的泊松比一般为 0.25~0.35。

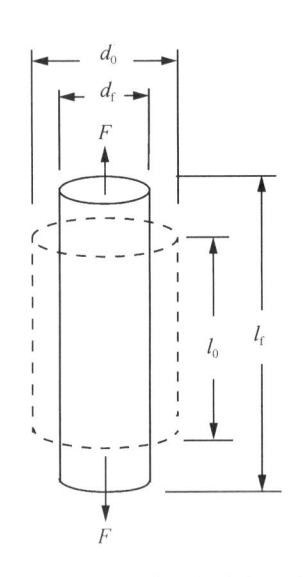

图 7-7 材料发生拉伸变形时其径向收缩示意

应用泊松比,可以将各向同性材料的弹性模量 E 和剪切模量 G 通过下式联系起来:

$$E = 2G(1+\nu) \tag{7-5}$$

7.2.4 材料变形及其分子机制

材料变形有弹性变形和塑性变形。从分子水平来说,弹性形变是原子间距微小变化和化学键伸缩的结果。原子之间的键合力抵抗材料的弹性形变。价键强度越高的材料越不容易变形,即具有更高的弹性模量。

与金属和陶瓷材料相比,聚合物的力学性能的测试结果更容易受温度和加载速率等测

第7章 生物医用纺织品的力学性能测试与评价

试条件的影响。提高测试温度或降低加载速率可使测得的弹性模量和拉伸强度降低,使延展性增大。下面就这些现象的分子机制做简要讨论:

对所有含有无定形区的聚合物而言,当测试温度低于玻璃化转变温度(T_g)时,聚合物链处于"冻结"状态,聚合物是脆的;而测试温度高于 T_g 时,聚合物链可围绕骨架旋转,且相互之间可发生相对移动,因此聚合物的韧性增大。

加载速率对材料力学性能的影响是:如果聚合物试样被拉伸过快,则颈缩区的聚合物链没有足够的时间沿加载方向取向,因此,**应变速率越快,材料变形就越小,表现出的脆性越大,其总体强度也越大**。

作为聚合物中两个特殊的亚类,半晶态聚合物(一般纤维)和弹性体(如橡胶)具有特殊的应力-应变性质。半晶态聚合物是由球晶组成,而球晶含有由中心向外辐射的片晶区。片晶之间为无定形区,其中的**连接分子**将相邻片晶连接起来。半晶态聚合物的变形可看成是片晶与无定形区间在拉力作用下的相互作用。如图 7-8 所示,其拉伸过程中存在几个伸长阶段[图 7-8(a)]。在第一阶段,连接分子的聚合物链伸展,片晶相互滑移[图 7-8(b)];在第二阶段,片晶自身重新取向,使其折叠链沿外力方向排列[图 7-8(c)];然后晶相区彼此分离,但分离的晶相区内相邻片晶间仍由连接分子连接在一起[图 7-8(d)];最后,晶相区和连接分子都沿外力方向取向[图 7-8(e)]。通过这种方式,拉力可诱导半晶态聚合物中的聚合物链发生明显的重排取向。

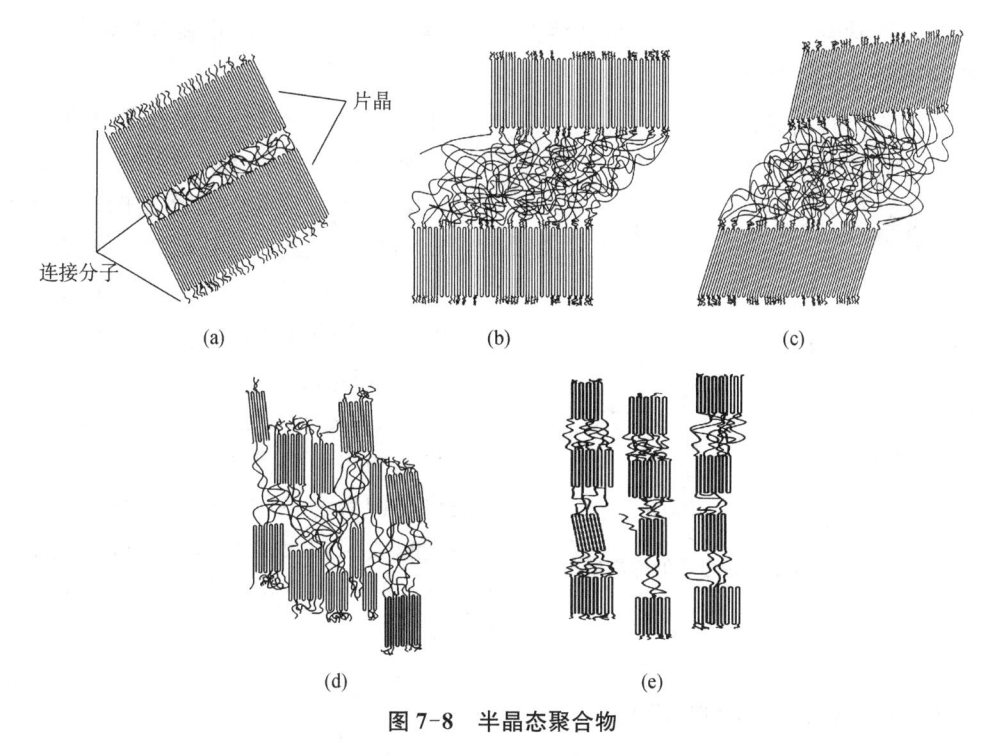

图 7-8 半晶态聚合物

对于半晶态聚合物,其变形很容易受其合成和加工参数的影响(图 7-9),此图显示随聚合物分子质量和结晶度增大,结构相同的材料可分别表现为液体、蜡或刚性固体。在半晶态聚合物内,任何阻碍聚合物链移动的变化都会提高其表观强度,降低其韧性。这些变化包括聚合物的结晶能力增强、分子量增大及聚合物交联等。另外,晶态区内存在的次级键也可有效限制聚合物链的运动。因此,结晶度对聚合物的力学性能有显著影响。聚合物分子量增大,也会引起大分子之间物理缠绕而阻碍聚合物链的运动,进而使聚合物强度增大。最后,共价连接,如交联过程中形成的共价连接也同样会阻碍聚合物链的运动,提高聚合物的强度和脆性。

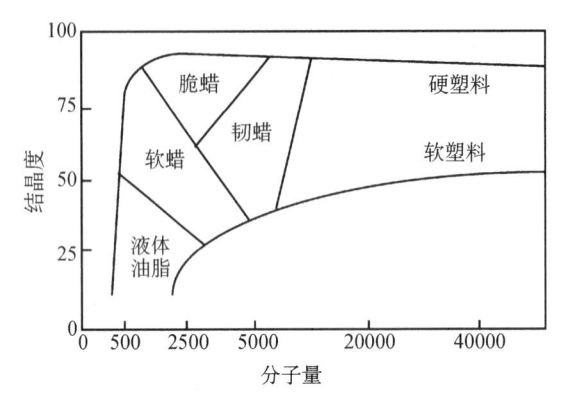

图 7-9 结晶度和分子量对聚合物性能的影响

弹性体因其特殊的链结构而使其具有独特的力学性质,即在低应力作用下就可发生很大的弹性形变。弹性体在无应力状态下为无定型材料,由卷曲的聚合物链组成,其化学键几乎可绕聚合物骨架作自由旋转。聚合物链在某些位点发生交联,以阻止聚合物链彼此滑移,从而阻止材料发生塑性形变。

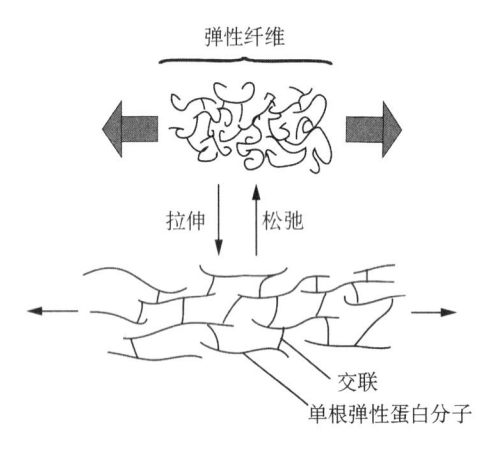

图 7-10 松弛状态和应力状态下的弹性蛋白

人体内的一种弹性体是**弹性蛋白**,它赋予许多组织良好的**韧性**和**伸长性**。弹性蛋白是许多必须进行大量拉伸-松弛周期性运动的组织极其重要的组分,如肺的气囊。与其他弹性体类似,弹性蛋白纤维也以交联的卷曲蛋白链的形式存在。

当温度高于弹性体的 T_g 时,施加到试样上的拉力使卷曲的聚合物链展开,并沿拉力方向排列(图 7-10)。拉力卸载后促使弹性体回复到其预应力状态的驱动力是热力学。无定形态聚合物的熵比拉伸后有序状态的聚合物的熵大。由于无序度越大熵越大,因此,熵使材料回复到其初始状态。弹性体可用满足胡克定律的小弹簧模型表示。

7.3 剪切、扭转和弯曲性能

7.3.1 剪切和扭转

剪切试验时,施加的作用力与样品的顶面和底面平行[图 7-1(c)]。剪应力(τ)的计算公式：

$$\tau = F/A_0 \tag{7-6}$$

式中：F 为平行于样品上、下表面施加的作用力；A_0 为剪切力作用的面积。

剪切力引起试样发生角度为 θ 的变形，则剪应变(γ)定义：

$$\gamma = \tan\theta \tag{7-7}$$

剪应力与剪应变之间的弹性关系也可用下式表示：

$$\tau = G\gamma \tag{7-8}$$

式中：G 为剪切模量（与拉伸/压缩试验一样，剪切模量也代表应力-应变曲线上弹性区域的斜率）。

在很多情况下，试样不仅受到剪切力的作用，还常受到**扭转**力的作用（图 7-1(d)）。扭力 T 使圆柱形试样的一端对于另一端发生角度为 φ 的变形。

7.3.2 弯曲性能

弯曲试验也是常用的一种材料测试方法。如图 7-11 所示，弯曲试验的试样截面一般是矩形或圆形，常用的试样方法有三点弯曲或四点弯曲法。弯曲试验的特点是试样各点所承受的应力大小和应变类型不同。试样上部承受的是压力，试样底部承受的是拉力，为此，试样的应力计算较复杂，需要同时考虑试样的厚度、**弯曲力矩**(M)和**惯性矩**(I)。

弯曲试验可得到一个重要的力学指标，它是材料的**折断模量**(σ_{mr})，即试样折断时需要的应力，其计算公式：

$$\sigma_{mr} = 3F_f L/(2bd^2) \tag{7-9}$$

式中：F_f 为试样断裂时的作用力；L 为支撑点之间的距离；b 和 d 为试样截面的长和宽（图 7-11）。

对于截面是圆形的试样，其折断模量按下式计算：

$$\sigma_{mr} = 3F_f L/(\pi R^3) \tag{7-10}$$

式中：R 为试样的半径。

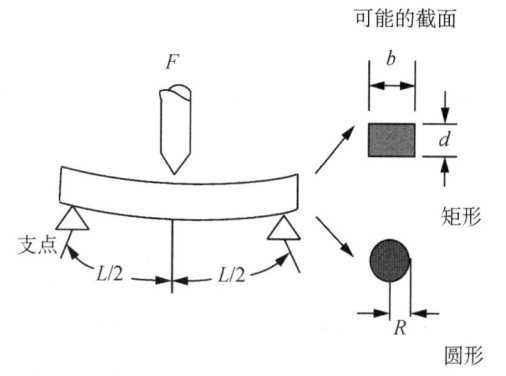

图 7-11　三点弯曲试验示意

根据弯曲试验的数据可得到与拉伸试验类似的应力-应变曲线。应力-应变曲线的斜率就是材料的弹性模量。

然而,柔性的生物医用纺织材料,最常用的表达弯曲性能的参数是抗弯刚度。抗弯刚度是指织物抵抗其弯曲方向形状变化的能力,具体是指单位宽度试样在无张力状态下弯曲到单位曲率的弯曲力矩,由抗弯长度的立方与试样单位面积质量相乘,也称弯曲硬挺度,弯曲长度则是试样伸出平台的部分,因自重而弯曲下垂,接触与水平台地面成一定角度的斜面检测线时,读取伸出长度,伸出长度的一半即试样的抗弯长度。测试方法可参照 DIN 53362 标准,基本工具为挠度仪(图 7-12),但挠度仪过于简单,且手动操作容易产生误差,故目前常用电子硬挺仪(LLY-01 型),如图 7-13 所示。根据抗弯刚度越大越难弯曲原理,试样被作为均布载荷悬臂平置于前端具有一定角度斜面检测线的平台上推出,因自重而弯曲下垂,接触斜面检测线时测出伸出长度,计算织物抗弯长度和抗弯刚度,以确定织物的硬挺度。

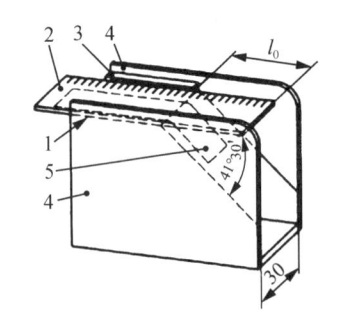

1—平台;2—金属刻度板;3—驱动部分;
4—斜面检测线;5—样本

图 7-12 挠度仪示意   图 7-13 LLY-01 型织物电子硬挺仪

弯曲试验主要指标的计算公式如下:
单位长度悬臂弯曲力 F_1(单位:mN/cm):

$$F_1 = g_n \times \frac{m}{l} \tag{7-11}$$

单位面积抗弯刚度 B(单位:$mN \times cm^2$):

$$B = F_1 \times \left(\frac{l_0}{2}\right)^3 \tag{7-12}$$

单位宽度的抗弯刚度 G(单位:$mN \times cm$),有时可替代 B:

$$G = \frac{F_1}{b} \times \left(\frac{l_0}{2}\right)^3 = m_F \times \left(\frac{l_0}{2}\right)^3 \times 10^{-4} \times g_n \tag{7-13}$$

式中:m 为试样的质量(g),l 为试样的长度(cm);l_0 为试样弯曲长度(cm);g_n 为重力加速度(m/s^2);m_F 为单位面积试样的质量(g/m^2);b 为试样的宽度(cm)。

对于各向异性显著的生物医用纺织品,建议分别计算横向和纵向试样的平均值;如果纺织品试样的正反面读数差异较大时,建议正反面分别测试,也可取其平均值。

7.4 蠕变与应力松弛

前述的拉伸、压缩、剪切或弯曲试验,通常是在测试短时间内的材料的应力-应变行为。但实际上,一些材料需要在长时间承受载荷,这时材料会在分子水平发生变化,从而引起力学性能的改变。

下面讨论两个与时间有关的力学性能:蠕变和应力松弛。

7.4.1 蠕变

蠕变是指试样在长时间承受恒定载荷时发生的塑性形变。各种材料发生蠕变的温度差异较大,金属材料和陶瓷材料一般需较高温度,而一些高聚物在室温下即可发生蠕变。

蠕变试验的方法:在测试温度恒定的条件下,对试样施加恒定的载荷,然后记录应变-时间关系。高聚物纤维材料的蠕变曲线如图 7-14 所示。

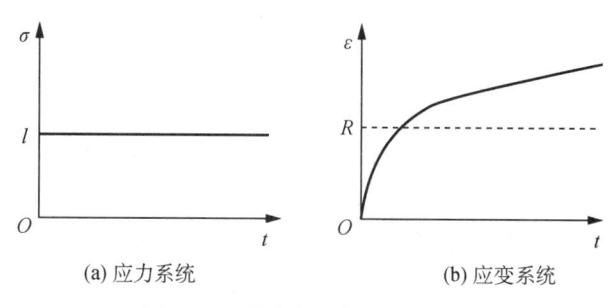

图 7-14 聚合物材料的蠕变曲线

(a) 应力系统　(b) 应变系统

当设计在体内需保持一定形状的植入体时,必须要考虑聚合物在体温环境中的蠕变行为。如高聚物纤维加工成的人工血管在体内使用多年后,其失效的一个原因就是材料本身的蠕变。人工血管植入物蠕变后,其周向产生明显的扩张,不仅丧失顺应性并可能形成动脉瘤,致使植入物失效。

蠕变的分子机制:半晶态聚合物和无定形态聚合物的蠕变变形与其无定形区的聚合物链能否通过黏性流动发生移动以及移动的程度有关。因此,聚合物的结晶度和测试温度对聚合物的蠕变行为有非常大的影响。聚合物的结晶度越大,则无定形区的比例越小,聚合物的蠕变敏感性降低。当测试温度小于材料的玻璃化温度 T_g 时,无定形区的聚合物链不能旋转,观察不到与时间相关的形变,只能观察到弹性形变,直到试样断裂。当测试温度高于 T_g 时,聚合物链可以通过黏性流动而相互移动,因此,可以观察到与时间有关的力学性能变化,即蠕变和应力松弛性能。

7.4.2 应力松弛

应力松弛是指试样在长时间的恒定应变条件下应力下降的特性,是聚合物纤维的主要性质。应力松弛行为如图 7-15 所示。聚合物纤维的结晶度和测试温度对其应力松弛行为也有非常大的影响。与蠕变一样,只有当测试温度高于聚合物纤维的 T_g 时,聚合物链可以进行黏性流动,才能观察到应力松弛。

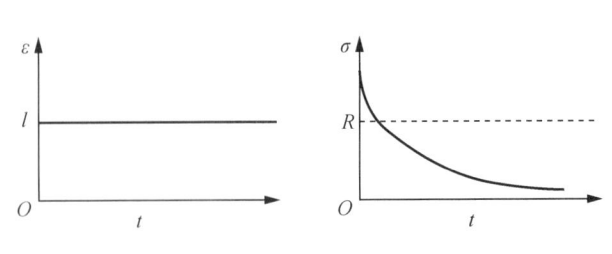

图 7-15　聚合物材料应力松弛行为

在应力松弛试验中,试样需在一定的应力下产生一个较小的应变,然后,保持体系的温度不变,测量维持某一恒定应变所需的应力随时间的变化。

聚合物纤维发生应力松弛的原因与发生蠕变的原因相同,与无定形区的聚合物链的运动密切相关。

生物医用纺织品在体外测试时,应提取体内受力条件下的模拟应力条件,并考察在此应力对应的应变条件下,观察应力的松弛情况。

7.4.3　黏弹行为的数学模型

当温度低于聚合物的 T_g 时,材料为弹性固体;温度高于熔点温度 T_m 时,材料为黏性流体。但是当温度介于 T_g 与 T_m 之间时,聚合物材料同时具有黏性和弹性,即黏弹性。

研究人员已经提出大量的研究模型。黏弹行为的一个理想模型是,黏弹性由弹性元件和黏性元件组成。以不同的方式将这些元件组合起来,形成简单的 **Maxwell 模型**和 **Voigt 模型**(图 7-16):Maxwell 模型由一个弹簧和一个阻尼器串联而成;Voigt 模型由一个弹簧和一个阻尼器并联而成。Maxwell 模型适用于预测应力松弛行为。Voigt 模型适用于预测蠕变行为。将这两种模型组合起来,就可以预测聚合物的蠕变行为和应力松弛行为。

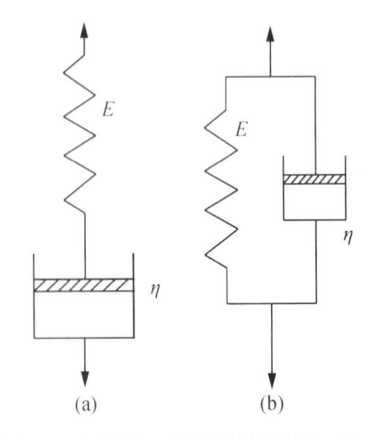

图 7-16　(a)Maxwell 模型;(b)Voigt 模型(E 表示弹性元件的弹性模量,η 表示黏性元件的黏度)

7.5　疲劳性能

纤维制品在实际使用中很少会被一次性拉断,而往往是在长时间的静载荷或动载荷作用下发生破坏的。尽管静载荷或动载荷小于材料一次拉伸时的断裂强度,但材料最终被破坏,或力学性质改变,这种现象称为材料的疲劳。

7.5.1 疲劳试验方法及疲劳曲线

疲劳试验通常指动态疲劳,即对试样进行多次循环试验,可以在不同类型的试验条件下进行,其常用类型如下:

(1) 试验中交变应力的振幅保持一定。
(2) 交变应变的振幅保持一定。
(3) 使交变的应力振幅一定,并与一定的静应力叠加。
(4) 周期性变化的应力或应变,随时间增大而增大。

上述第二类试验有可能在经过一定次数疲劳后,由于应力松弛或塑性伸长,试样完全松弛,应力为零时试样不能继续进行试验。第四类型有缩短试验时间的优点,但与实际使用情况不符。柔性的纺织纤维不能受压缩,故常采用第三种类型的试验。

在动态交变应力作用下,材料达到疲劳破坏的次数随着交变应力振幅或最大应力值的增加而减少,交变载荷的最大应力或应力幅值与疲劳寿命(次数)间关系称为疲劳曲线,如图 7-17 所示。当最大应力小到一定程度时,材料就不会被破坏,这个临界应力(σ_c)称为疲劳极限。疲劳极限的大小因材料不同而异,还与材料结构有关。很多高聚物材料的疲劳极限为静态拉伸强度的 20%～40%。

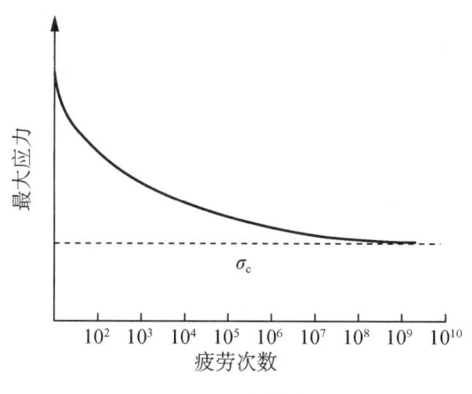

图 7-17 疲劳曲线

7.5.2 疲劳破坏机理

早在 1942 年,鲍斯(Busse)就提出了分子流动的机理,认为高聚物的疲劳破坏过程是由于共价键的断裂和分子链的相互滑移,本质上是黏性流动过程。据此,James 和 Lyons 根据欧林(Eyring)的反应速率理论,导出了高聚物材料疲劳寿命的理论表达式:

$$\ln L = -\frac{f\lambda}{2N_0 KT} - \ln \frac{f\lambda}{2N_0 h} - \ln \Phi(v) \frac{F^*}{RT} \tag{7-14}$$

式中:L 为疲劳寿命(时间);f 为外力;K 为玻尔兹曼常数;T 为绝对温度;R 为气体常数;

N_0 为单位截面积中次价键的数目;λ 为平衡位置间距离;h 为普朗克常数;F^* 为断裂过程活化能;$\Phi(v)$ 为次价键断裂的频率函数(单调递增函数)。

由式(7-14)可以得到:

$$\ln L = \frac{A}{T} + B, \ln L = D - Cf, L = FV^{-n}$$

其中:A、B、C、D、F 为材料性质常数。

以上公式表明随着温度、应力振幅和振动频率增加,疲劳寿命(时间)会降低。这些关系都得到了实验的验证。

对疲劳破坏机理的近期研究认为,材料疲劳破坏有下述两个原因:

(1) 纤维内部存在结构缺陷,即存在微观裂缝和孔洞,由于应力集中的影响,根据格里菲斯理论,当裂缝长度增长到临界值时,材料就会产生突然断裂。

(2) 纤维材料的力学衰减($\tan\delta$)与疲劳性能关系密切。当材料的正切损耗较大时,在疲劳过程中,材料发热量增大,温度升高,使材料性能下降,疲劳寿命缩短。

7.5.3 纤维疲劳寿命与其他力学性能间关系

由经验和分析表明,纤维的疲劳性质与静态力学性质间有密切关系,当纤维具有较好的回弹性、断裂功和断裂伸长率均较大时,其疲劳性能也较好。因此,若使纺织品经久耐用,除了要求纤维有一定内在质量外,合理使用亦很为重要。

另外,疲劳破坏过程也可以看作一个塑性变形逐步累积,最后达到纤维断裂伸长率使纤维最终破坏的过程。如果纤维有较优的弹性回复率 e,疲劳过程中满足条件:

$$\varepsilon_1 = e \times \varepsilon_n \tag{7-15}$$

式中:ε_1 为每次负荷产生的伸长率;ε_n 为总伸长率。

这时纤维的疲劳破坏试验处于弹性伸缩阶段,即每次负荷产生的伸长 ε_1 与卸负荷时的伸长回复 $e \times \varepsilon_n$ 相等,则纤维的伸长不可能进一步累积达到其断裂伸长而破坏,疲劳寿命即为无穷大,相当于疲劳曲线中,纤维在疲劳极限下的工作状态。众所周知,外加应力或应变超过纤维的屈服点,容易产生塑性变形,回弹性差,所以屈服应力高的材料,疲劳性能较好。

习题与思考题

[1] 现要求选择一类可用于加工人工血管的生物材料,重点关注材料在血液脉冲流动过程中其周长的扩张和收缩。你认为哪类材料是人工血管的理想材料?为什么?

[2] 请设计一个人工血管体外装置,考查材料被加工成血管形状之后,沿圆周方向的疲劳特性。在设计该装置时,你还需要考虑一种能模拟材料在体内所承受的应力条件和生理条件的实验方法。在设计这个装置时,你需要考虑的重要参数有哪些?

[3] 现有一圆柱形试样,其直径为 10 mm,高度为 3 mm。在压缩试验过程中,你沿试样轴向对试样施加 20% 的应变,试样最宽点的直径增大了 0.4 mm。请问该试样的泊松比是多少?

第8章 生物医用纺织品的降解性能测试与评价

生物医用纺织品在临床使用时,其表面特性和降解性能会直接影响到材料与生物体之间的生物响应性和生物功能性,这些重要性能的理解、认识与合理测试与表征,对于材料的医学临床应用具有重要意义。

8.1 表面性能

8.1.1 亲疏水性能

8.1.1.1 亲疏水性简介

生物医用材料进入生物环境后,与生物环境直接接触并发生相互作用的是生物材料的表面。材料的表面一般指材料外表面的几个原子层。材料的表面性质包括物理、化学性质。材料的物理性质,如表面的粗糙度,会影响蛋白质、细胞对材料的生物响应;亲疏水性是表面的一种物理性能,是影响蛋白质在生物材料表面吸附的最重要的参数之一。大量研究显示材料表面的亲疏水性极大地影响着生物材料的生物相容性。

亲水性是指分子能够通过氢键和水形成短暂键结的物理性质。带有极性基团的分子,对水有大的亲和能力,可以吸引水分子,或溶解于水。这类分子形成的固体材料的表面,易被水所润湿。

亲水性分子,或者说分子的亲水性部分,是指其有能力极化至能形成氢键的部位,并使其对油或其他疏水性溶液而言更容易溶解在水里面。亲水性和疏水性分子也可分别称为极性分子和非极性分子。

提高生物材料的表面亲水性,可以在材料表面引入具有极性亲水基团,增大材料的表面能。极性的亲水基团包括羧基、羟基、氨基、酰胺基、醚键等。目前的亲水性表面改性方法有物理改性和化学改性方法。物理方法包括表面涂覆亲水性小分子或高分子。化学方法主要是通过各种化学方法在材料表面接枝亲水性基团或高分子,如化学试剂法、偶联剂法、表面等离子处理法、紫外辐照法、高能辐射法和臭氧法。

8.1.1.2 亲疏水性测试

材料表面的亲疏水性可以通过接触角表征。接触角是指在一个固体表面上滴一滴液体,在固体表面上的固-液-气三相交界点处,气-液界面和固-液界面两条切线把液相夹在其中时所形成的角,即接触角是指液体、气体和固体三个表面之间的角度(θ)。图8-1显示了θ等于0°、小于90°和大于90°三种情况。液滴角度测量法是测量接触角的最常用的方法之一。

在平整的固体表面上滴一滴小液滴,直接测量接触角的大小。

当 $\theta=0°$ 时,液体完全润湿固体表面。

当 $0°<\theta<90°$,固体表面的拒水性能随接触角的增大而增强。

当 $\theta\geqslant90°$,固体表面拒水,液体不能润湿固体表面。

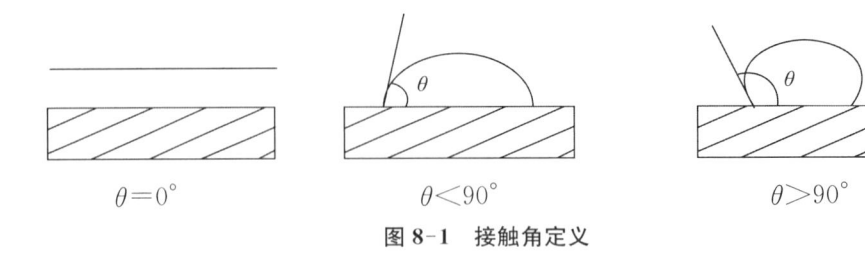

图 8-1　接触角定义

接触角通常有两种表征方法:其一为外形图像分析方法;其二为称重法。后者通常称为润湿天平或渗透法接触角仪。但目前应用最广泛,测定值最直接与准确的还是外形图像分析方法。外形图像分析法的原理为,将液滴滴于固体样品表面,通过显微镜头与相机获得液滴的外形图像,再运用数字图像处理和一些算法将图像中液滴的接触角计算出来。

计算接触角的方法通常基于一特定的数学模型如液滴可被视为球或圆椎的一部分,然后通过测量特定的参数如宽/高或通过直接拟合来计算得出接触角值。Young-Laplace 方程描述了一封闭界面的内、外压力差与界面的曲率和界面张力的关系,可用来准确地描述一轴对称的液滴的外形轮廓,从而计算出其接触角。

用于测量液体对固体的接触角的仪器称为接触角测试仪,它主要有试样载物台、微型针管、摄像头、CCD 系统和专用图像软件等主要部分组成。测试指标有静态接触角和动态接触角(即接触角随时间而变化的情况)。

目前,纺织品的接触角测试主要有**捕获液泡法**和**静滴法**。

(1) 捕获液泡法。图 8-2 为捕获液泡法测试示意图,先将纺织品固定在载玻片上,同时将装满蒸馏水的矩形玻璃容器置于实验台。将附有试样的载玻片倒扣于玻璃容器顶端,并使试样完全浸润。用 J 型注射针从试样下部注射气泡,气泡($3~\mu L$)下落时针向上移动使其吸附在试样表面,然后注射针向下移动。此时拍摄图像并计算接触角。为减少随机误差,每个试样至少测试 5 处。每次试验需同时进行,以减少如温度、湿度等因素对接触角大小的影响。

(2) 静滴法。用静滴法测量接触角(图 8-3),先将试样固定于载玻片上,并置于接触角测试仪实验台。在室温下以 $0.5~\mu L/s$ 的速率用注射器将 $2~\mu L$ 蒸馏水注入试样表面。注射器容积为 $0.5~mL$,且注射针表面有疏水性涂层以促进液体从针表面脱离。当液滴在测试样表面延展时,用装配有微距镜头的 CCD 摄像头捕获图像。并用专用图像软件分析图像得到液滴对于测试样表面的接触角。

图 8-4 所示为捕获液泡法测试的层层组装处理前后的真丝织物(5 个样本)的接触角,图 8-5 所示为静滴法测试的层层组装处理前后的真丝织物接触角,显示随时间的变化,接触角呈现不同的变化趋势。

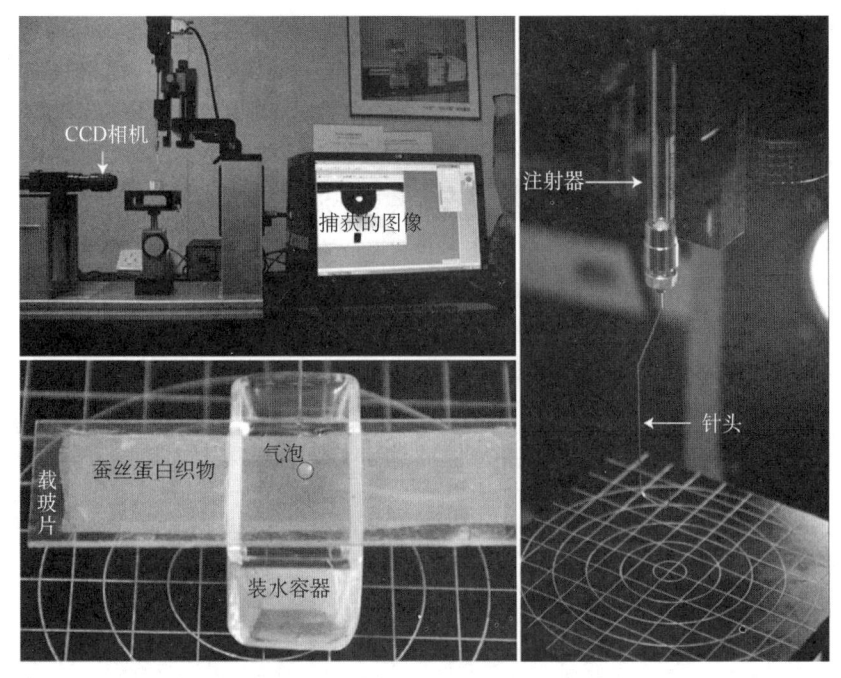

图 8-2 捕获液泡法接触角测试

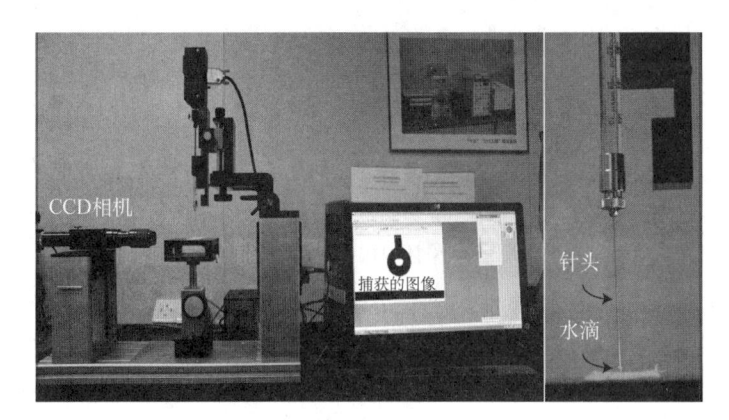

图 8-3 静滴法接触角测试

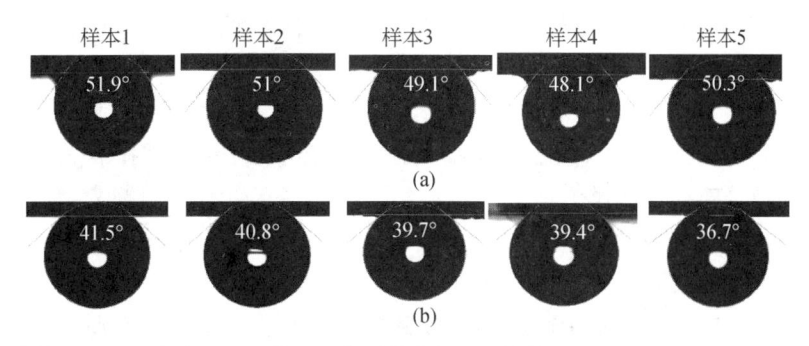

图 8-4 捕获液泡法测试的层层组装处理前后的真丝织物接触角：(a)处理前织物；(b)处理后织物

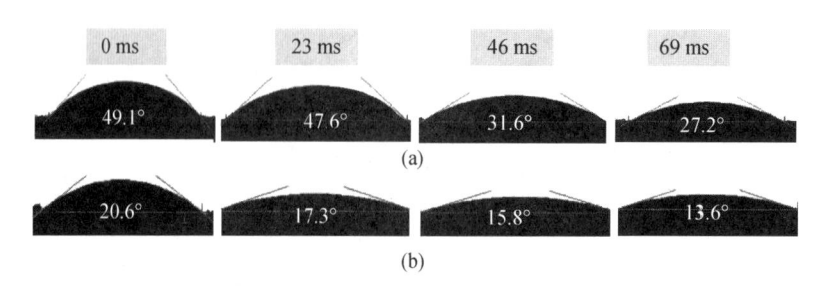

图 8-5　静滴法测试的层层组装前后真丝织物不同时间的接触角：
(a)处理前织物；(b)处理后织物

8.1.2　介电性能

8.1.2.1　介电性能概述

介电性能是指材料在电场作用下表现出来的储蓄和损耗静电能的性质，通常用介电常数和介质损耗表示。

材料在外加电场作用下会产生感应电荷而削弱电场，外加电场强度（以真空为介质）与材料中的电场强度的比值即**介电常数**。介电常数又叫介质常数、介电系数，它是表示材料绝缘能力的一个系数，以字母 ε 表示，单位为"F/m"。如果将具有高介电常数的材料放在电场中，电场的强度会下降。

介电损耗：材料在交变电场中取向极化时，伴随着能量消耗，材料本身会发热，这种现象称为材料的介电损耗。

影响材料介电性的主要因素如下：

① 结构：分子极性越大，介电性一般也越大。介电性还对极性基团的位置敏感，极性基团的活动性越大（比如在侧基上），介电常数越小。交联、取向或结晶都会使分子间作用力增加，介电常数减小。支化会减少分子间作用力，介电常数增加。

② 频率和温度：与力学松弛相似。

③ 外来物的影响：增塑剂的加入使体系黏度降低，有利于取向极化，介电损耗峰移向低温。极性增塑剂或导电性杂质的存在会使介电常数和介电损耗都增大。

8.1.2.2　介电性能的测试

医用纺织品的主体材料为高分子纤维，通常为绝缘材料，其介电性能直接关系这些材料在相关医疗器械中的应用，绝缘材料介电性能测试主要包括绝缘电阻率、**相对介电常数**、介质损耗角正切及击穿电场强度等内容。

测试结果受很多因素的影响，如受环境条件（温度、湿度、气压等）、测试参数（如施加电压的频率、波形、电场强度等）、电极与试样的制备等影响。因此，需按有关标准进行测试。下面简述各项特征指标的测试方法。

（1）绝缘电阻率的测试：通常采用三电极系统，可以分别测出体积电阻率（ρ_v）和表面电阻率（ρ_s）。在特殊情况下，例如测量薄膜的 ρ_v、ρ_s，可用二电极系统。

（2）相对介电常数（ε_r）的测试：ε_r 是表征材料的介电性质或极化性质的物理参数，其值代表了材料贮电能力。相对介电常数通常通过测量试样与电极组成的电容、试样厚度和电极尺寸而求得。

(3) 介质损耗角正切(tan δ)的测定：tan δ 表示材料在交流电压下的有功损耗和无功损耗之比，其值越大，介质损耗越大，它反映了材料在交流电压下的损耗性能。测定 tan δ 是判断设备绝缘状况灵敏度的有效方法，对受潮、老化等分布性缺陷尤其有效。tan δ 一般通过测量试样的等效参数，再经计算求得，也可在仪器上直接读取。

(4) 击穿电场强度(E_b)的测定：E_b 常指单位厚度的材料击穿时的电压值，一般以千伏/毫米(kV/mm)表示。绝缘材料的击穿电场强度以平均击穿电场强度表示。通过调压器使电压从零开始，以一定速率上升，至试样被击穿，这时施加于试样两端的电压就是其击穿电压。击穿电压可用静电电压表、电压互感器、放电球隙等仪器并联于试样两端直接测得。击穿电压很高时，需采用电容分压器。测定击穿电场强度时，电极需按照有关标准的规定。

8.1.3　蛋白吸附与细胞黏附

8.1.3.1　蛋白质吸附概述

生物医用材料进入生物环境后，无论是体外培养环境还是体内移植环境，与生物环境直接接触并发生相互作用的是生物材料的表面。事实上，生物学评价的多数实验均与材料的表面性能有直接且重要的关系。因此，生物材料表面性能的评价，除了物理化学性能之外，生物学性能如蛋白吸附和细胞黏附性能的评价同样是必不可少的环节。

当生物材料与生理环境相接触时，首先到达生物材料表面的是水分子和无机盐离子，其次是体液、血液或培养基中的蛋白质分子，最后才是细胞到达材料表面。因此在材料表面与细胞之间通常存在吸附的蛋白质层，细胞通过蛋白质层的介导而附着、黏附进而铺展到材料表面。由此可见，材料表面对细胞的影响或引起的宿主反应实际上是通过影响蛋白质在材料表面的吸附行为来实现的。生物材料表面所吸附蛋白质的种类、吸附速度、吸附量以及空间构象等都直接影响材料的细胞相容性。此外，血栓形成与溶血，软、硬组织的愈合，感染和无菌性炎症都与蛋白质的吸附有关。

蛋白质在材料表面的吸附是继水和无机盐离子吸附后在几秒钟内发生的。血小板和血液中的其他有形成分直到 1 min 后才开始吸附，此时蛋白质层的厚度约为 20 nm。因此，在固-液界面上，黏附的蛋白质必然会影响后续过程的发生，因为细胞必须和该层蛋白发生作用。所以，黏附蛋白，如**纤维粘连蛋白**(Fn)、**玻璃粘连蛋白**(Vn)、**层粘连蛋白**(Ln)和**胶原蛋白**等，能够调控材料和细胞的作用。然而，蛋白质的黏附并不是静态的过程，因为黏附的蛋白可随时间的延长发生构象变化，并且可被溶液中的其他物质置换。

生物材料与蛋白质的相互作用可使局部蛋白质的浓度升高，其浓度可达均匀体液的 1000 倍。这种蛋白质的聚集，尤其是特定蛋白质在材料表面的聚集对生物材料与组织之间的界面作用起着决定性作用。

蛋白质和生物材料之间一般不形成共价键，蛋白质的吸附基本上是疏水作用、氢键、静电引力及极性键等引起的。由于血液和细胞外液中包含各种不同的蛋白质和其他多种生物大分子，它们在材料表面的吸附是竞争的，而且这种吸附是一种动态吸附，蛋白质等生物分子同时存在吸附、解吸附及交换等过程。另外，被吸附的蛋白质可能会发生构象变化。

蛋白质在材料表面的吸附不是均匀的。当蛋白质刚吸附到材料表面时,由于在材料表面上几乎不受其他蛋白分子的限制,每一个蛋白质分子根据材料表面微区性能的不同可以有多种取向。随着材料表面蛋白分子吸附的增加,后吸附蛋白分子的取向受先吸附蛋白分子的影响,最终以分子间排斥力最小的空间位置吸附到材料表面。

蛋白质吸附的不同取向既影响蛋白分子吸附的数量,更重要的是显著地影响蛋白质功能的发挥。例如,当纤连蛋白在材料表面吸附时,随着蛋白分子取向的不同,酶的催化活性所需要的活性位点可能开启,也可能被关闭。类似地,如果纤连蛋白中的 RGD 活性短肽处于材料表面一边而不能与细胞接触,纤连蛋白就不可能支持细胞的黏附。

脱附是吸附的逆过程,其间已结合于材料表面的蛋白分子脱离材料表面而回到体液中。蛋白质的脱附是非常缓慢而且几乎是不可能的,因为这需要在蛋白分子和材料表面之间的所有作用同时解离,这对于像蛋白质这样的大分子而言是非常困难的,除非蛋白质和材料界面之间发生巨大的变化,如降低 pH 值、使用清洁剂等,但吸附的蛋白质可被相同或其他蛋白质分子所替代。

之所以强调蛋白质在材料表面的吸附是非常重要的,原因是:首先,细胞是通过吸附在材料表面的蛋白质而附着到材料表面。细胞之间的相互作用都是通过细胞受体来实现的,细胞膜上的分子结构能够识别和结合特定的标志,细胞有多种不同物质的受体。其次,吸附的细胞向细胞外空间分泌的蛋白质将在界面与最初吸附的蛋白质发生竞争性吸附和解吸附,这在界面细胞行使组织再生功能时是至关重要的。第三,通过材料表面修饰可控制在界面上蛋白质吸附的种类,如可通过在材料表面涂上一些特定蛋白质而控制生物材料表面性能。

蛋白质在材料表面的吸附取决于材料的表面性能、蛋白质性能及蛋白质与表面作用的效率。一般分子在材料表面的吸附是以下 4 种传输机理之一或几种共同作用的结果:扩散、热对流、流动、互传输。体液蛋白质浓度、蛋白质扩散速度及蛋白质分子尺寸对蛋白质扩散到材料表面是至关重要的。蛋白质主要以分子间力与生物材料表面相互作用,如离子键、疏水作用以及电子传递反应等,氢键在蛋白质与材料表面的相互作用中不起主要作用。分子间力对蛋白质-材料表面相互作用的控制取决于特殊的蛋白质和材料表面。表面疏水性和表面电荷这两种表面特性对蛋白质吸附有较大影响,可从三个方面理解:材料表面和蛋白质的疏水作用(疏水性)、带电基团重分布(电荷)、蛋白质的结构重排。

生物材料表面特性不仅影响蛋白质附着、组成,还控制细胞的集中和附着。因此,材料的表面特性对整体生物响应具有重要作用。值得特别注意的是,蛋白质与材料表面通常具有非特异性相互作用,而蛋白质与细胞在多数情况下均具有特异性相互作用,通常表现为受体—配体相互作用。

8.1.3.2 细胞黏附概述

细胞黏附对组织再生以及植入物的修复效果起着关键作用。**细胞外基质**(ECM)是细胞发挥功能的环境,细胞指导 ECM 的合成,ECM 提供细胞所需的力学和化学信息,但细胞必须与 ECM 黏附,才能进行迁徙、分化和增殖。细胞和 ECM 之间的黏附以各种方式影响着细胞的功能发挥。细胞一旦与 ECM 黏附就会产生应答,其应答反应取决于细胞类型、ECM 的组成结构及瞬时状态。其应答方式有改变细胞自身形状、迁徙、增殖、分化甚至修正活性等。黏附细胞的 ECM 不仅保持组成结构,还利用细胞表面受体将结构化配体、信号肽、蛋白酶及其抑制剂的信息传导至所黏附细胞的内部。ECM 还充当生长因子和细胞因子的储存库,在适当的时候释放出来,向邻近的细胞提供这些因子。

生物相容性良好的生物材料,要求能够维持黏附的或邻近的细胞发挥组织修复所需的全部功能。这些功能包括存活能力、通信、蛋白质合成、增殖、迁移、激活/分化、细胞程序性死亡。那么,蛋白吸附和细胞黏附就是首要的和必需的,这样细胞才会正常发挥这些功能。

细胞附着之后,在基底表面伸出伪足。此时,细胞膜上的整合素受体与表面的配体紧密结合从而锚定细胞,这一过程称之为**细胞铺展**。细胞铺展是非常复杂的过程,涉及细胞骨架的重排、基底上黏附蛋白的产生和吸附等。然而,试验发现,对于某些细胞铺展的程度与材料表面的自由能有关。这种相关性的存在是合理的,因为表面自由能可影响蛋白质的黏附,也是蛋白质和膜受体共同作用的结果。

细胞黏附或铺展于生物材料表面之后,才能进行诸如生长、增殖、分化及迁移等一系列生理活动(图 8-6)。细胞迁移的过程,可以人为地分为以下步骤:首先,细胞膜上的伪足通过细胞先导边缘的肌动蛋白微纤维的聚集实现拉伸;随后,细胞膜通过整合素受体与基底附着,伪足紧紧黏附后,产生收缩力,使后面受体得以释放,细胞向前运动;最后,细胞的整合素受体循环向前,继续该过程。

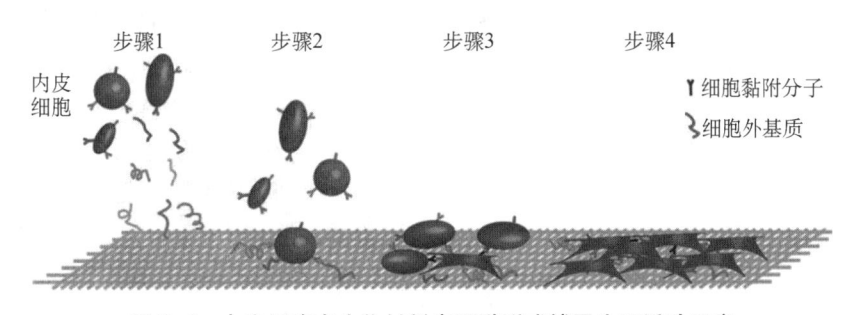

图 8-6 内皮细胞在生物材料表面黏附或铺展生理活动示意

8.1.3.3 蛋白吸附的分析与测定

材料表面吸附的蛋白质数量、组成和构象可用多种分析与测量方法表征,如**圆二色谱**(CD)、差示扫描量热、酶联免疫吸附分析、**傅里叶变换红外光谱及衰减全反射光谱**(FTIR/ATR)、**椭圆偏振**和**石英微天平**(QCM)等。

圆二色谱是应用最为广泛的测定蛋白质二级结构的方法。它可以在溶液状态下测定,较接近其生理状态。测定方法快速简便,对构象变化灵敏,它是目前研究蛋白质二级结构的主要手段之一,已广泛应用于蛋白质的构象研究中。差示扫描量热技术可通过测量蛋白质在溶液中或在材料表面的热变性时的热焓,通过转变热的差值推导出蛋白质的构象变化。红外光谱及衰减全反射光谱可用来研究蛋白质在表面吸附前后的构象变化。石英微天平也可测定微量吸附的蛋白质。表面吸附蛋白质层的厚度可通过椭圆偏振技术得到。高度专一性的**单克隆**(MAb)和**多克隆**(PAb)抗体技术可特异性地检测到吸附蛋白的构象及组成。因此,不仅可对细胞与吸附蛋白的数量关系进行研究,同时可对细胞与蛋白质的组成及构象进行比较。

8.1.3.4 细胞与生物材料相互作用试验

前面介绍了细胞与生物材料相互作用的重要性,本节将介绍检测细胞功能的方法,包括检测细胞毒性、细胞死亡、细胞黏附和铺展、细胞迁移和基因表达的变化(DNA/RNA 试验)。

(1)细胞毒性试验。细胞与环境的相互作用将影响细胞的存活。因此,细胞毒性是研究新基底材料的关键,体外**细胞毒性**试验是生物材料生物相容性检测的第一步。包括国际标准化组织和中国国家标准化管理委员会等机构已颁布细胞毒性测试及相应试验数据分析的标准规程。

目前公认的细胞毒性试验,包括直接接触、琼脂扩散和洗脱试验。存在多种检测方案的原因是影响生物材料细胞毒性的因素很多。通常,决定材料细胞毒性的因素和材料与细胞表面相互作用的影响因素不同。因此,某一特殊材料即使能够促进细胞黏附、铺展,但却在植入当时或数天后产生细胞毒性。一般情况下,生物材料中(表面或内部)任何可能影响细胞代谢或蛋白质合成的因素都定义为细胞毒性。包括材料本身、材料处理过程所用的试剂、药品,以及可能的降解产物。

在此需要强调的是,选择细胞毒性试验组合的最佳时间时,必须考虑细胞类型和分化状态,以及产品的最终应用。例如,牙科中应用的材料锌-丁香酚黏固粉在放散试验中可导致细胞死亡,但当前却广泛用于牙科中,因为可通过形成厚的钙化组织将其与周边细胞分离,从而避免其应用毒性。

① 直接接触试验。最简单的细胞毒性试验是直接接触试验。检测时,将待测材料加工成特定尺寸,铺在细胞培养板上,种植细胞,培养 24 h,然后通过显微镜观察来评估细胞膨胀和溶解的情况。死亡细胞通常悬浮在培养基中,并在材料周围形成环状死亡细胞圈。采用特定方法可以测量环状死亡细胞圈(包括死亡和受损的细胞)的大小。该试验可以定量测定细胞毒性。通过阳性(非细胞毒性)对照与阴性(完全细胞毒性)对照可以评价材料细胞毒性的大小。

另外,可以通过测量培养基中的细胞内酶,如**乳酸脱氢酶**(LDH)的数量来评价细胞毒性。LDH 在细胞代谢中非常重要。当细胞溶解并释放出细胞内物质时,可在悬浮液中检测到 LDH。标准曲线可用于将 LDH 数量转化为溶解的细胞数量。

此外,根据染料可改变活细胞的颜色的原理,可以通过染色定量测定活细胞数量。检测过程中可以通过分光光度计的特定波长读出颜色变化。活细胞的数量表示为接种样本与未处理(阳性对照)空白样本的颜色的比值。该试验中最常用的化合物是 3-(4,5-二甲基噻唑-2)-2,5-二苯基四氮唑溴盐(MTT)可使活细胞产生紫色。

② 琼脂扩散试验。琼脂扩散试验类似于直接接触试验,不同的是,琼脂扩散试验中细胞在与样本材料接触之前,种植于培养皿上,用琼脂覆盖。琼脂为细胞提供物理屏障,防止样本对细胞产生压破或干扰,而这一现象在直接接触试验中可能发生。琼脂是一种来自红藻的聚合物,对细胞无害。

琼脂中混合细胞培养基,保证细胞生存。然而,采用该方法样本中的有毒物质可能扩散到琼脂中,导致材料局部区域的细胞死亡。根据细胞与样本的距离,将其分成几个区,分别检测培养 1~3 d 的细胞数。如果影响区域越多或可测试样本移动越远,则说明样本的细胞毒性越大。与直接接触试验一样，培养基中可以添加指示细胞存活的染料，以便更好地评价每个区的死亡细胞数量。阳性和阴性对照有助于结果的比对。

③ 洗脱试验。**洗脱**或**提取**试验可检测生物材料中浸出分子的细胞毒性，如未反应完全的单体或者降解产物。洗脱试验中最常用的方法是将水溶液中所有可溶性分子洗脱，使其最接近生物环境。

该试验要求将细胞种植于细胞培养孔中培养 24 h。同时，将一定量的新鲜培养基加入到一定数量的材料上，制作浸液培养基，37 ℃下浸 24 h，使可溶物质扩散至培养基中。然后，将浸液培养基加入种植细胞的培养孔中，培养 1～3 d，监测存活细胞数目。

④ 黏附/铺展试验。可以定量测定细胞在各种材料表面的黏附情况。将细胞附着在试样材料上，一定时间后进行适当冲洗，对洗脱液中的细胞进行计数。通过记录表面剩余细胞数或者洗脱液中的细胞数来确定细胞黏附情况：

$$表面细胞数 = 种植细胞总数 - 洗脱液中细胞数$$

另外，可采用显色法、放射性标记、溶解细胞检测细胞内酶来确定细胞数量。

（3）迁移试验。当前已具备多种细胞迁移的评价方法，各种方法与数学模型结合可以描述细胞在各种材料表面的运动。其中一种方法是毛细管试验，可以用来检测细胞群迁移，记录迁移的平均距离，从始发点运动的细胞数量。迁移距离的检测方法包括**毛细管**试验。这是最早发明的一种测试方法，通过一个小管（毛细管）来限制细胞群。打开这个管，然后放置在表面（通常是细胞培养孔），允许细胞以扇形方式迁移出此管。2～4 d 后，测量扇形区域即可提供细胞迁移距离的定量评价。将该技术进一步改进得到一种新的检测方法，将细胞固定在一个物理屏障里（如环），然后将屏障提升。几天后，通过光学显微镜检测细胞群半径的增加，并应用图像分析软件进行分析。上述迁移试验的主要缺点是难以区分细胞群的增加是由细胞迁移还是细胞增殖产生的，这对于迁移试验来说是一个很特殊却又很难避免的问题。另一种方法是 **Boyden 腔试验**，可以定量检测特异区域的细胞迁移数。该试验通常用于确定可溶因子对迁移的影响，而非基底的影响。在 Boyden 腔试验中，为了检测方便采用孔状的过滤器将细胞与溶剂进行分离。开始时，将细胞种植在顶层，而待测物质位于底层，然后通过过滤器扩散，并作用于细胞。一定时间后，细胞通过过滤器发生迁移，到达腔的底部，在这个过程中可以采用光学显微镜确定迁移的细胞数。将该技术进一步改进（Zigmond 腔、Dunn 腔），就可以用显微镜更直观地观察到细胞对某些试剂响应，并通过障碍物发生迁移的现象。

检测单个细胞运动的方法常常涉及一种特殊设备，该设备允许具有测试表面的细胞在显微镜顶部进行培养。这个过程中可捕捉到细胞在一定时间内的图像，对其进行处理并确定细胞在每个时间点的精确定位，实现细胞培养过程的跟踪定位。采用相关数学模型，模拟不同时间点的细胞位置，便可计算细胞迁移速率和持续时间等参数。

8.2 降解性能

生物医用高分子纺织材料在体内与周围体液和组织发生相互作用，会导致材料的降解，表现为材料的褪色、开裂、力学性质的显著变化。

生物医用高分子纺织材料在应用中，有期望降解和不期望降解两种，前者一般应用在组织工程和药物释放中；后者一般指因不可控降解导致材料结构崩溃，使植入器械的功能提前丧失。

8.2.1 降解机制

材料在体内的降解是受生物环境作用的复杂过程，包括物理、化学和生化因素。物理因素主要是外应力，化学因素主要是水解、氧化剂酸碱作用，生物因素主要是酶和微生物。由于植入体内的材料主要接触组织和体液，因此水解（包括酸碱作用和自催化作用）和酶解是最主要的降解机制。

8.2.1.1 水解机制

生物医用高分子纺织材料器械从植入体内到消失，是由不溶于水的固体变成水溶性物质，这个过程称为溶蚀。植入器械溶蚀，宏观上是器械整体结构被破坏，体积变小，渐渐成为碎片，最后完成溶解并在植入部位消失；微观上是大分子链发生化学分解，如分子量变小，交联度降低，分子链断裂和侧链断裂等，变为水溶性的小分子而进入体液。以上过程是降解的第一阶段，第二阶段是吸收阶段，即进入体液的降解产物被细胞吞噬并被转化和代谢。

以聚酯类为例，在降解的第一阶段，大分子主链中的酯键被水解断开，表现为分子量的迅速下降，失去原有的力学强度。当分子量小到可溶于水的极限时（数均分子量 M_n 在 5000 道尔顿左右），整体结构即发生变形和失重，逐步变为微小的碎片进入体液。公认的降解机制：酯键无规水解，引起分子链断裂，其降解速度符合酯类水解的一级动力学，并表现出自催化作用。分子量变化的对数与时间呈线性关系，因此通过体外水解动力学就可以预测聚酯材料在体内的降解时间。

材料的力学强度保持的时间长短，是选择材料的重要依据，因为这个时期是植入器械维持功能的有效时间，也称使用寿命。研究降解材料的一个重要目的就是使材料使用寿命与实际应用的要求相吻合。

8.2.1.2 酶解机制

虽然聚合物材料前期的水解过程不一定需要酶参加，但是水解生成的低分子量聚合物片段可能需要通过酶作用转化为小分子代谢物。酶解和酶促氧化反应是材料在体内降解吸收的重要原因，酶在一定程度上影响降解机制和速度。一般认为酶的作用机制如下：

（1）酶促水解机制。对易水解的聚合物，在体内可能同时存在单纯水解和酶催化水解两种作用，酯酶可促进聚酯水解，而水解酶可促进水解聚合物的降解，容易被水解酶降解的聚合物有聚酯、聚酰胺、聚氨基酸、聚氰基丙烯酸等。

（2）酶促氧化机制。组织学研究提示，材料在体内最后通过吞噬细胞的吞噬作用而从体内吸收代谢出体外的，这些吞噬细胞在代谢中会产生大量中间态的过氧阴离子（O_2^-），它会转化为强氧化剂双氧水（H_2O_2），双氧水的强氧化作用则会在材料植入部位引发聚合物的自身分解反应；同时，双氧水在过氧化物酶的作用下转化为对生物材料具强氧化性的次氯酸，它可氧化聚酰胺、聚氨酯等中的氨基，最终使其分子链断开。

（3）自由基作用。有实验证实，高毒性的氢氧自由基可引起聚合物降解，如在有过氧化氢和二价铁离子的介质中,聚乳酸比在单纯水介质中降解快近 1 倍。生物材料在体内的酶解机制还在进一步深入研究中。

可降解高聚物纤维材料分为天然高分子纤维、微生物合成高分子纤维和化学合成高分子纤维。天然高分子纤维包括甲壳素及其衍生物纤维和胶原纤维等,易发生酶降解反应;微生物合成的**聚 β-羟基丁酸酯(PHB)**及其共聚物的纤维,主要发生酶降解反应;化学合成的**聚乙交酯(PGA)**、**聚丙交酯即聚乳酸(PLA)**、**聚乙交酯-丙交酯(PGLA)**和**聚对二氧环己酮(PDO)**,前三种聚合物都是聚酯,PDO 是一种聚醚酯,这些化学合成的聚合物的降解反应主要是水解反应。

可降解高聚物纤维材料主要用于生物医学领域的缝合线、神经导管和组织工程支架等。

8.2.2 体外降解试验方法

体外降解测试以其可控性强、可标准化、可重复,以及简便、快速、经济和不受手术创伤干扰等优点,通常在体内试验(包括动物试验和临床试验)之前,对可降解植入物的降解性能进行评价,以期在体外尽量模拟人体内环境下,预测植入物随时间产生的性能变化,并进行体外筛选和优化。参照标准 GB/T 16886.13—2017 及 YY/T 0473—2004 等对可降解植入物进行体外降解试验。

8.2.2.1 降解试验环境

微生物感染会直接影响材料的降解过程,改变降解试验的结果,因此整个降解试验需要在无菌环境中操作。试验操作在超净台中进行。操作前可将已消毒工具和药品放入超净台,用紫外光对封闭超净台内部预灭菌。预先紫外杀菌结束后,熄灭杀菌灯,启动超净台电机,调节好工作区域风速后,便可进行降解试验配液和装样操作。

降解过程中,装载试样和降解液的器皿置于已灭菌的恒温环境中,环境可选择恒温培养箱或者摇床等尽量模拟体内环境,保持恒定(37±1) ℃的温度。

8.2.2.2 试样和试验工具灭菌

降解试验之前同样需要对降解试样和试验工具进行灭菌。灭菌方法主要包括蒸汽、环氧乙烷和辐射灭菌等,针对材料情况选用不同的灭菌方式。可降解纤维试样由于其可降解性能,可采用环氧乙烷灭菌;玻璃器皿、镊子、剪刀在内等试验工具可采用高压蒸汽灭菌;降解试验中的降解液可采用高压蒸汽灭菌,若降解液易产生沉积物或浓度和 pH 值的变化,可采用过滤灭菌方法。

8.2.2.3 降解液的选择和配制

根据植入物的应用部位生理环境情况及体外降解试验的目标选择不同的降解液。常见降解液主要是平衡盐溶液(缓冲液、生理盐水)和模拟体液。

缓冲液实例:配制 PBS 溶液。称取 8 g NaCl、0.2 g KCl、1.44 g Na_2HPO_4 和 0.24 g KH_2PO_4,溶于 800 mL 蒸馏水,用 HCl 调节溶液的 pH 值至 7.4,最后加蒸馏水定容至 1 L。

将配制好的降解液保存于冰箱中冷藏。

8.2.2.4 降解试验过程

降解试验之前需要干燥试样至恒重。每个试验期的试样至少为 3 个(需力学性能分析的试样至少为 6 个)。降解液的体积(mL)与试样质量(g)之比最好大于 30∶1,保证试样完全浸入试验溶液中。

根据可降解植入物材料的大致降解周期设定降解试验的总时间及取样测试周期。例如 PGA 纤维的降解周期约为一两个月,因此设定降解试验总时间为 8 周,每周取样进行测试;而 PDO 纤维在体内的降解时间约为 120~240 d,因此降解试验总时间可设定为 8 个月,每个月取样进行测试,对于变化较大的时间段,可缩短周期取样测试。当然,若材料的降解时间过长,也可采取加速降解试验。

选取合适的器皿,将可降解植入物浸泡在降解液中,并将器皿放置在恒温降解环境中,环境可为静态,也可根据需要选择动态。由于降解过程中降解液的 pH 值可能会变化,因此需要定期更换降解液。

按周期时间取出样品,用足量的去离子水冲洗,再用滤纸吸干表面水分,将样品置入冷冻干燥机干燥后对其进行各项性能评价。冲洗液也可经过过滤分离出降解碎片进行分析。

8.2.2.5 加速降解试验

对于可降解材料降解时间过长,试验时间有限的情况,可采用加速降解试验。选择的温度应高于 37 ℃并低于聚合物熔化或软化的温度范围,一般选择为(70±1) ℃。

8.2.3 体外降解试验的性能评价

取每个降解时间点的试样、分离出的降解碎片及降解液进行测试,从多方面评价可降解植入物的降解性能,测试内容主要包括:

8.2.3.1 外观形态

降解过程中采用肉眼、数码相机、生物显微镜和电子显微镜等观察可降解材料的形态学变化,包括形状、尺寸、表面形貌等的变化。

8.2.3.2 力学性能

针对临床应用需求及试样的形状尺寸,对试样进行力学性能测试,主要包括拉伸、压缩、顶破等。也可将试样事先浸于去离子水或缓冲溶液中调节状态,使其更接近体内使用状态,再进行测试。记录每周期的力学性能,可计算出力学损失率。

详细的力学性能测试与评价见前文"第 7 章"。

8.2.3.3 理化性能

(1) pH 值。取每个降解时间点的降解液,测试 pH 值,并与其初始 pH 值比较。

(2) 质量损失率。将未降解的初始试样干燥至恒重,称取其初始质量记为 m_0,在规定的降解时间点取出试样,用去离子水冲洗干净,冷冻干燥至恒重,称取其质量记为 m_1,根据下式计算试样的质量损失率:

$$质量损失率(\%) = \frac{m_0 - m_1}{m_0} \times 100 \qquad (7-1)$$

(3) 结晶度和结构。可采用 X 射线衍射法分析材料的结晶度和结构。

(4) 分子量。可采用**凝胶色谱**(GPC)测量材料的数均分子量(M_n)和重均分子量(M_w)及分子量分布。

(5) 热学性能。可采用差示扫描量热法测定材料的热学性能。

8.2.4 体外降解试验的影响因素

聚合物的降解是由多种因素共同作用的结果,因此可降解植入物的体外降解试验的结果也会受到许多因素的影响。

8.2.4.1 材料本身

可降解聚合物材料本身化学结构、构型、结晶形态、分子量、形状都会影响其降解性能。有亲水基团的聚合物降解更快;结晶态聚合物比无定形态聚合物降解慢得多;增加比表面积和多孔状结构都有利于水的渗透,也会加快降解速度。

可降解植入物的加工过程包括纺织成型、涂层、热处理和灭菌等,这些加工均可能改变材料的理化性能,从而对其降解性能造成影响,通常加工过程会加速材料的降解。

此外,不同保存历史的材料的降解性能可能也会有差异,因此可降解材料及制品应尽量保存在干燥低温环境中,减少保存过程对其降解性能造成的损失。

8.2.4.2 降解环境

体外降解试验的降解温度一般保持在(37±1)℃,增加降解过程中的环境温度会加快降解过程。

降解液中的一些组分例如吸附物质和酶等,降解液的pH值变化都会改变可降解材料的降解过程。若降解过程中操作不当造成微生物感染,也会加速材料的降解过程。

8.2.4.3 孔洞的影响

试样中孔洞的存在,增加了材料与降解介质的接触面,会加速材料的降解过程,加速力学性能的下降。

孔洞可以由多种方式获取,孔结构会导致材料的弹性模量和强度的降低。孔结构导致材料断裂强度降低的原因:(1)孔洞的存在降低了试样承受载荷的截面积;(2)孔洞成为应力集中源,在很大程度上增大了试样局部区域的应力。生物材料中的孔洞有利于生物体中细胞的生长。在设计组织工程支架时,就应考虑材料的降解时间和力学性能降低特性,以保证支架在生成足量的组织而形成功能之前,维持足够的力学性能。

对于生物医用纺织品,织物结构的紧密程度、孔隙率和纤维规格等,均会影响降解时间。

总之,降解时间和力学性能衰减是设计可生物降解植入体用生物材料必须考虑的两个关键设计参数。

8.2.5 体内降解试验

体内降解试验一般是针对某个特定应用设计的,将试验材料或制品植入动物体内的特定部位,以取得更接近临床的试验数据。目前对材料体内降解的评价还缺乏国际统一标准,因此对于同一种材料,不同研究者会采用不同技术和动物品种,并从不同的角度研究材料的降解,由此得到的材料的体内寿命会有差异。常用的材料体内降解评价方法见表8-1。

表 8-1　材料体内降解评价方法

降解进程	评价技术	降解进程	评价技术
表面及颜色变化	光学和电子显微镜	力学性能改变	强度测试
体积变化	组织学观察，X射线透视	生物相容性	组织学观察，临床观察
质量变化	称重	体内吸收过程	细胞生物学
分子量下降	凝胶渗透色谱（GPC），黏度	降解产物的排出	放射性标记

习题与思考题

［1］材料的亲疏水性与其本身的哪些性能有关？简述亲水性和疏水性纺织材料的应用领域。

［2］分析影像分析法测量材料接触角的优点和缺点。

［3］试对比聚对苯二甲酸乙二酯和聚四氟乙烯这两种聚合物的降解敏感性。

［4］哪种聚合物容易水解？为什么？

第9章 生物医用纺织品的其他性能测试与评价

前两章着重介绍了生物医用纺织品的表面性能、降解性能和力学性能。在此基础上,本章拟重点描述生物医用纺织品的另外一些重要性能,包括抗菌、抗辐射、防渗透及药物释放等性能,介绍各种性能的测试和表征方法及相关标准,同时简述影响各种性能的主要因素。

生物医用纺织品在临床上的使用目的不同,对其性能要求是千差万别的。了解各种性能的特点及其测试与评价方法,对于提升材料学者与医学工作者的对话能力,以及优化医疗器械的合理设计,均具有积极和重要的意义。

9.1 抗菌性能

9.1.1 生物医用纺织品的抗菌机理

纺织品的抗菌功能一般可通过抗菌剂来实现,抗菌剂可以抑制微生物生长繁殖,使微生物数目增加速度降低(也称抑菌作用);或杀灭微生物个体,降低体系中微生物绝对数量(也称杀菌作用)。抗菌作用是抑菌作用和杀菌作用的综合结果。

织织品抗菌是通过抗菌组分渗透进入细菌的细胞壁和细胞膜,随后杀灭细菌的过程。抗菌剂的作用机理各不相同,主要有:(1)使细菌细胞内的各种代谢酶失活,从而杀灭细菌;(2)与细胞内的蛋白酶发生化学反应,破坏其机能;(3)抑制孢子生成,阻断DNA的合成,从而抑制细胞生长;(4)加快磷酸氧化还原体系,打乱细胞正常的生长体系;(5)破坏细胞内的能量释放体系;(6)阻碍电子转移系统及氨基酸转酶的生成。

9.1.2 纺织品抗菌测试标准及方法

纺织品抗菌性能的测试标准较多,在国外研究较早,尤其在美国和日本,最有代表性且应用广泛的是美国的AATCC(美国纺织染色家和化学家协会)标准和日本的工业标准JIS L 1902:2015,以及国际标准化组织发布的国际标准ISO 20743:2007。国内基于AATCC标准,于2002年颁布了GB 15979—2002;2006年发布了FZ/T 73023—2006;2007年6月颁布了GB/T 20944—2007,它包括"琼脂平皿扩散法""吸收法""振荡法"等定性和定量测试三个部分。

测试的菌种包括细菌和真菌。在细菌中主要选用革兰氏阳性菌(金黄色葡萄球菌、巨大芽胞杆菌、枯草杆菌)和革兰氏阴性菌(大肠杆菌、荧光假单胞杆菌);在真菌中主要选用霉菌(黑曲霉、黄曲霉、变色曲霉、桔青霉、绿色木霉、球毛壳霉、宛氏拟青霉、腊叶芽枝霉)和癣菌

(石膏样毛癣菌、红色癣菌、紫色癣菌、铁锈色小孢子菌、孢子丝菌、白色念珠菌)等。为检测纺织品抗菌性是否具有广谱性,较合理的选择是将有代表性的菌种按一定比例配置混合菌种用于试验。目前大部分纺织品抗菌试验往往仅选择金黄色葡萄球菌、大肠杆菌和白色念珠菌分别作为革兰氏阳性菌、革兰氏阴性菌和真菌的代表,显然仅用这几种菌来表示纺织品的抗菌性能尚不够充分。

9.1.2.1 定性测试法

纺织品抗菌性能的定性测试是指在织物上接种测试菌并用肉眼观察织物上微生物生长情况。此方法具有费用低、速度快的优点,但不能定量测定抗菌活性,且结果不够准确。常用标准有美国 AATCC 90:2011、AATCC 147:2011、日本 JAFET(日本纤维制品新功能协议会)标准 11522911:1981、日本工业标准 JIS L 1902:2015 中的定性试验(抑菌环法)部分、GB/T 20944.1—2007 等。

9.1.2.2 定量测试法

定量测试法的相关标准主要有 AATCC 100:2004、JIS L 1902:2015 中的定量部分,以及 GB/T 20944.2—2007。该法的优点是定量、准确、客观,缺点是时间长、费用高。

纺织品抗菌性能的各种测试方法对照见表 9-1 和表 9-2。

表 9-1 纺织品抗菌性能的定性测试方法比较

标准	AATCC 90:2011	AATCC 147:2011	JIS L 1902:2015	GB/T 20944.1—2007
原理	在琼脂培养基上接种试验菌,再紧贴试样,37 ℃下培养 24 h,观察细菌生长情况	将细菌培养物接种划线于琼脂培养基表面,再紧贴试样,培养后观察细菌不长菌的空白区	将细菌混入营养琼脂培养基中,再倒入平板,紧贴试样,培养后观察抑菌圈	琼脂培养基分上下两层,下层不含菌,上层含菌,紧贴试样,培养后观察抑菌圈
菌液浓度 (CFU/mL)	未规定	未规定	$10^6 \sim 10^7$	$1 \times 10^8 \sim 5 \times 10^8$
试样规格	直径为 25 mm 的圆片	25 mm×50 mm	直径为 28 mm 的圆片	直径为 25±5 mm 的圆片
结果评价	观察是否有抑菌圈,有则认为有抑菌性	试样与琼脂接触区无菌落生长,则有抑菌性	抑菌圈宽度>0,有抑菌圈;否则无抑菌圈	抑菌圈宽度 $H \geqslant 0$,且试样下无菌,抑菌效果好;$H=0$,细菌轻微繁殖,抑菌效果较好;$H=0$,细菌中等繁殖,抑菌有效;$H=0$,细菌大量繁殖,无效

表 9-2 纺织品抗菌性能的定量测试方法比较

标准	AATCC 100:2004	JIS L 1902:2015	GB/T 20944.2—2007
原理	在试样和对照样上接种菌液,分别进行立即洗脱和培养后洗脱,测定洗脱液中的细菌数来进行评价		
菌液浓度(CFU/mL)	$1\times10^5 \sim 2\times10^5$	$1\times10^5 \sim 5\times10^5$	$1\times10^5 \sim 3\times10^5$

(续表)

试样规格	直径为 4.8 cm 的圆片	0.4 g,18 mm×18 mm	(0.4±0.05)g,适当大小
中和溶液加入量	100 mL	20 mL	20 mL
接触试样培养时间	18～24 h	(18±1) h	18～24 h
平皿培养时间	48 h	24～48 h	24～48 h
结果表示	细菌较少百分率	静菌活性值/杀菌活性值	抑菌率/抑菌值

从以上定性与定量方法的比较中,可以看到纺织品抗菌测试在国内外还没有统一标准。标准化工作对抗菌纺织品的测试非常重要,有待进一步精细化。

9.2 抗辐射性能

电磁波是通过适当振源产生的,并以变化电场激发涡旋磁场的方式,使电磁振荡在空间和物质中传播的一种波。电磁波是一种横波,其实质是传递电磁能量的过程,其磁场、电场及行进方向三者互相垂直。

电磁波的波谱很广,无线电波、红外线、可见光、紫外线、X 射线和 γ 射线等都属于电磁波,但由于波长不同,故而特性上有很大差异。电磁辐射是指能量以电磁波形式由场源发射到空间的现象,按其来源可以分为:(1)天然电磁辐射,包括电离层的变动、太阳黑子、宇宙辐射以及日常生活中的静电放射,由于辐射能量小加之人体自我修复作用,对健康影响很小;(2)人为电磁辐射,主要来源于生活中的各种电子器械如生活用品、医疗设备、通信设备、交通工具等,其充斥着人类生活的方方面面,对人类健康构成威胁。

9.2.1 电磁屏蔽原理与评价方法

电磁屏蔽是指利用屏蔽体对电磁波的吸收、反射、折射等来阻止电磁场在空间传播(图 9-1),是减少电磁干扰的重要手段。织物的电磁屏蔽能力通常以**屏蔽效能**(SE)表征,它表示没有屏蔽体时入射或发射电磁波强度与同一点经屏蔽后电磁波强度的比值,即屏蔽材料对电磁信号的衰减值,衰减值越大,表明纺织品的电磁屏蔽效果越好。由 SE 定义得:

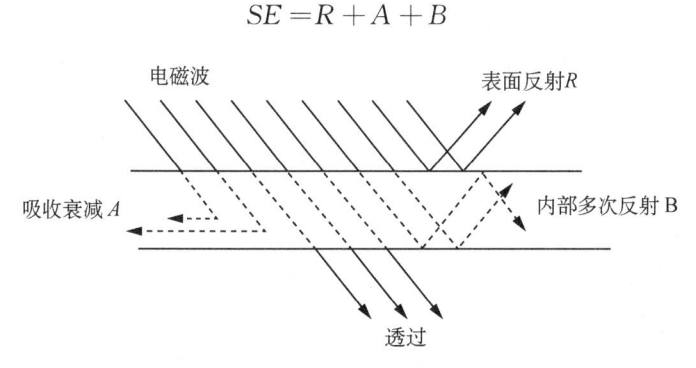

$$SE = R + A + B \tag{9-1}$$

图 9-1 电磁屏蔽原理示意

其中:R 是指电磁波在屏蔽体表面产生反射,从而引起反射损耗,保护了屏蔽体另一侧的物体。这种反射是由于屏蔽体与其周围介质对电磁波阻抗的差异造成的,差异越大,屏蔽效能就越好。A 是指屏蔽体的吸收作用,这是由于屏蔽体在电磁场的作用下产生涡流,涡流形成的反磁场可以抵消原磁场,将电磁能转化为热能而释放。电磁波频率越高,屏蔽体越厚,吸收作用越强。B 是指电磁波在屏蔽体内部产生反射波,反射波形成多次内部反射,从而产生涡流,造成电磁能的损耗。

纺织品电磁屏蔽的测试过程中,根据无屏蔽材料时的电场强度 E_1 或磁场强度 H_1,与有屏蔽材料后的电场强度 E_2 或磁场强度 H_2 的比值,计算纺织品的电磁屏蔽效能,即:

$$SE_E = 20\lg \frac{|E_1|}{|E_2|} \text{ 或 } SE_H = 20\lg \frac{|H_1|}{|H_2|} \tag{9-2}$$

9.2.2 纺织品电磁屏蔽测试方法

目前国内外关于电磁屏蔽纺织品的测试方法有多种,根据辐射源类型,概括起来有远场法、近场法和屏蔽室法三大类。当 $r > \frac{\lambda}{2\pi}$ 时,属于辐射源远场型;当 $r < \frac{\lambda}{2\pi}$ 时,属于辐射源近场型。其中:r 是指辐射源到屏蔽体的距离;λ 是指电磁波的波长。

9.2.2.1 远场法

(1) ASTM-ES-7 同轴传输线法。ASTM-ES-7 同轴传输线法是美国材料试验协会(ASTM)在 1983 年提出来的,其测试装置如图 9-2 所示。

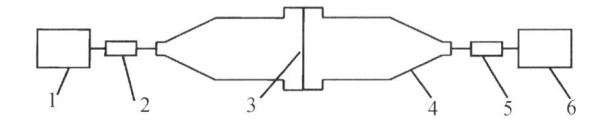

1—信号源;2,5—衰减器;3—试样;4—锥形同轴;6—干扰测量仪

图 9-2　ASTM-ES-7 同轴传输线法测试装置示意

该测试方法的原理是利用电磁波在同轴传输线内传输的主模是横波,用来模拟自由空间远场的传输过程,以此来测试材料的电磁屏蔽效能。在此装置中,内导体是连续的导体,它的截面是圆形,两端呈锥状,方便与同轴接头相连。外导体可以拆卸,它的纵向有切口,以便安装测试试样,被测试样呈环形垫片状。这种方法是通过测试有试样时和没试样时的插入损耗来表示材料的电磁屏蔽效能。

ASTM-ES-7 同轴传输线法的优点是快速简便,测试过程中能量的损失较小,测试动态范围大,可达 90~100dB;该装置的缺点是只能够用来测试远场的辐射源,其测试结果容易受同轴传输装置阻抗的影响,测试重复性差。

(2) 法兰同轴法。法兰同轴法是**美国国家标准局**(NBS)推荐的一种测试材料屏蔽效能的方法,其原理与同轴传输法是相似的,但与同轴传输法不同之处是,法兰同轴法的内外导体不是连续的,而是使用法兰和尼龙螺钉将装置对称的同轴部分连接起来。当被测试样夹在法兰之间时,电磁波通过分布电容的耦合,依靠位移电流通过法兰传输信号,从而减小了装置的接触阻抗,提高测试的重复性。

法兰同轴法的测试频率范围和系统配置均与同轴传输法相同,测试重复性比 ASTM-ES-7 同轴传输线法好。但这种方法对试样的厚度有一定的要求,当试样较厚时,高频段法兰间的耦合容性阻抗增大,这会对测试结果造成较大的影响,因此法兰同轴法要求试样尽可能的薄。

9.2.2.2　近场法

(1) ASTM-ES-7 双盒法。ASTM-ES-7 双盒法测试装置适用于近场电磁屏蔽效能的测试,其测试装置中有两个屏蔽盒的腔体,每个腔体里各安装一个天线用来发射和接受辐射。此装置的测试步骤为:先不安装试样,测试到天线接收到的功率为 P_0;安装试样后天线测试到的功率为 P_1,则可以计算出材料的屏蔽效能值为:

$$SE = 10\lg\frac{P_0}{P_1} \tag{9-3}$$

此测试方法的优点是不需要建立昂贵的屏蔽室,测试方便;缺点是腔体的工作频率会随腔体产生谐振。另外,测试结果的重复性受装置状态的影响,测试的动态范围达 50 dB。

(2) 改进的 MIL-STD-285 法。此法测试的基本原理同 ASTM-ES-7 双盒法,它的优点是测试结果能很好地反映材料对近场的屏蔽效能,缺点是测试结果可重复性较差,试样表面电阻的变化、孔径、屏蔽室和电缆的连接状态、多次反射等因素都会直接影响到测量结果。

9.2.2.3　屏蔽室法

屏蔽室法是介于远场和近场之间的一种测试方法,其测试装置如图 9-3 所示。

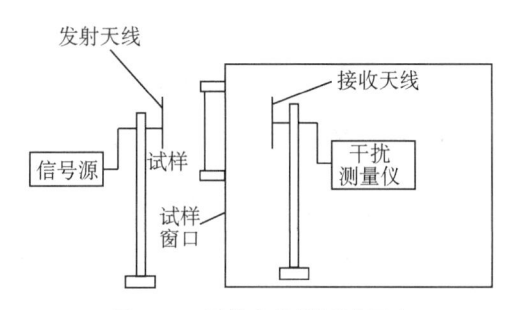

图 9-3　屏蔽室法的测试示意

屏蔽室法的测试原理为:通过测试有无试样时,接收装置接收到的功率和场强之差,从而计算材料的电磁屏蔽效能值。

从人们实际生活的电磁场环境来看,很难单一地将其划分为近场或者远场,而在屏蔽室的测试环境中,发射天线与屏蔽材料的距离可以模拟发射源与人的距离,测试条件符合实际情况,所以屏蔽室法测试的结果较为准确。但此方法的测试结果受屏蔽室与试样连接处致密性的影响,重复性较差,另外屏蔽室法的测试装置费用较高。

目前国内对纺织品电磁屏蔽效能的测试,主要根据 ASTM-D 4935 采用同轴的方法测量,分为法兰同轴法和同轴传输法,其他的方法很少采用。

9.3 防渗透性能

纺织品的渗透性是指液体从其一面,在有外力或者无外力作用下,沿着厚度方向渗透到纺织品另一面的能力。对于不同用途的纺织品,要求其能够有一定抵抗液体的性能即合适的抗渗透性以满足实际应用要求。

9.3.1 纺织品抗渗透性能测试

纺织品抗渗透性的测试方法主要有耐静水压试验法、垂直冲击喷淋法、水平喷射淋雨法和吊水袋法。

(1) 耐静水压试验法。该方法是纺织品抵抗液体渗透性中最常用的试验方法,能够客观反映水渗透过纺织品的阻力。耐静水压的试验方法是将经过调湿的试样安装在试样夹中,试样的一面承受水压(可以是设定一定速率的水压,然后持续上升)直到试样表面渗出水滴为止,记录此时的水压值作为试样的耐静水压值。另外,也可以在规定的水压下处理一定时间,观察试样是否渗透来评价纺织品抗渗透性。

(2) 垂直冲击喷淋法。该方法是一种模拟实际淋雨情形的试验方法,适用于任何经过或未经过防水或拒水整理的纺织品,测量纺织品的抗冲击渗水性以预测织物抗雨水渗透性能。

(3) 水平喷射淋雨法。水平喷射淋雨法与垂直冲击喷淋法主要区别在于喷淋冲击的方向不同。水平喷射淋雨试验法通过测量试样抵抗喷淋水的渗透性来预测其抗雨水的渗透性能。

(4) 吊水袋法。将试样折成一定形状的水兜,往里面加入一定量的水,观察一定时间内纺织品渗水的情况。通过不同的水柱高度来衡量试样的抗水渗透情况。

9.3.2 纺织基人工血管抗渗透性的测试与评价

对于人工血管这种特殊的纺织品,在作为人体真血管的替代品植入时,较小的渗透性是实现手术过程中不发生血液渗透的保证,亦可防止在其植入人体后由于血液渗出造成的血肿等并发症。人工血管管壁的抗渗透性与材料种类、纱线尺度、管壁孔隙率、孔径大小及分布密切相关,直接影响人工血管植入后的愈合性能。而人工血管的渗透性和孔隙率作为两个相互关联的指标一直是关系产品可用性的最关键表征指标,长期以来备受研究者的关注。

(1) 人工血管渗透性的测试。在微孔人工血管植入人体时,渗血的形态是带血色的水滴,研究者认为可以用人工血管的抗水渗透性来表征其抗血液渗透性能。目前人工血管水渗透性的测试也普遍为医学界所接受。

根据 ISO 7198:2016 和我国医药行业标准 YY 0500—2004 规定,人工血管水渗透性是指在单位时间和一定压强下,通过单位面积血管管壁透出的洁净且滤过的水流量(测量渗透水体积时,单位为 $mL/(cm^2 \cdot min)$;测量渗透水质量时,单位为 $g/(cm^2 \cdot min)$)。具体测试方法分为截面水渗透性测试和整体水渗透性测试。

截面水渗透性测试是指,在特定压力条件下测试单位时间中透过单位面积人工血管管壁的纯净水的体积。根据人体的血压指标,特定压力为 120 mmHg(合 16 kPa),设测试时间为 t (min),试样测试面积为 A (cm^2),测得水流量为 Q (mL),则可按下式计算水渗透性 W[mL/(cm^2·min)]:

$$W = \frac{Q}{A \times t} \tag{9-4}$$

材料的水渗透性受到亲疏水性的影响。对于亲水性材料,若测试前用水浸润,可明显降低水渗透性;而对于疏水材料,水浸润没有显著影响。此外,正反面组织结构不同或双层组织结构的人工血管,其组织结构较紧密一面的水渗透能力决定人工血管的水渗透性。因此使用截面水渗透性测试时需注意测试试样的方向。

整体水渗透性,即在 120 mmHg 水压条件下,单位时间内透过整根人工血管管壁或其代表性管段的水渗透流量。测试段应包含任何可能渗漏的区域(如缝合区),以对人工血管的整体抗血液渗透性做出评价。

(2) 人工血管孔隙率的测试。应根据人工血管材料的属性及结构差异,选择适当的孔隙率测试方法。常用的测试方法有面积法、质量法及显微法。

① 面积法。该方法是通过测量人工血管试样的扫描电子显微图像或光学显微图像中孔隙面积和试样总面积,并以孔隙面积占试样总面积的百分比来计算孔隙率。如果内外侧表面孔型不同,一般需进行两面测试。

② 质量法。将人工血管试样中被测量的面积与试样的密度和壁厚作比较。每个试样长度应不小于 100 mm,测出其质量、管壁表面积、壁厚及管壁纤维密度,根据公式 9-5 计算样品的孔隙百分比:

$$P = 100 \times \left(1 - \frac{1000M}{At\rho}\right) \tag{9-5}$$

其中:P 为孔隙百分比(%);M 为试样总质量(g);A 为试样管壁总表面积(mm^2);t 为试样壁厚(mm);ρ 为管壁纤维密度(g/mm^3)。

③ 显微法。通过扫描电子显微镜或光学显微镜测定经拉伸人工血管的主节点间距及被浸湿后每平方毫米上平均孔隙直径和数量。如果内外表面不同,一般两面都应测试。该测试方法比较适合 ePTFE 人工血管。

(3) 人工血管渗透性与孔隙率的关系。孔隙率的大小会影响人工血管的渗透性,但是两者没有明显的线性关系,它们是两个具有相同重要性的不同指标。在评价人工血管渗透性时,孔隙率与水渗透性均需给出。相比于孔隙率,水渗透性与平均孔径的线性相关系数较高,除了具有特殊结构的人工血管,平均孔径和水渗透性可以相互替换。

9.4 防颗粒性能

生物医用纺织品如**医用防护口罩**具有高效过滤空气中的颗粒,阻隔飞沫、血液、体液、分泌物等功能,用于保护医护人员或病人不受空气中传染性微生物、细菌颗粒物等的侵袭或污染。纺织品的防颗粒性能亦称对颗粒物的过滤性能这类具有过滤作用的纺织品可称为滤料。

9.4.1 过滤机理

纺织品对于颗粒物的过滤理论以纤维空气层过滤理论为基础,其捕集颗粒物的过滤作用主要分为三类六种:机械过滤(包括扩散效应、拦截效应、惯性效应、重力效应)、吸附效应过滤和静电效应过滤。

(1) 扩散效应。对于纺织品的过滤作用,如果粒子不带电,扩散效应是最主要的净化机理。粒子越小,布朗运动越剧烈,扩散沉降作用越明显。

(2) 拦截效应。粒子有大小而无质量,因此,不同大小的粒子都随气流的流线而运动,如果在某一流线上的粒子中心点正好使粒子外边缘能接触到捕集体,则该粒子被拦截。

(3) 惯性效应。粒径较大的颗粒物在气流中做扩散运动。当气流绕过纤维时,惯性大的粒子来不及绕开而直接碰撞纤维表面被捕集。粒径越大,惯性力越强,撞击纤维的可能性越大,过滤效果越好。

(4) 重力效应。微粒通过纤维层时,在重力作用下发生脱离气流流线的位移而沉降在纤维表面被捕集。只有微粒粒径较大($>0.5\ \mu m$)时,重力效应才存在。

(5) 吸附效应。即利用材料的大表面积及多孔结构来捕集颗粒物。如活性碳等材料。

(6) 静电效应。由于某种原因,纤维和微粒均带上电荷。因为静电力使颗粒物改变了运动轨迹并碰撞障碍物,从而被滤料捕集,所以可通过人为带静电提高过滤材料的过滤效率。

9.4.2 测试装置

欧洲标准委员会(CEN)**标准 EN 149 和美国国家职业安全与健康研究所**(NIOSH)**标准 42CFR Part84 采用 TSI CERTITEST Models 8130 型自动滤料测试仪**(简称"TSI 8130")测试滤料的过滤性能,也被我国标准参考使用。

TSI 8130 型自动滤料测试仪外观如图 9-4 所示。它有两台气溶胶发生器,一台为油性气溶胶邻苯二甲酸二辛酯(DOP)、石蜡油、DEHS 等油性物质介质发生器;另一台为氯化钠非油性气溶胶介质发生器。气溶胶是指由固体或液体小质点分散并悬浮在气体介质中形成的胶体分散体系。

TSI 8130 型自动滤料测试仪的原理如图 9-5 所示,首先将滤料放置在夹具的下部,通过同时按下两个闭合按钮来关闭夹具。气压缸迅速将夹具上部压下封闭滤料,并开始检测。气溶胶从发生器产生经过上部夹具并穿过滤料进入滤料下游,两个固态激光光度计同时检测滤料上游和下游的气溶胶浓度。滤料的穿透率 k 通过下游、上游气溶胶的浓度 C_1 和 C_2 的比值得到,高灵敏度的电子压力机测定滤料的阻力和系统流量。

图 9-4 TSI 8130 型自动滤料测试仪

钠焰法气溶胶滤料效率检测仪也可以用来测定滤料的过滤性能,其原理与 TSI 8130 型自动滤料测试仪相同,也是通过测试过滤元件两端的浓度比,记录数据然后计算得出过滤效率。但钠焰法气溶胶滤料效率检测仪只能用来测试低流速条件下非油性颗粒物的穿透性，不能用于测油性颗粒物。

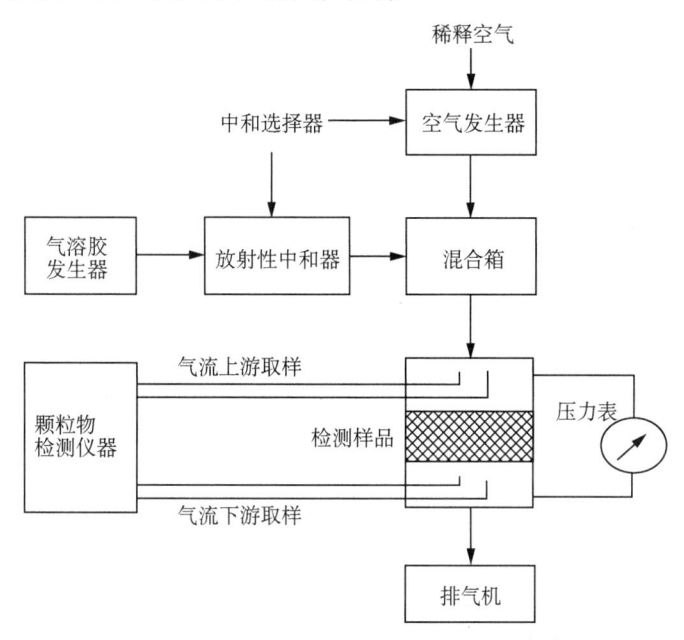

图 9-5　TSI 8130 型自动滤料测试仪的原理示意

9.4.3　过滤效率计算

过滤效率的计算是通过测量过滤材料两端颗粒物浓度得到颗粒物穿透率 k，从而得出过滤效率 η，其计算公式如下：

$$\eta(\%) = (1-k) \times 100 = \left(1 - \frac{C_1}{C_2}\right) \times 100 \tag{9-6}$$

式中：C_1 为下游气溶胶浓度；C_2 为上游气溶胶浓度。

可参照国家标准 GB/T 2626—2019 进行相关评定。

9.5　载药纺织品的药物缓释性能

9.5.1　载药纺织品

将药物负载于纺织品上，使其具有某种特殊功能的做法已经延续多个世纪。古代人就有通过将中草药浸渍纺织品或者包裹在纺织品中用于给药的记载。随着现代纺织学科和药剂学的不断发展，多学科交叉的深入，负载药物纺织品（简称载药纺织品）的应用领域不断扩大，所使用的药物、载药的方法，以及纺织品的种类都在不断增多。

纺织品负载药物的方法主要包括两类。一类是纤维通过共混、接枝、改性等途径制备载药纤维，无论是溶液纺丝、熔融纺丝等传统的纺丝技术，还是同轴静电纺等技术，均可用于载药纤维的制备；第二类是织物通过后整理或在织造过程中负载药物，例如浸渍、电喷等技术，该方法往往操作更加简便。

载药纺织品在医用和保健功能领域的应用越来越多。例如，负载盐酸左氧氟沙星等人工合成抗菌药的抗菌真丝编织缝合线能够有效降低手术部位感染的风险；将静电纺 PEG-PCL/肝素微球喷涂于 PCL 血管膜材料以改善小口径人工血管材料的抗凝能力，提高远期通畅率。对于这类载药纺织品，药物缓释性能是非常重要的特性。因为医用和保健功能纺织品往往不仅要快速发挥效力，并且要在使用期间持续发挥作用。以抗菌真丝编织缝合线为例，其抗菌缓释性能如果能够持续 5~7 天，就能够与皮肤伤口愈合速率相匹配，保证其在术后拆线前均具有抗菌性能。

9.5.2 载药纺织品的药物缓释和控释原理

载药纺织品的药物缓释和控释的主要原理包括溶出原理和扩散原理。溶出原理的药物缓释体系，溶出速度越慢，缓释效果越明显。扩散原理的药物缓释体系与负载药物的载体有关，对于水不溶性载体，药物通过聚合物材料大分子间的空隙或者孔道进行扩散；对于含水载体，药物通过聚合物材料遇水形成的孔径扩散。实际上，一个缓释体系的药物并不是只通过溶出或扩散的方式释放，有可能是溶蚀、溶出和扩散等多种方式共同作用，但其主要的释放原理往往大于其他释放行为。

9.5.3 载药纺织品的药物缓释性能测试

载药纺织品的药物缓释性能可以通过每日释放量/释放率、累积释放量/释放率等指标表示。下面主要介绍累积释放率的测试方法。

（1）建立药物标准曲线方程。首先精密称取待测药物，加 PBS 缓冲液（一般设计成与实际使用情况相符合的 pH 值范围，也可用模拟体液、人工尿液等代替），超声充分溶解后作为储备液。可采用十倍稀释或对倍稀释的方法，将所配置的储备液稀释至一系列浓度，逐一用紫外分光度计进行光谱扫描，记录吸光度值。根据比尔定律，吸光度与试样浓度成正比，因此可以根据测试数据建立吸光度与浓度的线性方程。需注意的是，该系列浓度的范围应合理控制，当浓度太低或浓度太高，吸光度值超越了合适的范围，都不能得到满意的结果。

（2）测定载药纺织品所负载药物含量。将一定量的待测载药纺织品试样置于离心管内，选定并加入能够将药物完全溶解的溶剂，密封后置于摇床或振荡环境，直至药物完全从纺织品脱离并溶解为止。用紫外分光度计进行光谱扫描，记录吸光度值。药物在该溶剂中的线性方程建立方法同上。根据药物在该溶剂中的线性方程可计算出载药纺织品所负载药物含量 m_{drug}。

（3）测定载药纺织品体外释放性能。将一定量的待测载药纺织品试样（与（2）所用量相同）置于离心管内，加入一定量的释放介质（与（1）所用溶液配方相同），密封后置于恒温、等转速的恒温摇床中模拟体外释放。在 0.5 h、1 h、2 h、3 h、6 h、9 h、12 h、24 h、48 h 等各个时间点，取出一定量的释放介质，同时补充等量、等温、相同 pH 值的释放介质。稀释所提取的释放介质，采用紫外分光度计测定每个时间节点处的药物浓度，然后计算不同时间的药物累积释放率，公式如下：

$$Q(\%) = \frac{C_n \cdot V_n + \sum_{i=0}^{n-1} C_i' V_i'}{m_{\text{drug}}} \times 100 \tag{9-7}$$

其中：Q 为药物的累计释放率(%)；n 为提取释放介质的次数；C_n 为第 n 个时间节点释放介质的浓度(μg/mL)；V_n 为释放介质的总体积(mL)；C_i' 为第 i 个时间点所提取样品的浓度(C_0 为零)(μg/mL)；V_i' 为第 i 个时间点提取样品后稀释的体积(V_0 为零)(mL)；m_{drug} 为载药纺织品所负载药物含量(μg)。

习题与思考题

[1] 简述纺织品抗菌性能的定性和定量测试的基本方法。
[2] 如何选择织物电磁屏蔽性能的测试方法？
[3] 人工血管的渗透性与其孔隙率是否相互独立？两者有何关系？
[4] 简述载药纺织品的药物缓释原理。

第 3 部分
典型产品的功能性评价

　　本部分包括两章内容，主要介绍体内和体外常见典型生物医用纺织品的功能测试与评价。其中，体内用典型生物医用纺织品包括缝合线、人工血管和疝修补补片。体外用典型生物医用纺织品包括医用敷料、绷带、手术服与防护服等。与前两部分不同的是，前两部分是从评价指标的角度对共性的探讨，而本部分是从具体产品的角度，针对具体的应用，较系统地强调每个具体产品需要进行的测试与评价项目。因为就具体产品来说，不是所有的性能指标都需要进行测试。反之，就某个测试项目而言，也仅适用于特定类别的产品性能测试与评价。

第 10 章 体内用典型生物医用纺织品的功能测试与评价

10.1 缝合线

缝合线是一种广泛应用于各类外科手术的伤口缝合材料,具有缝合人体伤口组织、结扎小血管,以及连接固定人体组织与人工组织的作用。因此,一根优良的缝合线必须满足以下要求:

(1) 生物相容性良好,无致敏性,无毒副作用。
(2) 表面光滑,条干均匀,无明显疵点,无结头。
(3) 直径与伤口组织匹配,尽可能最小,以降低组织反应程度。
(4) 具有足够的打结抗张强度。
(5) 具有良好的弹性、柔韧性、易打结,结头稳定,不易松散。
(6) 具有适当的表面摩擦系数,外科手术中易穿入组织,减少组织创伤。
(7) 具有良好的成型加工性、灭菌处理不变性。
(8) 对于可吸收性外科缝合线,在伤口愈合前,应保证具备足够的强力,强力保持率与组织愈合速度相匹配,组织修复后能够完全降解,降解产物被人体吸收或代谢。

缝合线的功能测试与性能评价需要从其使用要求出发,综合考虑其在外科手术使用过程中的实际情况,从外观性能、物理力学性能、使用性能、生物学性能等方面进行。目前,我国现行的缝合线标准主要有两个,即中华人民共和国医药行业标准 YY 0167—2020《非吸收性外科缝线》和 YY 1116—2020《可吸收性外科缝线》,前者针对的是各类不可降解的天然纤维、合成纤维(如聚酯纤维、聚酰胺纤维、聚丙烯纤维等),以及金属材料缝合线,后者则指动物胶原及 PGA、PLA、PGLA、PDS 等可降解合成高分子材料缝合线。下面将结合这两部标准,阐述缝合线的各项功能测试与性能评价。

10.1.1 外观性能

就外观形态而言,缝合线表面应当光滑,条干均匀,无明显疵点,无结头。缝合线若是连带缝合针,应确保两者连接处平滑,无毛刺。一般通过正常光照下目测或使用低倍放大镜即可对外观形态和针线连接处的情况进行观察并得出结论。

缝合线的规格型号是根据其直径大小进行分类的,YY 0167—2020 和 YY 1116—2020 对各类缝合线的规格与对应的直径范围做了严格的规定,该规定与美国药典所制定的规格分类基本一致。按照外科手术的惯例,应选用能使组织安全对合或顺利完成结扎的最细型号的缝合线,使组织反应和组织创伤降至最低程度。缝合线的常规规格以数字表示:"0"号以上,数字越大,直径越粗,例如 4 号粗于 2 号;"×(数字)—0"号中,数字越大,直径越细,例如 4—0 比 2—0 缝合线更细。对于可降解缝合线,其规格(常规和公制)与直径如表 10-1 所示(摘自 YY 1116—2020)。缝合线的直径由线径测量仪进行测量。测量前不可拉伸缝合线,测量时应取多根缝合线上的不同位置进行数据读取,该缝合线直径的平均值应符合表 10-1 中相应规格的直径范围。特别值得一提的是,按照标准,由不同材料、不同结构(单股/多股)构成的缝合线,规格相同时,其线径可能有差异。

表 10-1 缝合线的规格与直径

A类				B类(多股)				B类(单股)			
规格		线径		规格		线径		规格		线径	
常规	公制	平均值(mm)	单个值(mm)	常规	公制	平均值(mm)	单个值(mm)	常规	公制	平均值(mm)	单个值(mm)
—	—	—	—	12—0	0.01	0.001~0.009	0.001~0.015	—	—	—	—
—	—	—	—	11—0	0.1	0.010~0.019	0.005~0.025	—	—	—	—
—	—	—	—	10—0	0.2	0.020~0.029	0.015~0.035	—	—	—	—
9—0	0.4	0.040~0.049	0.035~0.060	9—0	0.3	0.030~0.039	0.025~0.045	—	—	—	—
8—0	0.5	0.050~0.069	0.045~0.085	8—0	0.4	0.040~0.049	0.035~0.060	—	—	—	—
7—0	0.7	0.070~0.099	0.060~0.125	7—0	0.5	0.050~0.069	0.045~0.085	7—0	0.5	0.050~0.094	0.045~0.125
6—0	1	0.100~0.149	0.085~0.175	6—0	0.7	0.070~0.099	0.060~0.125	6—0	0.7	0.095~0.149	0.075~0.175
5—0	1.5	0.150~0.199	0.125~0.225	5—0	1	0.100~0.149	0.085~0.175	5—0	1	0.150~0.199	0.125~0.225
4—0	2	0.200~0.249	0.175~0.275	4—0	1.5	0.150~0.199	0.125~0.225	4—0	1.5	0.200~0.249	0.175~0.275
4—0/T	2.5	0.250~0.299	0.225~0.325	—	—	—	—	—	—	—	—
3—0	3	0.300~0.349	0.275~0.375	3—0	2	0.200~0.249	0.175~0.275	3—0	2	0.250~0.339	0.225~0.375
—	—	—	—	2—0/T	2.5	0.250~0.299	0.225~0.325	—	—	—	—

(续表)

A类				B类(多股)				B类(单股)			
规格		线径		规格		线径		规格		线径	
常规	公制	平均值(mm)	单个值(mm)	常规	公制	平均值(mm)	单个值(mm)	常规	公制	平均值(mm)	单个值(mm)
2—0	3.5	0.350~0.399	0.325~0.450	2—0	3	0.300~0.349	0.275~0.375	2—0	3	0.340~0.399	0.325~0.450
0	4	0.400~0.499	0.375~0.550	0	3.5	0.350~0.399	0.325~0.450	0	3.5	0.400~0.499	0.375~0.550
1	5	0.500~0.599	0.450~0.650	1	4	0.400~0.499	0.375~0.550	1	4	0.500~0.570	0.450~0.600
2	6	0.600~0.699	0.550~0.750	2	5	0.500~0.599	0.450~0.650	2	5	0.571~0.610	0.500~0.700
3	7	0.700~0.799	0.650~0.850	3和4	6	0.600~0.699	0.550~0.750	—	—	—	—
4	8	0.800~0.899	0.750~0.950	5	7	0.700~0.799	0.650~0.850	—	—	—	—

10.1.2 物理力学性能

缝合线需要具有足够的拉伸强度、一定的弹性和柔韧性、合适的摩擦系数,以实现用于人体组织缝合、结扎等功能。缝合线的物理力学性能主要包括抗张强度、打结抗张强度、湿态抗张强度、伸长与弹性、模量、摩擦系数等。此外,带针缝合线还需要考虑到针线之间的连接强度。

医药行业标准 YY 0167—2020 和 YY 1116—2020 中,对于打结抗张强度和针线之间的连接强度,有相关的测试指导与要求。其测试可以采用常规纺织品力学性能测试仪器。打结抗张强度与抗张强度的主要区别在于,将缝合线打一个自由结,再将试样夹在拉伸仪上,使结头位于两夹具之间,如图 10-1 所示。标准中拉伸速度规定为(300±10) mm/min,标距(初始隔距)为(130±5) mm。将带针缝合线的针端和线端分别固定于拉伸仪的两个夹具上,即可进行抗张强度试验,其拉伸速度为(300±10) mm/min,标距(初始隔距)为(130±5) mm。目前也有相关研究致力于探讨不同的拉伸速度和标距与拉伸性能的关系。湿态抗张性能主要是评价缝合线吸湿后的强度及延展性,因为在使用过程中缝合线并非处于稳定的干态,还需要具有一定的延展性以适应组织局部水肿。需先在 37 ℃条件下将缝合线浸渍在模拟体液或缓冲液中一定时间,再进行上述的一系列力学性能测试。东华大学 BMTM 组还研究了缝合线在不同打结方式下的拉伸性能。

缝合线的摩擦性能主要包括两个方面:缝合线之间的摩擦性能及缝合线穿过人体时与组织之间的摩擦性能。前者的测试方法如图 10-2(a)所示:两根水平放置的缝合线相互交错,其末端施加一定的载荷,垂直放置的缝合线随测力传感器的运动而从水平放置的缝合线之间拖拽出来,测力传感器的运动速度为 40~60 mm/min,测力传感器将记载这一动态过

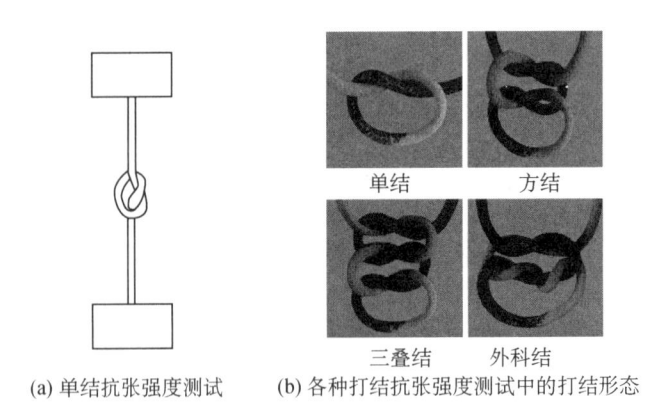

(a) 单结抗张强度测试　(b) 各种打结抗张强度测试中的打结形态

图 10-1　缝合线打结抗张强度测试示意

程中力学变化的情况[图 10-2(b)]。后者的体外模拟方法是将缝合线穿过模拟组织(合成复合材料、动物组织等)时缝合线反映的摩擦力[图 10-2(c),(d)]。

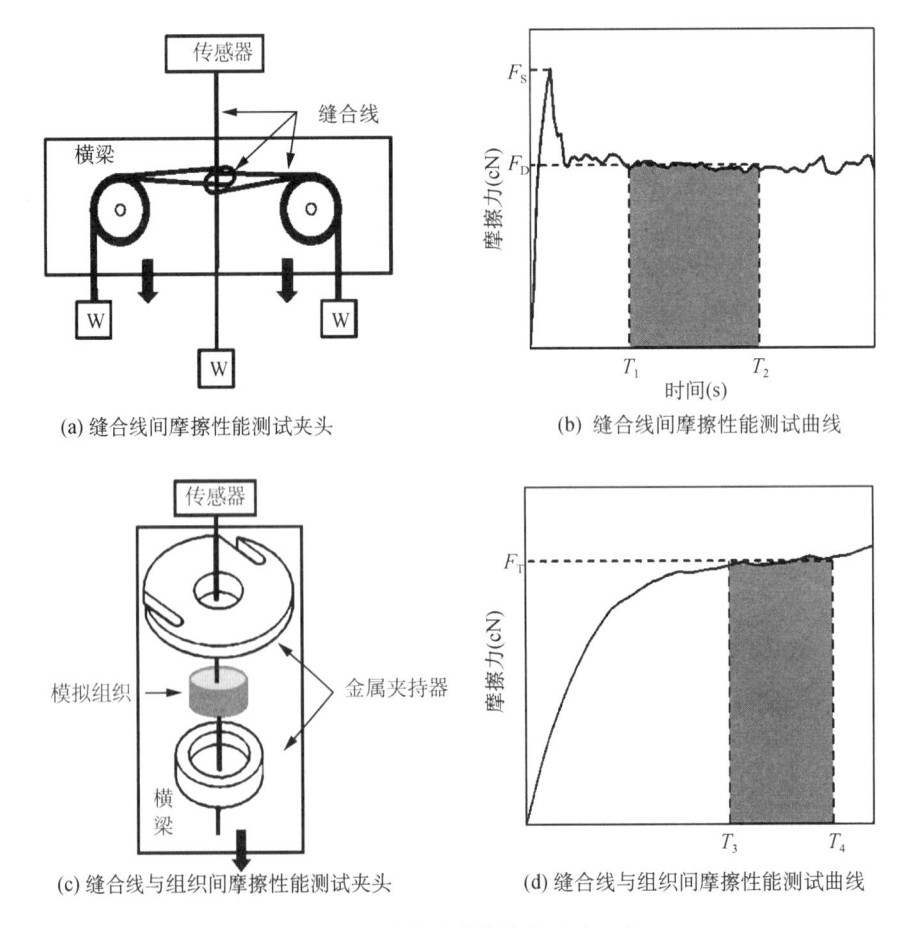

(a) 缝合线间摩擦性能测试夹头　(b) 缝合线间摩擦性能测试曲线

(c) 缝合线与组织间摩擦性能测试夹头　(d) 缝合线与组织间摩擦性能测试曲线

图 10-2　缝合线摩擦性能测试示意

10.1.3 使用性能

外科医生是与缝合线直接打交道的群体,因此缝合线的使用性能很大程度上依赖于外科医生临床使用后的反馈。根据反馈,影响缝合线使用性能的主要因素包括其柔韧性、打结便利性、打结安全性以及穿入组织难易性等。

弯曲刚度能够反映缝合线的柔韧性。目前有研究者根据材料力学的相关内容,建立多种力学模型来测试缝合线的弯曲刚度。George T Rodeheaver 等认为刚度可以用弹性模量 E 和惯性矩 I 的乘积表示;Kenji Tomihata 等将 2.5 cm 长的缝合线两端各负载 30 mg 的金属夹,将其中点支撑并静置一段时间,待稳定后测量其两末端之间的距离差,通过下述公式计算可得:

$$G = \frac{WL^3}{3d} \tag{10-1}$$

式中:G 为弯曲刚度($N \cdot m^2$);W 为金属夹质量(N);L 为缝合线长度(2.5 cm);d 为挠曲度,即两末端之间的距离差(cm)

打结安全性又称结头牢度,主要指的是外科手术结束一段时间后,所打结头是否会发生松解的现象。其测试方法为:将缝合线在直径为 10 mm 的管道上以不同的手法打结(如自由结、方结、外科结等),静止 5 min 后观察结头的变化情况,进而判断是否发生松散现象。

缝合线的组织穿入性能,即其在使用过程中应该较容易从体表或其他组织中拖拽,不影响外科医生的牵拉操作。这一性能多来自于外科医生的术后反馈,也有研究人员通过测力传感器记录缝合线从动物皮肤或复合材料模拟组织中牵拉的力学变化情况,进而分析其组织穿入性能。

10.1.4 生物学性能

与其他纺织品不同,合格的生物医用纺织品的产品必须经过严格的生物学评价,以确定其具有良好的生物相容性和稳定的活体组织效应。因此,生物学性能测试与评价对缝合线十分重要。

根据 YY 0167—2020 和 YY 1116—2020 中的相关要求,缝合线的生物学评价主要包括热源试验、致敏试验、血液相容性试验、毒性试验(细胞毒性试验和遗传毒性试验)、活体植入试验等项目,应无生物相容性危害。具体测试参照标准 GB/T 16886 进行。

10.1.5 化学性能

化学性能测试主要考察缝合线加工过程中可能带来的残留物,主要包括可溶性铬化合物、重金属、含水量,以及环氧乙烷等方面的测试。

测试方案可参照行业标准 YY 0167—2020 和 YY 1116—2020。其中重金属测试和环氧乙烷的测试需进一步参照国家标准 GB/T 14223.1—2008 中的详细方法。

10.1.6 其他性能

10.1.6.1 降解性能

对于可吸收缝合线,其降解吸收性能是十分重要的一项性能评价指标,既要保证缝合线在伤口完全愈合前能提供足够的强力,又能在组织修复后完全降解,其降解产物能够被人体吸收或顺利排出体外,不会在体内残留异物。

体外模拟降解性能测试和动物体内降解性能测试是对降解性能的两种重要的评价方法。对于前者,往往首先要创造合适的模拟环境,其重要的考虑因素是降解模拟溶液的pH值,因为人体不同组织处的pH值存在较大差异,因此在设计体外模拟降解测试前,应充分考虑缝合线的使用部位与对应的降解模拟溶液的pH值,例如血液的pH值为7.4;人体皮肤的平均pH值为5.75,呈弱酸性;阴道的pH值是4.6;胃部的pH值最低,约为1～3。对于可吸收缝合线在动物体内的降解性能测试,虽然其降解环境更为仿真,但由于其成本高、周期长,较少应用,如Jung Nam Im等用聚对二氧环己酮和聚甘醇碳酸制备出可吸收性双组分单丝缝合线,并进行体内降解研究,将其缝合雄性成年鼠背颈区到背腰骶区后测试8周时间内的强力残留率变化,以及6个月时间内的组织反应和对降解产物的吸收情况。降解性能评价主要包括降解周期内其缝合线表面的微观结构变化、力学性能的减少及变化趋势、质量损失率和降解产物分析等。

10.1.6.2 抗菌性能

手术部位感染(SSI)是外科手术常见的术后并发症,其危害主要包括延长住院时间、增加护理费用和医用资源浪费、造成患者痛苦等。缝合线是细菌进入手术切口的通道,皮肤表面的一些常见细菌都有可能通过术后切口进入人体而增加感染概率。Charles E Edmiston等将三氯生涂层处理和未经涂层处理的缝合线进行抗菌性能对比,其结果证明抗菌涂层处理的缝合线能在一定程度上降低细菌污染的风险。目前比较成功的商用抗菌缝合线是强生公司开发的薇乔©抗菌™VICRYL*Plus。

缝合线的抗菌性能测试主要采用GB/T 20944.1—2007,根据**抑菌圈宽度**评价抗菌效果,抑菌圈形状如图10-3所示;抗菌持久性是另一项重要的评价指标,如体表伤口愈合的周期一般是6～7 d,抗菌效果也需要持续6～7d。其测试方法主要以24 h为时间单位,每培养24 h后将缝合线转移至新鲜的涂菌培养皿上,继续进行恒温培养,直至抑菌带消失则试验结束,以此评估其抗菌性能所能持续的时间。

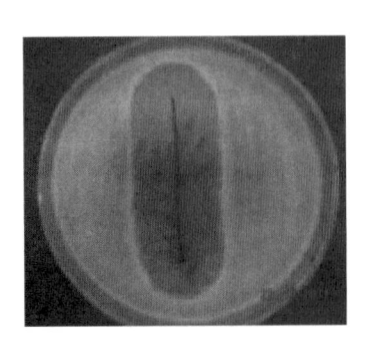

图10-3 缝合线的抑菌圈

10.1.6.3 加工稳定性能

缝合线在销售和使用前,需经过灭菌处理。目前,常用的手术缝合线灭菌方法包括干态加热法、蒸汽压力釜法、环氧乙烷灭菌和钴同位素法(^{60}Co)。因此,一方面需要测试灭菌处理中所使用的甲醛、环氧乙烷等化学物质在缝合线上是否残留,或者其残留量是否超出人体使用的安全范围;另一方面,需要考虑和测试缝合线经过灭菌处理后是否受到损伤,其相关的物理和力学性能是否有所下降,例如采用甲醛熏蒸、蒸汽压力釜法、苯扎溴铵溶液浸泡、水煮沸消毒等方法处理缝合线后,缝合线的最大拉伸强力均有不同程度的下降。

为便于外科医生的区分与操作,部分种类的缝合线通常需要进行染色处理。对于该类染色缝合线,还需要进行褪色试验。

10.2 人工血管

合成材料制备的人工血管用于置换主动脉、髂动脉和近端股动脉等直径大、流量高、阻力低的血管,有很好的疗效,但其前提条件是人工血管满足以下基本性能要求:
(1) 良好的生物相容性和抗血栓性。
(2) 具有适当的多孔结构和合理的孔隙率。
(3) 富有机械强度以及抗弯折能力。
(4) 良好的管道内部应力的形变响应性即顺应性。
(5) 良好的手术操作性和与人体血管的缝合性。
(6) 良好的材料加工性。

参照我国医药行业标准 YY 0500—2021、ISO 7198:2016 及 GB/T 16886 系列标准,就人工血管的功能测试与评价进行分析介绍。

10.2.1 体外测试项目

表 10-2 为测试项目选择表。该表清晰地罗列了应该测试的外观、孔隙和渗透指标、力学性能、几何特性及抗弯折能力等。在进行型式检查、质量控制检查及逐个检查时,所选的测试项目有一定差异。型式检查是指依据产品标准或技术要求,由质量技术监督部门或检验机构对产品各项指标进行的抽样全面检验,检验项目为技术要求中规定的所有项目。

表 10-2 测试项目选择表

测试项目	型式检查	质量控制检查	逐个检查
外观	×		×
孔隙	选择适当的试验	选择适当的试验	选择适当的试验
水渗透量			
整体水渗透性/泄漏量			
泄漏量			
水渗透压			
反复穿刺后残余强度	×		
拉伸强度	×		
破裂强度(顶破强度)	×		
有效长度	×	×	

(续表)

测试项目	型式检查	质量控制检查	逐个检查
内径	×	×	选择适当的试验
扩张内径(承压内径)	×		
壁厚	×		
牵拉强度(缝合线固位强度)	×		
扭结阻力	×		

对于复合型人工血管，可以选择 YY 0500—2021 列出的试验，对人工血管中某一组分进行测试，同时也必须对整根血管进行测试。此外，如果混合型血管中含有可降解的组分，对不可降解组分也必须与整根血管一样，进行各项测试。

10.2.2 外观测试与评价

人工血管的结构应是完整的、洁净的，无污渍、污点、瑕疵、斑点及其他影响使用的缺陷。外观测试在于目视观察人工血管有无缺陷。外观测试须在洁净的空气环境、正常视力和照明条件，不放大的情况下检测样品是否有孔洞和其他不完整的结构，是否有灰尘、油渍、污点、瑕疵、松动及其他可引起人工血管不能正常使用的缺陷。

10.2.3 几何特征测试与评价

人工血管的几何特征主要由有效长度、壁厚和内径来描述。人体血管的几何特征，如血管内径和壁厚随年龄、身体上的部位而变化。大直径的血管具有较厚的管壁，以承受较大的血管压力。流经血管的流动阻力与管径的 4 次方成反比，当人工血管移植后，为了减少血流因流过截面的变化而引起的能量损失和减少涡流的产生，其内径应与宿主血管内径相接近，同时需考虑到人工血管内腔壁在体内形成的假内膜层的厚度。当然，移植时选用直型、分叉型或锥型人工血管则依懒于宿主病变血管处的几何形态和手术方案的要求。

10.2.3.1 有效长度

人工血管的有效长度是指在固定的力的作用下(此固定的力可以为零)，在移植过程中可以利用的血管长度。

测试方法：将人工血管试样固定在夹具上，在试样的另一端用合适的方法(例如，可移动的夹具)使其受力，测定其有效长度。试样负载应不大于血管在植入时所承担的载荷，记录负载值和长度值。

10.2.3.2 壁厚

人工血管试样在承受零压力或微小恒压力下的管壁厚度称为人工血管的壁厚，其有两种测试方法：(1)显微镜测试法(无压)，它测量样本的横切口厚度，适用于非纺织基人工血管壁厚的测量；(2)压力传感器测试法(恒压)，它是指在 $0.5~cm^2$ 测试区内，测试样本承压 981 Pa 时的厚度值。

对于波纹外观的纺织人工血管，试样的波形消除程度、波形处的弯曲刚度均影响到厚度的测量，可从其应力-厚度曲线来分析厚度值。

10.2.3.3 松弛内径

松弛内径指人工血管在自由状态下的管道内径。其测量方法为：将血管试样套在圆锥形或圆柱形量具上，保持试样自然且不被拉伸，从量具的小型号开始，逐渐增大芯轴的直径，以不引起管道变形为极限，以毫米为单位记录自然状态下的血管的内径。

10.2.4 力学性能测试与评价

10.2.4.1 人工血管强度

人工血管在体内的力学应力和化学应力作用下，其寿命应达到或超过其受体者的期望寿命。力学应力指人工血管在体内所承受由收缩压和舒张压所导致的周期性脉动压力；化学应力涉及人工血管周边组织液的pH值、酶的作用，以及由于炎症等造成的酸性环境等。此外，人工血管与宿主血管的管道吻合通过手术缝线缝合而成，因此，应确保人工血管边缘组织在移植手术中能承受缝线的拉伸负荷，既不破裂也不散边。当人工血管作为透析管使用时，必须考虑其承受重复针刺后仍具有合适的强度。

（1）**周向拉伸强度**。周向拉伸强度是指管状人工血管试样沿直径方向被匀速拉伸至断裂时的强度。其测试方法为：将人工血管试样置于两个半圆柱型夹头上，夹头的直径与试样的内径相匹配，被测试样的长度应不小于其本身的直径，以50～200 mm/min稳定的速度拉伸，直到断裂。以试样轴向单位长度上的负荷来表达径向拉伸强度（kN/mm）：

$$周向拉伸强度 = 最大拉伸负荷 / (2 \times 测试试样的轴向长度)$$

式中：数值2表达试样前后双侧承力。

事实上，利用单位截面面积上所承受的负荷来表征更为合理，条件是已知壁厚值。然而，对于纺织类波纹外形的人工血管，精确的壁厚极不易测量，这可能是为何ISO推荐以上公式表达周向拉伸强度。

（2）**轴向拉伸强度**。轴向拉伸强度又称纵向拉伸强度，是指管状人工血管试样沿纵向（轴向）被匀速拉伸至断裂时的强度。鉴于测试的对象为圆柱型薄管，试验夹头的形态与夹头的夹持力必须保证试样在整个拉伸过程中不产生横向剪切力和滑移。ISO标准和我国行业标准中尚无明确规定夹头的形态，测试中需特别引起注意。

（3）**破裂强度**。人工血管的破裂强度有三种测试方法，分别为薄膜破裂强度法、探头破裂强度法和加压破裂强度法。其中，就其特性而言，加压破裂强度法是最合适的测试方法。

① 薄膜破裂强度法。用平坦的环形夹具将被测试人工血管试样的一片固定在弹性薄膜上面，并在薄膜的下面增大压力，直到试样破裂，以千帕（kPa）为单位记录试样的破裂强度。

② 探头破裂强度法。用平坦的环形夹具将被测试人工血管试样的一片固定在开口上，将一个带球形探头的探针穿过样品，直到破裂，记录试样的破裂强度，单位为千帕（kPa）。

③ 加压破裂强度法。加压顶破强度指人工血管样本在承受渐升压力至爆破时的压力。对纺织人工血管，需在其内部放置"气囊"，然后将液体或气体以一定速度注入气囊内，由置

于气囊内壁的压力检测装置记录压力升高的速率和血管样本爆破时的压力值。

（4）**缝合线固位强度**。缝合线固位强度指将缝合线从人工血管管壁中拉出（即管壁被破坏时）所需的力。缝合线应采用典型的临床使用规格，并且应足够强韧，可从人工血管中拉出而不断裂，例如丙纶、涤纶或不锈钢材料制成的缝合线。

鉴于人工血管与宿主血管的管道吻合有直切口或斜切口两种方式，故试样被垂直于其轴向或沿轴向45°方向剪切（图10-4），将缝合线在血管边缘以下2 mm处穿过人工血管管壁，缝合成一个半环，以50～200 mm/min的速度进行拉伸，对均匀分布的4个缝点逐点进行测试，记录将缝合线从血管壁中拉出或使血管壁损坏的拉力值，并取最小值。

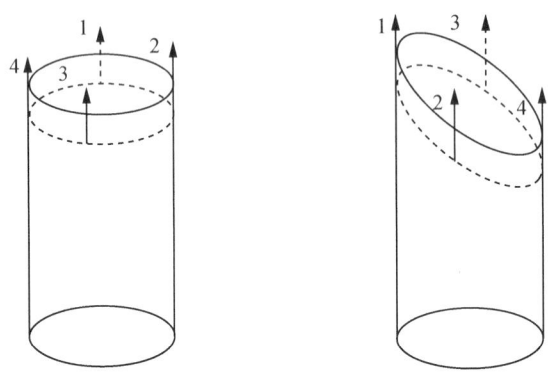

图 10-4　手术线固定强力测试示意

（5）**重复针刺后强度**。重复针刺是摸拟人工血管用于透析连接管时的针刺现象，重复针刺强度是指在人工血管样本外表面三分之一周向区域内，用16号透析针重复针刺后的周向拉伸强度或承压顶破强度。在样品的外表面每平方厘米针刺8、16和24次分别对应于在临床上透析连接管经过6、12和18个月使用期中的针刺数。

10.2.4.2　人工血管对管道内部应力的形变响应性

人体动脉血管在心脏收缩阶段，管壁将膨胀，其膨胀性对稳定血流起着重要的作用。如果移植管缺乏膨胀性，将限制血液动力学效果并且减少末端的灌注，同时会造成移植管道内腔狭小。

人工血管对管道内部应力的形变响应性表征方法：在模拟体内血管承压条件下，测试人工血管在一定压力下**承压内径**、**纵向顺应性**或**可用长度**，以及测试血管承压变化时其内径改变能力的**径向顺应性**。为使血液能顺畅流通，人工血管弯曲时应不易被压扁，该性能可用**弯折直径/半径**表征。

（1）**承压内径**。承压内径指人工血管在承受近似于临床使用条件压力下的内径。试验压力选用正常动脉收缩压，即16 kPa（120 mmHg）。对于渗透性高的人工血管，其内部需衬圆柱型"气囊"，然后将试样伸长至它的可用长度，并对气囊加压，当其膨胀至16 kPa时，等距测量4个位置处的外径。承压内径等于平均测量外径与2倍平均测量壁厚的差值，单位为毫米（mm）。

$$D_p = D_{mean} - 2 \times t_{mean} \tag{10-2}$$

式中：D_p 为承压内径；D_{mean} 为膨胀后血管外径的平均值；t_{mean} 为血管壁厚的平均值。

（2）纵向顺应性（可用长度）。纵向顺应性是指在外力作用下人工血管的轴向形变行为。纺织人工血管中的波纹形态，大大改善了纵向顺应性，使其接近与之相连接的人体血管的水平。尽管在人工血管体内愈合过程中，这种被加强的纵向顺应性由于体内组织生成而减弱，但在手术移植时可减少缝线的应力。

在 ISO 7198：2016 中，提出了可用长度指标，表示在一定负荷下的人工血管的可用长度。这里的负荷值应不大于手术时施于人工血管上的力。手术时施于人工血管上的力的大小短期内影响到吻合性能，力过大，将使人工血管弹性降低，加速了高聚物的疲劳和降解速率。所以可用长度的测定是很有意义的。国际标准尚未明确规定所施负荷值，由于人工血管上的波纹形态的存在，负荷和血管的形变之间的关系较为复杂。

（3）径向顺应性。径向顺应性指试样管道在承受周期性模拟负荷下试样内径的变化情况，反映了在一定频率的收缩舒张压下，人工血管径向弹性扩张和收缩的能力。所用测试仪器以每分钟（60±10）次产生动态负荷施于试样内壁，并使测试试样和测试溶液保持在（37±2）℃环境下。径向顺应性可表达如下：

$$顺应性(\%) = \frac{(R_{P2}-R_{P1})/R_{P1}}{P_2-P_1} \times 10^4 \tag{10-3}$$

式中：R_{P2}、R_{P1} 分别代表试样在高压 P_2 和低压 P_1 时的承压内半径（mm）。

式（10-3）的物理意义在于当压力值变化 100 mmHg 时试样内径变化的百分比。

人工血管和人体血管各自的径向顺应性是有差异的。股动脉顺应性为 5.9%/100 mmHg，而 Dacron 涤纶机织和针织移植血管的顺应性较小，仅为 0.08~2%/100 mmHg。

顺应性在人工血管移植后的并发症中扮演重要角色，尤其在吻合处。随着体内移植时间的增加，植入血管伴随着纤维组织的增生。顺应性降低至原始值的 1/3。顺应性损失将会使内腔出现血栓的概率加大，使新内腔壁变厚，而在末端可能形成动脉硬化。总之，顺应性的匹配是人工血管生物力学性能中的一个重要问题。

（4）弯折直径/半径。弯折直径/半径用于表征当人工血管出现弯折时其内侧所成的曲率半径。有两种测试方法：第一种是将试样成圈，以相反方向牵拉试样两端以减少圈形，直至弯折出现，采用一个已知直径的圆柱样板插入圈中以测量弯折直径；第二种是将试样放在不引起其弯折的半径样板上，逐渐替换更小半径的样板，当试样产生轻微弯折时，此时的样板半径表示人工血管的弯折半径。

10.2.5 渗透性和孔隙率

在人工血管移植手术中，管壁的抗渗透性是首要条件。纺织人工血管，尤其是针织结构类，尽管在成型加工中经过致密处理，但对血液仍有一定的渗透性。早期是在手术前，用病人的血液进行浸渍即预凝，提高人工血管的密封性。但这会影响手术总时间，尤其不适合急症大出血病例；而且，病人的血液可能存在健康方面的原因，不宜用来预凝。已开发的白蛋白、胶原等预涂层处理的人工血管，使手术更为方便快捷。

另一方面，纺织人工血管的孔隙对人工血管内膜的形成有重要作用。因此，对纺织人工血管的抗渗透性和孔径进行检验是必要的。

10.2.5.1 渗透性

表征人工血管渗透性的常用指标有三个,分别是截面水渗透性、整体水渗透性和水渗透压。

(1) 截面水渗透性。截面水渗透性是指在设定压力,如标准推荐的 16 kPa(120 mmHg)条件下,单位时间内水透过试样单位面积上的水流量。测试仪器通常由流量测试仪、压力测试仪、试样夹持器等三部分组成。测试前,需用洁净的、经过滤的、室温下的水将测试用人工血管浸湿,并将样品放置在固定仪器上,保证样品拉紧,没有皱褶。截面水渗透性应以 mL/(cm² · min)为单位,按下式计算:

$$水渗透性 = \frac{Q}{A \cdot t} \tag{10-4}$$

式中:Q 为水流量(mL);A 为试样面积(cm²);t 为测试时间(min)。

试验表明机织物和针织物水渗透性有较大差异,分别为 300～1000 mL/(cm² · min)和 1500～4000 mL/(cm² · min)。如果水渗透性小于 300 mL/(cm² · min),可认为人工血管是"无孔"的。

(2) 整体水渗透性。整体水渗透性是指在 16 kPa(120 mmHg)水压下,单位时间内透过整个人工血管壁或其代表性管段的水渗透流量。试验段必须包括人工血管所有易发生渗漏泄漏的部分(如血管汇流处)。测试时,需用一组适合被测人工血管内径的特别接头来装置试样。此试样接头被连接到一支架上,它允许试样一端在压力作用下自由伸展。此支架与能传递一定水压的控压装置相连。通过测量试样的管壁表面积和渗透的水量,再经计算得到试样的整体水渗透性,单位为 mL/(cm² · min)。

(3) 水渗透压。水渗透压是指水渗过人工血管管壁的压力。其测试方法是:在测试试样中灌满水,并加压到生产商确定的原始容积,逐渐升高压力,一旦在外表面有水珠出现,记录压力值并结束测试,此压力值便是该测试样本的水渗透压,单位为千帕(kPa)或毫米汞柱(mmHg)。

10.2.5.2 孔隙率

人工血管孔隙率的测量可采用面积法、质量法和显微法中的任意一种。其中,面积法和质量法可以直接计算出人工血管的孔隙率,而显微法可以提供孔隙在血管节点间距离和平均孔径方面的指标。

(1) 面积法。利用电子或光学显微镜照片,用面积仪等测量试样中的孔隙面积和试样含孔总面积。孔隙率以百分率(%)表示,可通过下式计算得到:

$$P(\%) = 100 \times \frac{孔隙总面积}{试样含孔总面积} \tag{10-5}$$

(2) 称重法。通过测量试样的单位面积质量、试样壁厚及所用材料的体积密度得到孔隙率,计算公式如下:

$$P(\%) = 100 \times \left(1 - \frac{1000\,M}{A \times t \times \rho}\right) \tag{10-6}$$

式中：M 为试样总质量(g)；A 为总面积(mm^2)；t 为试样壁厚(mm)；ρ 为高聚物(纤维)的密度(g/cm^3)。

（3）显微法。通过扫描电子显微镜图片或光学显微镜图片测量相邻的两个节点内边缘两根纤维之间的直线距离、孔隙直径，并计数已知区域中孔隙的数量，在每张显微图像上至少进行 6 次测量。如果内外表面有不同，则两面应分别进行测试。

孔隙率指标适用于纺织人工血管，但它不反映孔径的分布，而不同大小的孔径会在人工血管上产生具有不同力学性能的胶原组织，并影响人工血管的着床和愈合。有实验表明，水渗透性与孔隙率相关性差，因而在表征人工血管的孔隙渗透性能时，这两个指标均需要分别给出。

人工血管的使用周期漫长，生物力学性能表征的完整性有待进一步改善，表征指标与临床长期医疗效果的关系尚需时间来证明。需要指出的是，体外仿真疲劳的力学性能表征对体内力学性能的预测和完善是一项十分有意义的工作。东华大学开展了大量有益的工作。

对于血管内支架产品的功能测试与评价，拟参考国际标准 ISO 25539 系列标准和中国医药行业标准 YY/T 0663 系列。血管内覆膜支架中的覆膜部分性能的测试和评价要求，按照 YY/T 0663.1—2014 的建议，采用 YY 0500—2004 中的测试标准实施。覆膜部分性能主要有外观、渗透性、强度和孔隙。

10.3 疝修补补片

疝气是一种临床常见病和多发病，即体内的器官或组织离开其正常的解剖部位，通过先天或后天形成的孔隙进入到其他部位，最常见的是腹股沟疝和股疝，较少见的如切口疝、白线疝、闭孔疝、食管裂孔疝、脑疝等。根据临床需要，补片可放置在腹腔内或腹腔外。

疝气手术治疗分为传统张力修补术和无张力疝修补术。前者为利用缝合线强制缝合开裂的组织，使组织承受较大的张力；后者是用一种补片材料覆盖缺损修补疝环口，现已成为腹外疝修补术的主流术式，可细分为开放式无张力疝修补术和腹腔镜疝修补术两种手术类型，分别又包括多种手术方式。为适应各种术式的要求，各种疝修补材料不断出现。疝修补材料的用量巨大，促进了近几年疝修补材料的快速发展。疝修补补片作为植入人体的医用材料，应该具备以下基本性能：

（1）良好的生物相容性，抗感染性，安全无毒无致癌性，不引起炎症和异物反应，利于组织再生，抗老化。

（2）具有一定的物理性能，以及良好的强度、模量、弹性和缝接强度。

（3）尺寸稳定性良好，可以根据手术要求随意裁剪。

（4）手感柔软，与人体组织贴合良好。

疝修补补片目前尚无专用国际或国家标准。疝修补补片的结构性能、物理力学性能、化学性能及生物性能等，均需要全面考核。因为化学性能和生物相容性测试和评价具有与其他生物医用高聚物材料的共通性，本节将重点介绍结构性能和力学性能的测试评估。

10.3.1 形态结构

10.3.1.1 面密度测试

参照国家标准 GB/T 4669—2008 进行测定。

测试方法是将样品按规定放在标准大气中调湿至少 24 h(或按实际情况先经预调湿),用裁剪器从样品中裁剪 10 cm×10 cm 方形试样或面积为 100 cm² 的圆形试样,将试样称重,并乘以 100,即得织物单位面积质量。

10.3.1.2 补片厚度

补片厚度是指补片试样在承受零压力或微小恒压力下的厚度。

测试方法:

(1) 显微镜测试法(无压):测量试样的横截面厚度。

(2) 压力传感器测试法(恒压):是指在 0.5 cm² 测试区内,测试样承压 981 Pa 时的厚度值。

10.3.1.3 孔尺寸和孔隙率

补片孔隙率测量主要有两种方法:

(1) 称重测厚法。按照前面所述的称重和测厚法,获得单位面积质量(M)和厚度值,并通过式(10-7),计算得到试样的平均孔隙率。

$$P(\%) = 100\left(\frac{M}{hd}\right) \tag{10-7}$$

其中:M 为面密度(g/cm²);h 为厚度(cm);d 为高聚物(纤维)的密度(g/cm³)。

(2) 面积仪法。利用电子显微镜或光学显微镜对织物进行拍照,用面积仪或计算机软件测量试样中的孔面积和试样含孔总面积。

$$K(\%) = \frac{Sp}{St} \times 100 \tag{10-8}$$

其中:K 为试样的孔隙率(%);Sp 为试样中的孔面积(mm²);St 为试样含孔总面积(mm²)。

10.3.1.4 补片结构特征

疝修补补片的组织结构以经编为主,使用较多的组织结构为经缎组织、经平组织和经绒编链组织等,还有使用的是各种经编网眼结构,如四角网眼,六角网眼等。经编组织补片的结构特征可用组织结构、梳栉数、垫纱运动图、垫纱数码和穿纱对纱图来表示。

10.3.1.5 补片密度

包括经编织物的纵密即织物纵向 5 cm 内横列数,横密即织物横向 5 cm 内的纵行数,通常与织物的组织结构有关,即网眼组织密度小,普通经缎组织密度大,与孔隙率或孔径大小成反比。

10.3.2 力学性能

补片在手术和体内修补过程中会受到各种力的作用,要求其具有良好的强度、模量、弹性和缝接强度来承受这些载荷,从而能够保持结构、尺寸及功能的稳定性。一般从拉伸性能、顶破强力、缝合牵拉强力等方面评价。

10.3.2.1 拉伸断裂强力

鉴于补片试样的各向异性,试样的横向和纵向均需分别测试,参照 ASTM D5035-11 进行。

(1) 样本制备:离布边一定距离,分别沿纵向和横向剪割试样,试样宽度为(25 ± 1) mm 或(50 ± 1) mm,长度为 150 mm。

(2) 标距:(75 ± 1) mm。

(3) 拉伸速度:(300 ± 10) mm/min。

(4) 测试结果:断裂强力、断裂伸长、模量、试样数量等。

10.3.2.2 缝合牵拉强力

缝合牵拉强力,又称缝合线固位强力,指将缝合线从补片中拉出所需的力。缝合线应采用典型的临床使用规格,并且应足够强韧,可从补片中拉出而不断裂,例如丙纶、涤纶或不锈钢材料制成的缝合线。

补片的缝合牵拉性能测试参照 ISO 7198:2016 中缝合线固位强力测试方法进行,在补片的纵向及横向分别裁取尺寸为 5 cm×5 cm 的样品各 5 块。分别沿补片的纵横两向,将缝合线在补片边缘以下 1.0~1.5 cm 处穿过补片,缝合成一个半环,以 50~200 mm/min 的速度进行拉伸,对均匀分布的 4 个缝点逐点进行测试,记录将缝合线从补片中拉出或使其损坏的拉力值,即得到纵向缝合牵拉强力和横向缝合牵拉强力。

10.3.2.3 弯曲刚度

横向和纵向需分别测试,参照国际标准 DIN 53362:2003,用悬臂法测试织物的弯曲刚度。弯曲刚度为试样抵抗弯曲的强力的测试指标。

(1) 试验仪器。采用挠度仪(参见图 7-12)测试补片抵抗弯曲的能力。

(2) 试样制备。在补片的纵向和横向,分别剪裁 10 份 25 mm 宽、250 mm 长的试样,分别用于纵向和横向弯曲刚度的测试。

(3) 测试过程。在标准环境中,将试样放置于平台和刻度滑板之间,三者前端边缘准确地重叠在一起,试样前伸,因自重而弯曲下垂,接触到与水平台面成 41.3°的检测斜面时,读取伸出平台部分的长度即弯曲长度 l_0。

(4) 计算弯曲力与弯曲刚度。

① 单位长度悬臂弯曲力 F_1(mN/cm) 按下式计算:

$$F_1 = g_n \times \frac{m}{l} \tag{10-9}$$

② 单位面积抗弯刚度 B(mN×cm²) 按下式计算:

$$B = F_1 \times \left(\frac{l_0}{2}\right)^3 \tag{10-10}$$

单位宽度抗弯刚度 G 有时可替代 B。G(mN×cm)的计算公式:

$$G = \frac{F_1}{b} \times \left(\frac{l_0}{2}\right)^3 = m_F \times \left(\frac{l_0}{2}\right)^3 \times 10^{-4} \times g_n \tag{10-11}$$

式中：m 为试样质量(g)；m_F 为试样单位面积质量(g/m²)；b 为试样宽度(cm)；l 为试样长度(cm)；l_0 为试样弯曲长度(cm)；g_n 为重力加速度(m/s²)。

10.3.2.4 顶破强度

顶破强度也叫探头破裂强度，参照人工血管标准 ISO 7198—2016。即用平坦的环形夹具将被测试补片试样固定在开口上，将一个带球形探头的探针穿过试样，直到破裂，记录试样的破裂强度，单位为千帕(kPa)。

10.3.2.5 撕裂强度

参照 GB/T 3917.3—2009，在补片的纵向及横向分别裁取规格为 15 cm×7.5 cm 的试样各 5 块，且在较长边的一侧剪开一条长 1.5 cm 的切口，在撕裂速度为 100 mm/min，预加张力为 0.3 N 下，测试样品撕裂完全时，其纵横向的最大撕裂强力(N)及在撕裂过程中的峰值平均值(N)。

10.3.3 补片的安全性与有效性

对于补片的安全性和有效性，还需要进一步开展相应的动物试验和临床试验来验证。临床试验需遵循国家药品监督管理局 2020 年发布的"疝修补补片临床试验指导原则"，临床随访时间需根据产品设计特性确定。术后观察时间点的设定至少包括术后即刻、术后 1 个月、3 个月、6 个月、长期随访时间点。对于以不可吸收材料制成的疝修补补片，临床随访时间至少为术后 6 个月；含有可吸收材料成分的疝修补补片，随访时间一般不短于材料在体内被完全吸收的时间。对手术后各随访时间点的安全性评价指标需进行随访，包括但不限于：所有局部体征、全身反应、实验室及影像学检查等，如切口感染、浆液肿、肠瘘、肠梗阻、肠管损伤、术后疼痛、不适感、过敏和排异等

指导原则建议将有效率设为主要临床评价指标，有效率是指经临床体格检查没有疝复发的受试者例数占总受试者数量的百分比。

习题与思考题

[1] 参照 YY 0167—2020 和 YY 1116—2020，试对比同一常规规格下，为何缝合线的断裂强力要求有差异？
[2] 人工血管的基本力学性能要求有哪些？
[3] 在人工血管的缝合线固位强度测试中，缝合线与试样的缝合方式有哪两种？哪一种是端-端缝合？
[4] 补片主要的结构为针织经编组织，请列举三种商用品牌补片常用的经编组织结构。

第 11 章　体外用典型生物医用纺织品的功能测试与评价

本章重点介绍敷料、绷带和抗菌手术服等三种体外用典型生物医用纺织品的功能测试与评价标准。本章在总结归纳国内外现有标准中提出的相应测试方法的基础上,通过综述国内外的研究成果,介绍目前标准中尚未涉及的相关测试和表征方法。提示随着生物医用纺织品更为广泛的应用,需要进一步结合临床应用,完善各类生物医用纺织品的标准和测试方法。

11.1　医用敷料

医用敷料是指暂时性覆盖在伤口上,用于医治皮肤损伤的医用制品,医用敷料的一般定义是"用以清洁或保护伤口的纱布、纱布块、棉花球和棉垫的总称"。敷料按原料来源可分成天然材料和人工合成材料两大类,前者又可分植物性敷料和动物性敷料两种类型。表 11-1 展示了几种典型纺织品敷料实物照片及其临床功能。

表 11-1　几种商用敷料

产品实物图	产品名称	产品特点与临床功能
	纱布块(带 X 线)	纱布块主要用于清洁皮肤、黏膜或创面,与创面护理常用药物一起使用保护创面,也可用于手术过程中吸收体内渗出液
	腹巾(绿色带 X 线)	腹巾主要用于手术过程中吸收体内渗出液、压迫止血和支撑、保护器官及组织
	海藻酸非织造敷料	海藻酸盐具有极强的吸收性,可以吸收自身质量 20 倍的液体,能有效控制渗液并延长使用时间,同时,钙离子能置换伤口渗液中的钠离子,从而在伤口表面形成一层稳定的网状凝胶,有助于血液的凝固
	复合敷料	复合敷料是由两种或两种以上材料组成的双层或多层覆盖物,以弥补单种或单型材料制成的创面敷料的不足

从伤口的愈合过程来看,理想的医用敷料应具备以下功能。
(1) 物理屏障,避免伤口渗出液污染身体其他部位。
(2) 控制伤口上的流体,为伤口表面提供一个湿润但不过度潮湿的微环境。
(3) 控制伤口上产生的气味。
(4) 控制伤口上的细菌和微生物,防止由于更换敷料造成的交叉感染。
(5) 低黏合性,能方便地敷贴在伤口上,也能方便地从创面去除。
(6) 脱痂作用,通过对伤口的湿度、pH 值、温度等状态的调节,以加快脱痂过程的进行。
(7) 止血作用,能尽快地使伤口止血。
(8) 加快伤口愈合速度。

外科纱布敷料主要是在外科手术中和手术后使用,在手术中会放入体内供支撑组织或器官或吸收体内渗出液。产品需符合我国医疗卫生行业标准 YY 0594—2006《外科纱布敷料通用要求》。

创面用敷料是一种直接使用在人体伤口上的医用材料,在辅助伤口正常愈合的同时,创面用敷料对人体的健康和安全有一定的影响。为了保证它们性能的稳定性和使用的安全性,我国 YY/T 0471 系列标准就**接触性创面敷料**提出了 6 个相关性能的试验方法,如**液体吸收性**、透气膜敷料的**水蒸气透过率**、**阻水性**、**舒适性**、**抗菌性**和气味控制。下面介绍敷料功能的常用测试方法。

11.1.1 液体吸收性

该试验用于评价超过 24 h 以吸收渗出液和控制微生物环境为主的阻水性创面敷料的液体吸透量。

敷料测试所用的溶液(简称:A 溶液)由氯化钠和氯化钙溶液组成,该溶液模拟了伤口渗出液中的钙离子和钠离子的含量,该溶液含 142 mmol/L 钠离子和 2.5 mmol/L 钙离子,离子含量相当于人体血清或创面渗出液。A 溶液可以由 8.298 g 氯化钠和 0.368 g 二水氯化钙稀释至 1 L 配置而成。

目前国际上常用的测试创面用敷料吸湿性的方法是英国药典为海藻酸医用敷料制定的方法。将尺寸为 5 cm×5 cm(对于贴于创面上的敷料)或 0.2 g(对于腔洞敷料)试样称重(W)后置于培养皿内。加入预热至(37 ± 1) ℃ 的 A 溶液,其质量为试样的 40 倍。移入培养箱内,在(37 ± 1) ℃ 下保持 30 min。用镊子夹持试样一角或一端,悬垂 30 s,称量(W_1)。

试样的单位质量吸湿量按下式计算:

$$H=\frac{W_1-W}{W} \tag{11-1}$$

式中:H 为试样的单位质量吸湿量(g/g);W 为试样的干重(g);W_1 为试样的湿重(g)。

11.1.2 水蒸气透过率

该试验通过水蒸气透过实验前后的试样质量差来表征水蒸气透过率。液体集聚会对皮肤的完好性造成严重后果。敷料应具有充分的水蒸气渗透性,以防止敷料下面液体集聚。将敷料剪裁成直径为 20 mm 的圆形试样。取清洁干燥的试管并加入足量的 A 溶液,使液面与试管口之间的空气间隙为(5±1) mm。将圆形试样置于试管口,并保证试样不发生变形。称取试管、试样和液体的总质量 W_1,将该组合体放置在温度(20±2) ℃,相对湿度(65±3)%的环境中 24 h,记录实验时间并精确至 5 min。24 h 后,称取试管、试样和液体的总质量 W_2。

水蒸气透过率的计算公式:

$$X = \frac{W_1 - W_2}{(1/4)\pi D^2} = \frac{4(W_1 - W_2)}{\pi D^2} \tag{11-2}$$

式中:X 为试样的水蒸气透过率[g/(24 h·m^2)];W_1 为试管、试样、液体组合体的质量(g);W_2 为静置 24 h 后试管、试样、液体组合体的质量(g);D 为试样的直径(m)。

11.1.3 阻水性

阻水性指试样承受 500 mm 静水压 300 s 的能力。采用阻水性测量仪器(图 11-1):有一个能对供试非粘贴面的圆形面积上施加 500 mm 静水压 300 s 的池子。试样用两个环固定在水平位置,下环为池子的组成部分。螺纹装置用于夹紧以防止试验期间泄漏和试样移动。静水压由连接于池子底部,内径不小于 3 mm 的垂直管产生。实验用水为去离子水或蒸馏水。测试时注意上环平整,以水平滑动的方式将试样放在下环上,避免水的表面与样品下表面之间有空气。用大于实验面积的干燥滤纸盖在试样的上表面上,放上上环,用螺纹装置夹紧。管中注水维持 500 mm 静水压 300 s,检查滤纸是否有试样渗水。

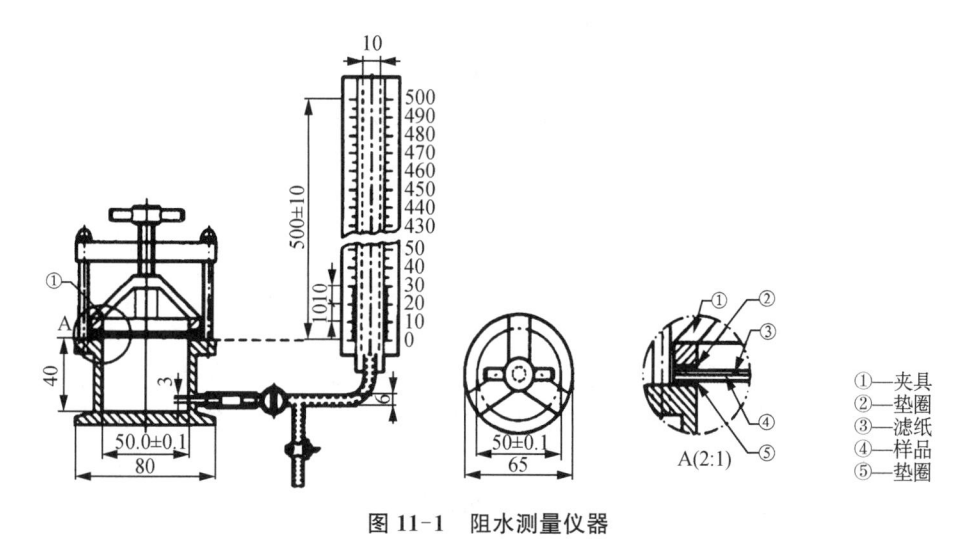

图 11-1 阻水测量仪器

①—夹具 ②—垫圈 ③—滤纸 ④—样品 ⑤—垫圈

11.1.4 舒适性

该试验通过测量创面敷料的可伸展性和永久变形来评价其是否具有舒适性。当敷料被用于运动部位时(如关节上)能否使其有充分的运动自由度是很重要的,这样可避免造成敷料下组织的损失。病人在贴敷易于伸展并能基本返回到原位的敷料时将较为舒适,对于易于随皮肤伸展的粘贴产品,有助于防止皮下剪切损伤。

将敷料剪裁成长 150 mm、宽 25 mm 的试样条,从试样中间部位开始,分别向上、向下均等地做两个间距为 100 mm 的平行标记,量取两标记之间的距离(L_1)。将试样标记以外部分夹于强力仪的两夹头中,在电子式织物强力仪上进行定伸长拉伸试验,拉伸速度为 300 mm/min,定伸长率为 20%,反复拉伸一次,拉伸停置 60 s,回复停置 300 s。重新测量试样上两标记之间的距离(L_2),同时记录拉伸最大载荷(M_l)。试验温度为(20±2)℃,相对湿度为(65±3)%。

可伸展性的计算公式:

$$E = M_l/W \tag{11-3}$$

式中:E 为试样的可伸展性(N/cm);W 为试样的宽度(cm);M_l 为试样的拉伸最大载荷(N)。

永久变形的计算公式:

$$PS(\%) = \frac{L_2 - L_1}{L_1} \times 100 \tag{11-4}$$

式中:PS 为试样的永久变形(%);L_1 为试样拉伸前两标距间的距离(cm);L_2 为试样拉伸后两标距间的距离(cm)。

11.1.5 抗菌性

当创面用敷料与伤口渗出液接触时,如果敷料具有抗菌性能,则渗出液中的细菌能被抑制和杀死,从而避免伤口的感染,有利于伤口的健康愈合。目前常用以下三种方法来测试敷料的抗菌性能:(1)用平板法测试抑菌圈,可以模拟当产品使用在潮湿的或有轻度渗出液的伤口上时,敷料控制细菌增长的能力;(2)细菌攻击试验可测试敷料杀死悬浮在溶液中的细菌的能力,可以反映出敷料杀死伤口渗出液中细菌的能力;(3)微生物迁移试验可以确定细菌在穿过敷料过程中的生存能力。

11.1.5.1 抑菌圈测试

该测试用来评定敷料是否具有释放抗菌物质的能力,是一个测试抗菌剂对细菌活性的常用方法。测试时在含有一层 5 mm 厚的牛肉胨培养皿中加入 0.2 mL 的受试细菌,均匀地涂在牛肉胨上后静止 15 min 使表面干燥。把切成 40 mm×40 mm 的敷料片放置在牛肉胨上,然后在 35 ℃ 下培养 24 h 后观测抑菌圈,并测定抑菌圈的直径。为了测定敷料持续抗菌的能力,把敷料从牛肉胨上去除后放置在另一个新制备的牛肉胨培养皿中重复上述的试验。

图 11-2 所示为采用平板法测定两种敷料抗菌性能的效果,(a)中试样无明显抑菌现象,而(b)中试样有明显的抑菌效果。

11.1.5.2 细菌攻击试验

把 0.2 mL 的受试细菌溶液加到 40 mm×40 mm 尺寸的敷料上后,在培养箱中放置 2 h,然后转移到 10 mL 的浓度为 0.1% 的牛肉胨溶液中,用离心法把敷料中的含菌溶液与敷料分离后,测定溶液中细菌的浓度。如果溶液中有细菌,则受试细菌溶液和敷料的接触时间可以延长到 4 h,如果还有细菌,则继续延长到 24 h。

(a) (b)

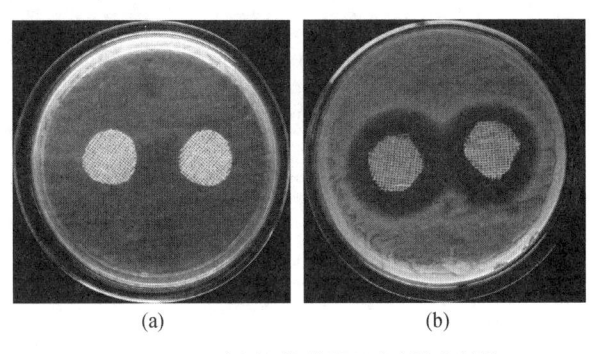

图 11-2 平板法(抑菌圈)测试抗菌性能

在另一种相似的测试中,将已扩培好的菌种制成菌悬液,控制细菌个数在 $1×10^8$ CFU/mL 左右。然后模拟吸湿性测试的步骤,把一块 5 cm×5 cm 的纱布放置在比纱布重 40 倍的菌悬液中,在直径为 90 cm 的培养皿中 37 ℃下放置 30 min 后,用镊子挟住敷料的一角在空中挂 30s 后,用微生物方法测定溶液中的细菌浓度。

11.1.5.3 微生物迁移试验

在一个标准的琼脂胶培养皿中,切除两小条的琼脂胶,使中间剩下的一条琼脂胶与周边的分开。然后在中间的小条上涂上受试细菌的溶液,短时间干燥后,把三条 10 mm 宽、50 mm 长的受试敷料条,以类似小桥的形式横在中间涂了细菌的琼脂胶和周边无菌的琼脂胶之间,然后在两条琼脂胶的中间空缺处加入无菌水后培养 24 h。在这个过程中,琼脂胶吸收的水被敷料吸收,细菌也会顺着液体从中间的小条上向周边扩散。如果敷料没有杀菌作用,则在周边的琼脂胶上会形成菌落。

图 11-3 所示为细菌迁移试验效果。有抗菌作用的敷料能阻止细菌的迁移,而无抗菌作用的样品则可以使细菌从涂菌的一边向另一边迁移,繁殖后形成明显的菌落。

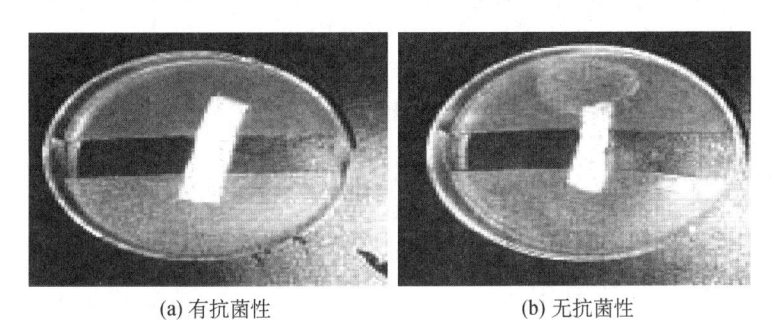

(a) 有抗菌性 (b) 无抗菌性

图 11-3 细菌迁移试验效果

11.1.6 吸臭性

用于评价接触性创面敷料阻抗气味穿透性的试验方法,如 YY/T 0471.6 推荐所示:试验所需容器结构如图 11-4 所示,测试时,首先将容器置于 105 ℃环境中约 1 h,以去除任何微量化合物,然后向下部容器中注入 20 mL 质量浓度为 13 g/L 的二乙胺水溶液,放上垫片和测试敷料,并保证创面接触面面向下部容器。用氮气(20 kPa)清洗上半部分容器 100 s,

同时，在敷料上放置第二个垫片，连接容器上下两部分。将样品容器放入 37 ℃ 干燥箱中，用气相色谱测定上半部分容器内二乙胺浓度。产品的吸臭性能以二乙胺浓度达到 6 μL/L 所需要的时间为指标。

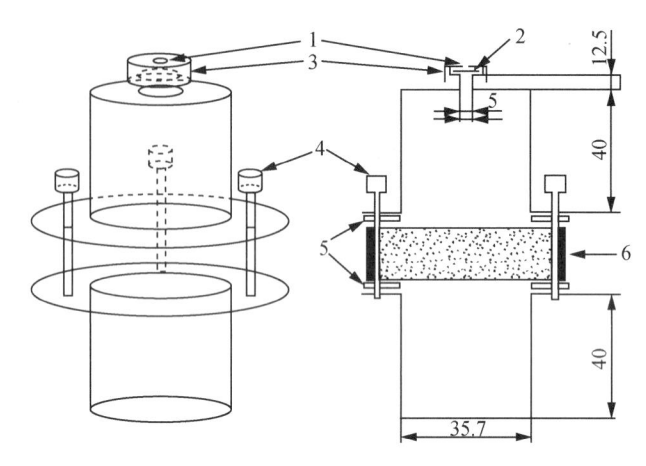

1—采样口；2—垫片；3—螺纹盖；4—锁紧螺栓；5—垫圈；6—样品

图 11-4　测试创面用敷料阻抗气味穿透性的试验容器

伤口的臭味主要是 1,5-戊二胺和 1,4-丁二胺等胺类化合物。1,5-戊二胺的相对分子质量为 102,1,4-丁二胺的相对分子质量为 88，而二乙胺的相对分子质量为 73，与前面两种胺类化合物基本相同。

11.1.7　液体在敷料上的扩散性

在一个 500 mL 烧杯中加入 300 mL 的 A 溶液，把测试敷料切割成 10 mm 宽、100 mm 长的条子，然后夹住敷料一端，把它垂直浸入 A 溶液，记录 5 min 后液体爬升高度，以此作为液体在敷料上的扩散性能的指标。

11.1.8　液体在敷料上的分布

当敷料吸收伤口上的渗出液时，部分液体被吸收在纤维与纤维之间的毛细空间内，而另一部分液体被吸收进纤维内部的大分子结构中。前一部分的液体与敷料的结合差，容易沿着织物的结构毛细扩散，造成伤口周边皮肤的浸渍甚至腐烂；后一部分的液体可以被保留在纤维内部，起到为伤口保湿的作用。

纤维间隙的液体是以物理作用的方式被吸附在敷料上，可以用离心脱水方法与敷料分离。测试时把吸湿后的敷料（W_1）放在一个离心管中，离心管的下半部充填折叠了的针织物以便用来留住从敷料织物上离心脱去的水分。离心管在 1200 r/min 的速度下脱水后，测定脱水后敷料的质量为 W_2，这个质量是纤维本身的干重和吸收进纤维内部的液体质量的总和。把离心脱水后的敷料在 105 ℃ 下干燥 4 h 至恒重后可测得干重（W_3）。

每克干重的敷料所吸收在纤维之间和纤维内部的液体计算公式如下：

$$单位质量敷料纤维间吸液率(\%) = \frac{W_1 - W_2}{W_3} \times 100 \tag{11-5}$$

$$\text{单位质量敷料纤维内吸液率}(\%) = \frac{W_2 - W_3}{W_3} \times 100 \tag{11-6}$$

11.1.9 离子交换性能

对于由海藻酸钙纤维制备的医用敷料,当纤维与伤口渗出液接触时,纤维上的钙离子能与渗出液中的钠离子发生离子交换。因为这种离子交换的难易是决定产品性能的一个主要因素,在分析海藻酸盐纤维的性能时需要对这种离子交换进行定量的分析。

海藻酸钙纤维的离子交换性能测定如下。把 1 g 纤维放置在比它重 40 倍的 A 溶液中,37 ℃下放置 30 min 后,根据前面描述的吸湿性测试方法把纤维和溶液分离。如果纤维是松散的,则用滤纸将纤维与溶液分离。溶液中的钙和钠离子含量采用原子吸收光谱来测定。

11.2 绷带

绷带传统上指的是包扎伤口用的长条纱布。传统观念认为伤口应保持干燥,并需用干燥绷带包扎,然而创伤生理学的研究结果表明,伤口最初渗出的大量体液易使细菌繁殖和导致感染,在有效地吸收这些体液的同时,在伤口处保持一个无菌的湿环境有利于健康皮肤细胞的扩散,加速伤口愈合。因此,作为是外伤救治中不可缺少的重要包扎医用制品,理想的绷带应具有以下功能:

(1) 吸收伤口处体液并保持一个湿环境以加速伤口愈合,防止继发污染。
(2) 止血,防止或减轻水肿。
(3) 保温,止痛。
(4) 无毒、无黏性,以便绷带拆掉时不产生新的创伤。
(5) 防止或减轻骨折段错位。
(6) 固定医用敷料。

针对绷带以上的功能,我国医药行业标准 YY/T 0148—2006 中对其相关的性能提出了相应的测试方法及评价标准,见表 11-2。该标准规定了各类与体表或创面接触的医用胶带(又称粘贴绷带),包括粘贴敷料的通用要求。下面就特色性能进行介绍。

表 11-2 YY/T 0148—2006 中的绷带测试内容

序号	YY/T 0148—2006 医用胶带(又称粘贴绷带)通用要求
1	尺寸
2	黏性 ● 持黏性 ● 剥离强度
3	生物相容性

(续表)

序号	YY/T 0148—2006 医用胶带(又称粘贴绷带)通用要求
4	特殊要求 ● 舒适性(可伸展性) ● 水蒸气透过性 ● 阻水性 ● 特定物质 ● 弹性 ● 染色 ● 无菌

11.2.1 粘贴绷带的黏性

黏性的测试主要包括两个方面:持黏性和剥离强度。

11.2.1.1 持黏性

持黏性是指有胶粘带抵抗位移的能力,可用试样移动一定距离的时间或一定时间内移动距离来表征。测试仪器是不锈钢板和滚子。不锈钢板表面需抛光,边长为 200 mm×50 mm,厚度约 2 mm。沿不锈钢板长边每间隔 30 mm 处作一标线,且第一标线距其一条边的距离为 25 mm。滚子为经过抛光的直径不小于 50 mm 的金属圆柱,且必要时可增加配重,使其质量按被检材料每厘米宽度施加 20 N 的压力。

在试验前,要对粘贴绷带卷或粘贴绷带片进行标准状态调节 24 h。对于条状试样,试验前将粘贴绷带卷以约 30 cm/s 的速度展开,裁取约 60 mm 长的试样后立即试验。如果试样宽度不足 25 mm,则用整个宽度。如果试样宽度大于 25 mm,则在 25 mm 的试样宽度上进行。对于片状粘贴绷带试样,试验前去除保护物,裁取相应尺寸的试样后立即进行试验。将备好的试样一端的粘贴面与不锈钢板的清洁表面接触,使试样的端部的整个宽度与距钢板端面 25 mm 处对齐,使试样两边平行于钢板的长边。试样的未粘贴端悬于钢板该端面以外。粘贴试样时,要确保试样与钢板之间没有气泡用滚子向试样粘贴部分施加压力,以约 60 cm/min 的速度沿试样长度方向滚压四次,并使其在标准大气压下停放 10 min。在试样端线部做一标记线,在试样的悬挂端按每厘米宽度 0.8 N(80 g)贴一重物,施力要均匀分布与整个带宽上。将钢板悬挂于 36~38 ℃热空气烘箱内 30 min,使钢板与垂直面呈 2°倾斜,以防止试样与钢板剥离,并能使重物悬挂,记录贴于不锈钢板上粘贴绷带的顶端下滑距离。对另外 4 个试样重复进行试验,计算 5 个试样的平均值。最后评价标准为:在烘箱内试验期间,贴于不锈钢板上粘贴绷带的顶端下滑应不超过 2.5 mm。

11.2.1.2 剥离强度

剥离强度反映材料的粘结强度。常指粘贴在一起的材料,从接触面进行单位宽度剥离时所需要的最大力。剥离角度采用 90°或 180°,单位为牛顿/厘米(N/cm)。

测试仪器与持黏性测试相同,制样方面除采取试样片长度为 400 mm 外,其余要求也相同。其测试方法是将试样贴于不锈钢板的清洁表面中央,使试样的两边平行于钢板的两个长边。用滚子向试样粘贴部分施加压力,以约 60 cm/min 的速度沿试样长度方向滚压四次。在标准大气压下停放 10 min。采用力值读数范围在满量程的 15% 至 85% 的适宜的测力仪器,测定从钢板剥离试样所需的力(施力角为 180°,剥离速度为 270 mm/min～330 mm/min)。观测第一个 25 mm 长度处施加的作用力,每 30 mm 观测一次作用力,取六次读数的平均值。取 5 个试样,计算 5 个试样的平均值。一般要求粘贴绷带每 1 cm 宽度所需的平均力应不小于 1.0 N,但对于应用场合对粘贴强度要求不高的医用粘贴绷带,该指标可以取 0.5 N,但需在产品包装上注明。

11.2.2 粘贴绷带的生物相容性

对于生物相容性的测试,应按 GB/T 16886 系列标准中规定对粘贴绷带进行生物学评价。由于绷带属于表面接触类生物医用材料器械,即仅与人体皮肤或损伤皮肤表面接触,因此在其生物学评价中,主要考虑的评价试验见表 11-3。接触时间 A 表示短期接触,即在 24 h 以内一次、多次或重复使用或接触的器械;接触时间 B 表示长期接触,即在 24 h 以上 30 d 以内一次、多次或重复长期使用或接触的器械;接触时间 C 表示持久接触,即超过 30 d 以上一次、多次或重复长期使用或接触的器械。生物相容性测试结果应满足无不可接受的生物学危害。

表 11-3 绷带的生物相容性试验

分类	接触	接触时间	生物作用				
			细胞毒性	致敏	刺激或皮内反应	亚慢(急)性毒性	遗传毒性
表面器械	皮肤	A	√	√	√		
		B	√	√	√		
		C	√	√	√		
	损伤表面	A	√	√	√		
		B	√	√	√		
		C	√	√	√	√	√

注:A、B、C 代表基础时间,A—短期,B—长期,C—持久。

11.2.3 粘贴绷带的其他性能

11.2.3.1 舒适性(可伸展性)

参照 YY/T 0471.4—2017 评价绷带的舒适性,即可伸展性及永久变形。详见前文"11.1.4"所述。

绷带的舒适性结果要求可伸展性应不大于 14 N/cm,永久变形应不大于 5%。

11.2.3.2 水蒸气透过性

该试验的测试原理同 11.1.2 节敷料中的水蒸气透过率,但具体测试方法有别。该试验装置需要一只由抗腐蚀材料制成的盒子,外部尺寸约为 95 mm×25 mm×20 mm,净质量不超过 60 g,除了顶部有 80 mm×10 mm 长方形开口,其余均密闭,除开口以外该盒子完全不透水或水蒸气。样品在测试前应在(21±2)℃,相对湿度为(60±15)%条件下进行状态调节至少 16 h。试验方法是先将一只装有 1 kg 无水氯化钙的盘子放入带有循环空气设施的电热干燥箱内,温度保持在 36~38 ℃。另取五只符合上述要求的小盒子,各放入约 2 g 吸水棉和 20 mL 水。然后将绷带试样盖住盒子开口的顶部,按压试样,按压时不使样品伸展,使开口完全被封住。确保湿的吸收棉不与样品的下表面接触。样品的宽度必须至少大于开口尺寸 5 mm。然后对封口的盒子称量,精确到毫克,再将它们放入干燥箱中约 18 h 后取出,在标准大气压下冷却 1 h,再次称量。最后,用各盒子顶端的开口面积和质量损耗计算每 24 h 的水蒸气渗透,以 g/m^2 表示。

水蒸气透过性评价结果要求每 24 h 的水蒸气渗透应不少于 500 g/m^2。

11.2.3.3 阻水性

阻水性应满足 YY/T 0471.3—2004《接触性创面敷料试验方法 第 3 部分:阻水性》所规定试验的要求,详见 11.1.3 节方法。测试结果如果 3 个样品中任何一个样品出现渗水,则试验未通过。

11.2.3.4 特定物质

特定物质指的是粘贴绷带中明示粘贴物质中含有抗菌、收敛或滋润等作用的化合物(如氧化锌、二氧化钛等)。必须采用适当的方法检验这类特定物质的含量。以氧化锌含量测试为例子,其溶液配制方法:

1) 6 mol/L 乙酸:取冰乙酸 35 mL,加水稀释至 100 mL。

2) 氨缓冲液(pH=10.9):称取 67.5 g 氯化胺,用 10 mol/L 的氨溶液溶解并定容至 1000 mL。

3) 0.1 mol/L 的乙二胺四乙酸二钠标准滴定液:按 GB/T 601—2002 中"4.15"配制并标定。

4) 指示剂:称取 0.5 g 媒染黑 11(又称铬黑 T)和 4.55 g 盐酸羟胺,用甲醇溶解并稀释至 100 mL。

待溶液配制好后,将质量为 1 g 绷带切成条,与 75 mL 三氯甲烷、6 mL 6 mol/L 的乙酸和 40 mL 的水一起装入一只锥形烧瓶中,加热至三氯甲烷层沸,持续加热 4 min,同时不断进行涡漩混合。使稍冷,盖上塞子,用力振摇 2 min。用水淋洗瓶塞,淋洗液集于该烧瓶中。加入 10 mL 氨缓冲液(pH=10.9),在仍温热条件下,加入 0.2 mL 指示剂,边摇动边用 0.1 mol/L 的乙二胺四乙酸二钠标准滴定液滴定。每 1 mL 0.1 mol/L 的乙二胺四乙酸二钠相当于 8.137 mg 氧化锌。将该滴定过的液体通过一个网孔为 106 μm 的滤网倒出,将滤出的纤维返回至烧瓶中的织物中,用少量三氯甲烷连续洗几次,于 105 ℃下干燥并恒量。黏性物质的质量由称量之差求出,计算粘贴物质中氧化锌的百分含量,结果要求其应不小于粘贴物质的 10.0%。

11.2.3.5 弹性

若粘贴绷带明示具有"弹力"或"弹性",则按照 YY/T 0148—2006 的要求,需要对其弹性性能进行测试与评价。

测试方法是,首先测量在无拉伸条件下的绷带的长度,将其一段固定于夹具上,另一端固定到弹簧测力仪或其他加力装置的可移动夹具上,这样可使绷带在弹性方向上拉伸,确保其两端被夹紧。在两夹具间的材料上标示出两个相隔约 50 cm 的标记。对移动夹具施加每厘米宽度 10 N 的力,并确保在 5 s 内完成加载。加载完成后尽快测量材料两标记间的距离。维持该载荷在 55～65 s 的拉伸时间,确保不超时和超载。然后快速释放伸力,但不使绷带缠结。绷带从夹具间取出前,使其粘贴面向里沿其长度方向将试样两边对折。从夹具中取出,从释放拉伸开始使材料松弛 4.75～5.25 min 的时间。测量两标记间的距离。最后,根据下式计算绷带的全伸展长度和恢复长度。一般要求,绷带弹性性能需要满足其恢复长度应不大于全伸展长度的 80%。

$$L_{拉} = \frac{s_1}{l} \tag{11-7}$$

$$L_{恢} = \frac{s_2}{l} \tag{11-8}$$

式中:$L_{拉}$ 为全伸展长度(cm);$L_{恢}$ 为恢复长度(cm);l 为加载前材料两标记的距离(cm);s_1 加载中材料两标记间的距离(cm);s_2 卸载后材料两标记的距离(cm)。

11.2.4 医用弹性绷带的性能

医用弹性绷带按照加工方法可分为三类:纯棉机织绷带、非织造绷带以及复合绷带等。其中,复合绷带是由基体和聚合物膜构成。比较有代表性的就是采用编织或针织工艺加工而成的医用弹性绷带,由于使用一定的弹性纤维或纱线使绷带具有较高的回弹性能。主要用于外科包扎、固定或压力治疗。具有使用方便,包扎迅速,压力适宜,透气性好,不易感染,利于伤口快速愈合,不影响关节活动的特点。

针对医用弹性绷带,行业标准是 YY/T 0507—2009,表 11-4 所示为标准中相应的测试性能及其意义。表 11-4 中,静止状态指绷带在水平面上自然展开,未受到工作压力所处的状态。而工作拉力指测定绷带性能参数时,从绷带两端对绷带施加的拉力(单位为 N)。按每厘米绷带公称宽度(包装上标识的绷带宽度,cm)施加 10 N 的拉力计算。

表 11-4 弹性绷带的性能参数及意义

性能参数	意义
宽度	用以表征绷带的静止状态下的宽度
单位面积质量	用以表征绷带组织密度的参数
经密	用以表征绷带单位宽度(静止状态下)内的纱线根数
纬密	用以表征绷带工作压力下单位长度内的纱线根数
静止长度	用以表征绷带无拉伸状态下的长度
拉伸长度	用以表征工作拉力下绷带伸展后的理论长度
拉伸率	用以表征工作拉力下绷带的伸展性能
回复率	用以表征绷带经工作拉力拉伸后的回弹性能

弹性绷带的宽度需要使用标准量具测量其静止状态下的宽度,在 5 个均匀分布的位置测量 5 次,记录数值并计算其平均值。

单位面积质量则取适宜长度称取质量,精度为 0.01 g。然后根据绷带的宽度和拉伸长度计算绷带的单位面积质量,单位为 g/m^2。

经密和纬密的测试参照一般纺织品的测试方法,其单位采用每 10 cm 的纱线根数,即"根/(10 cm)"。注意:纬密是在工作压力下单位长度内的纱线根数。

绷带的拉伸长度、拉伸率和回复率可以参照常规的拉伸试验进行。试验参数:拉伸速度 200~500 mm/min,标距(即初始隔距)不小于 30 mm,工作压力(即拉伸力)为 10 N/cm(绷带宽度,即包装上标识的绷带宽度)。

弹性绷带的性能参数有其特别的意义,在参数测试时特别需要重视。

11.3 手术服与防护服

院内医护人员穿着用的医疗用服主要有日常工作服、手术服、洁净服(又称隔离服)与防护服。

手术服按照使用寿命主要分为两类:耐用性手术服及一次性手术服。耐用性手术服是以天然纤维(棉、麻)和合成纤维(涤纶、锦纶)以及两者混纺的传统机织布缝合而成。一次性手术服以聚丙烯、聚酯、水溶性聚乙烯醇纤维等纤维为材料,利用非织造技术加工而成。

耐用性手术服和一次性手术服虽然选择了不同的纤维材料和加工工艺,但都具备了手术服的基本性能要求。美国围术期注册护士协会(AORN)在选择手术服时,给出了如下基本原则:

(1) 手术服应该安全、符合规定要求,并能增强医患的安全保障。
(2) 手术服应能阻止血液和其他体液、微小颗粒及微生物的进入。
(3) 手术服应具有可接受的质量水平,能抗撕裂、抗顶破和耐摩擦。
(4) 手术服应适于用消毒方法处理。对于重复使用型的材料,每次处理后需重新检测其防护性能。
(5) 手术服应能够阻燃。
(6) 手术服应该舒适,有助于保持穿着者的适当体温。

洁净服(隔离服)和防护服通常指经无菌处理,可避免血液、体液和其他感染性物质的污染的防护用品。隔离服不用于甲类传染病中的防护使用,因此在阻隔性能整体上要求较防护服低。

欧洲标准 EN 13795.3:2006、美国标准 ANSI/AMMI PB70:2003、国际标准 ISO 22612:2005、我国医药行业标准 YY/T 0506 系列,以及我国国标 GB 19082—2009,对手术服、洁净服和防护服等各方面的性能都做出了规定(表 11-5)。

表 11-5 我国手术服和防护服性能相关标准对比

序号	手术服、洁净服 (YY/T 0506.2—2016)	医用一次性防护服 (GB 19082—2009)
力学性能	胀破强度(干态、湿态) 拉伸强度(干态、湿态) ● 断裂强力 ● 断裂伸长率	断裂强力 断裂伸长率
抗液性	抗渗水性	液体阻隔 ● 抗渗水性 ● 透湿量 ● 抗合成血液穿透性 ● 表面抗湿性
抗微生物	阻微生物穿透(干态、湿态) 洁净度(微生物、微粒物质)	微生物指标
过滤性能	—	过滤效率
灭菌残留	—	环氧乙烷残留量
其他性能	落絮	抗静电性 抗电衰减性能 阻燃性 舒适性:皮肤刺激性

11.3.1 外观、结构及号型规格

在外观上,手术服应干燥、清洁、无霉斑,表面不允许存在粘连、裂缝、孔洞等缺陷。手术服上的连接部位可采用针缝、黏合和热合等加工方式。针缝的针眼应密封处理,针距为 8~14 针/(3 cm),线迹应均匀、平直,不能有跳针;经黏合或热合等加工的部位应平整、密封,无气泡。手术服的外观质量主要通过目测或低倍放大镜观察进行评价。

总体上,手术服的结构应满足合理、穿脱方便、结合部位严密等要求。耐用型手术服通常是内外三件套(图 11-5)。分手术洗手衣、裤和手术外衣两部分。手术洗手衣、裤,涤棉为主,为分体式。短袖上衣一般是鸡心领或圆领,长裤略宽松,腰部抽绳或松紧带起调节作用。手术外衣为防护长衫式,分别有纯棉、涤棉等材料经整理成为结构紧密的单层机织物,胸前双层加厚。手术洗手衣设计为短袖式,是为了使医生在手术过程中容易伸展双手。洗手衣外面套长袖的手术外衣,里面如果也是长袖,整个袖子容易起皱,影响穿着舒适性。手术外衣设计为反穿衣,领口较高,对穿着者起防护性作用,防止手术过程中细菌的侵蚀。一次性手术服多为有特殊感染的病人及应急情况下使用,通常套在手术外衣外面(图 11-6),也是反穿衣的设计。手术服的关键部位主要指前襟、左右臂和领口(图 11-7 阴影处)。

手术服号型主要分为 160、165、170、175、180、185 cm 6 个尺寸。

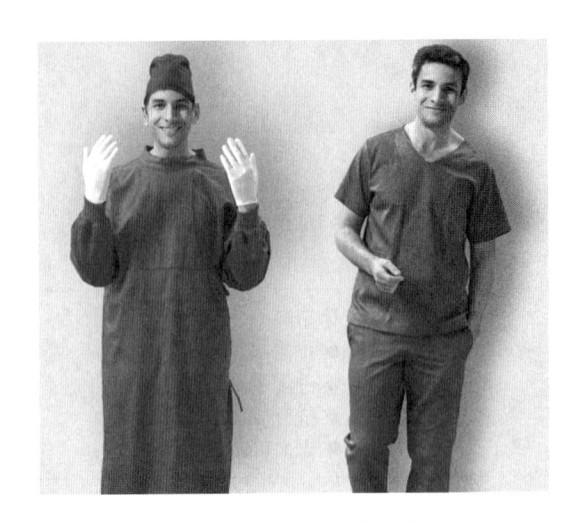

图 11-5　耐用型手术服三件套　　　　　　图 11-6　一次性手术服

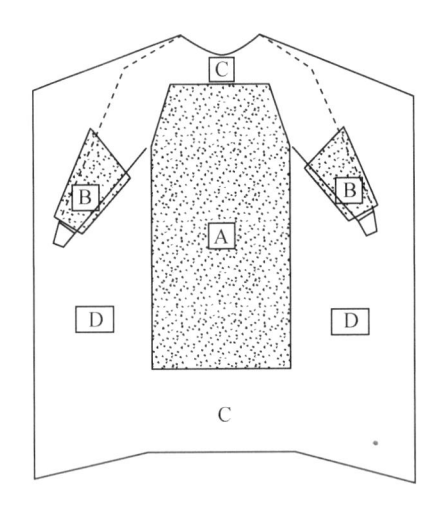

图 11-7　手术服关键部位（美国标准 ANSI/AAMI PB70:2003）

11.3.2　物理力学性能

物理力学性能也是手术服的重要性能，如果手术服在使用过程中出现断裂、撕破等现象，将失去防护功能，导致细菌入侵。本节主要对手术服的拉伸强度、胀破强度、抗静电性进行分析。

11.3.2.1　拉伸强度（干、湿）

根据标准 YY/T 0506.2—2016 的规定，针对手术服关键部位的拉伸试验需要参照标准 GB/T 3923.1—1997 进行试验，并要求断裂强力不小于 45 N，断裂伸长率不小于 30%。实验可采用等速伸长试验仪，在 20 ℃、相对湿度为 65% 的条件下进行试验。试样的尺寸为 50 mm×330 mm 的条样。在样品上离开布边 100 mm 按平行排列的方式裁取纵向和横向试样各 5 条。标距为 200 mm，拉伸速度为 100 mm/min，预加张力的选择见表 11-6。此外，对于断裂伸长率超过 80% 的布料,标距为 100 mm,其余参数不变。但 YY/T 05062—2016 中,未涉及湿态手术服的相关拉伸性能的测试要求和方法。

表 11-6 拉伸试验预加张力的选择

手术服	一次性手术服	预张力(N)
试样单位面积质量(g/m²)		
<200	<150	2
200~500	150~500	5
>500	>500	10

一次性手术服需要参照标准 FZ/T 60005—1991,该标准等效于 ISO 9073.3:1989。试样的尺寸为 50 mm×200 mm。在样品上离开布边 100 mm 按平行排列的方式裁取纵向和横向试样各 5 条。标距为 200 mm,拉伸速度为(100±10) mm/min,预加张力的选择见表 11-6。另外,对于湿态试样的断裂强力和断裂伸长率的测定时,应备有把试样浸没在蒸馏水或去离子水中的器具。若要进行湿态调节,需将试样直接浸入含有 1% 润湿剂的溶液中浸透,其他条件同干态测试。

11.3.2.2 胀破强度(干、湿)

YY/T 0506.2—2016 指出,对于手术服的干湿胀破强度,应按 ISO 13938-1 试验评价产品的干态和湿态下的胀破强度。其原理是用一个圆形夹环将试验样品夹于膨胀隔膜上方,增加隔膜下面液体压力,使隔膜和织物产生位移,液体体积以单位时间内的恒定速率增加,直到试样被胀破,测定胀破强力和胀破距离。实验仪器宜按 EN 30012.1:1993 进行计量检定的胀破试验机。试样实验面积为 100 cm²(直径 11.28 cm)。隔膜厚度不能超过 2 mm,具有高膨胀性,且能承受所采用的液压。根据试样织物的要求,体积增加速率范围在 100~500 cm³/min,试样的胀破时间为(20±5) s。胀破后,记录胀破压力、胀破高度和胀破体积。并在相同实验条件下,不加试样,使隔膜膨胀至试样的平均胀破高度和胀破体积,记录隔膜在该位移下的压力,即为"隔膜压"。试样的胀破压力与隔膜压之差即为最后实验结果。

对于湿态条件下的试验,将试样放在温度为(20±2) ℃且符合 GB/T 6682—2008 的三级水(用于一般化学分析试验,可用蒸馏或离子交换方法制取)中浸泡 1 h,可以用浓度不大于 1 g/L 的非离子表面活性剂的水溶液代替水,从液体中取出试样后,短时间放到吸水纸上以去除多余的水,立即按照干态下胀破试验方法进行试验。

11.3.2.3 抗静电性

按照 GB/T 12703—1991 中 7.2 部分的工作服的摩擦带电法(E 法)进行测试。其原理是用滚筒烘干装置模拟工作服摩擦带电的情况,再放入法拉第筒系统中测试电量。图 11-8 所示为摩擦带电滚筒测试装置,1 为转鼓,2 为手柄,3 为绝缘胶带,4 为盖子,5 为标准布,6 为底座。图 11-9 所示为法拉第筒系统,1 为外筒,2 为内筒,3 为电容器,4 为静电电压表,5 为绝缘支架。其测试方法是将手术服在模拟穿用状态下(扣上纽扣)放入摩擦装置,保持鼓内温度为(60±10) ℃,运行 15 min 后启动手柄,使装置倾斜,样品自动进入法拉第筒,亦可戴绝缘手套直接取出样品。此时,样品应距法拉第筒以外的物体 300 mm 以上。用法拉第筒测出工作服带电量,重复五次操作,每次之间有静置 10 min 的时间,并用消电器对样品及转鼓内的标准布进行消电处理,取五次测量结果的平均值为最终测量值。手术服成衣的带电量测试结果应不大于 0.6 μC。

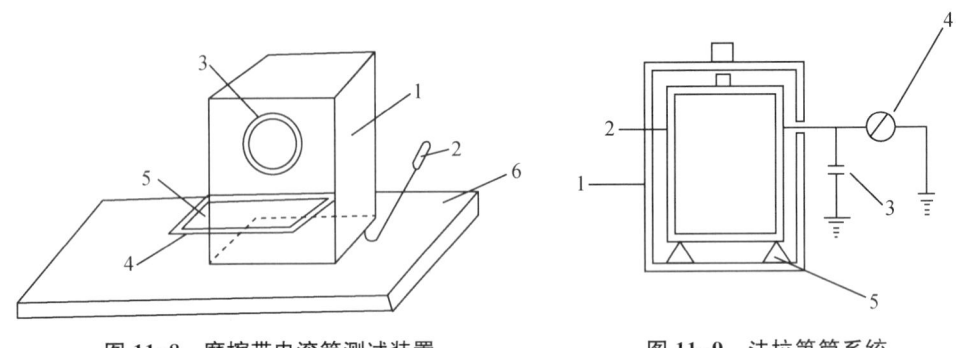

图 11-8 摩擦带电滚筒测试装置

图 11-9 法拉第筒系统

11.3.3 液体阻隔性能

在医疗活动中,液体往往被认为是微生物转移的重要载体,其他可能的载体还有:空气、气溶胶、毛发、落絮以及皮屑。在机械作用下的干态微生物可以穿过防护服的多孔材料。有效的微生物阻隔必须能阻止干态和湿态的微生物穿透。医疗活动中液体污染发生的两大基本类型是:喷洒和飞溅,或者由于压力和接触产生的液体浸透。基于不同的使用环境,应选择最合适的测试方法对产品性能进行更加精确的评估。

YY/T 1498—2016 对医用防护服的阻隔性能做出了细致的要求,除液体阻隔性能外,还要求利用 Phi-X174 病毒测试医用防护服的阻病毒穿透性能,以及对液体中微生物、空气中微生物、气溶胶微生物和干态粒子的阻隔性能。YY/T 1499—2016 针对标示有液体阻隔性能或液生微生物阻隔性能的防护服规定了医用防护服液体阻隔性能的分级和相关的标识要求。GB 19082—2009 重点强调了防护服关键部位的液体阻隔性能,尤其是抗渗水性和抗合成血液穿透的能力,对于阻碍微生物穿透的性能未做出直接要求,而是通过过滤效率来评价防护服关键部位材料及接缝处对非油性颗粒的过滤性能。本节重点描述阻隔性能的常用测试和表征方法。

11.3.3.1 抗渗水性

抗渗水性是以织物承受的静水压来表示水透过织物所遇到的阻力。参照 GB/T 4744—2013,评价手术服关键部位。测试方法是在标准大气条件下,试样的一面承受一个持续上升的水压,直到有三处渗水为止,并记录此时的压力,可以从试样的上面或下面施加水压。试验面积为 100 cm^2,水压增加速率为 (10±0.5) cm/min。手术服的关键部位的抗渗水性静水压应不低于 1.67 kPa(17 cm H$_2$O)。YY/T 1499—2016 中将医用防护服的液体阻隔性能分为 4 个级别。

11.3.3.2 表面抗湿性

表面抗湿性应按照 GB/T 4745—2012《纺织品防水性能的检测和评价 沾水试验》评价，沾水实验主要是测试织物表面抵抗被水润湿的程度。其原理是将试样安装在环形夹持器上，保持夹持器与水平呈 45°，试样中心位置距喷嘴下方(195±10) mm 距离，用 250 mL 蒸馏水或去离子水喷淋试样。喷淋后，通过试样外观与沾水现象描述及图片的比较，来确定其沾水等级，并以此评价织物的防水性能。图 11-10 为喷淋装置示意图，1 为漏斗，2 为支撑环，3 为橡胶管，4 为淋水喷嘴，5 为支架，6 为试样，7 为试样夹持器，8 为底座。表 4 为沾水等级表述，手术服外侧面沾水等级应不低于 3 级（表 11-7）。

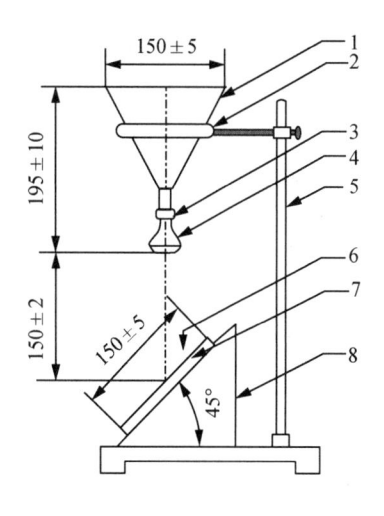

图 11-10　喷淋装置示意

表 11-7　沾水等级表述

沾水等级	沾水现象描述
0 级	整个试样表面完全润湿
1 级	受淋表面完全润湿
1～2 级	试样表面超出喷淋点处润湿，润湿面积超出受淋表面一般
2 级	试样表面超出喷淋点处润湿，润湿面积约为受淋表面一般
2～3 级	试样表面超出喷淋点处润湿，润湿面积少于受淋表面一般
3 级	试样表面喷淋点处润湿
3～4 级	试样表面等于或少于半数的喷淋点处润湿
4 级	试样表面有零星的喷淋点处润湿
4～5 级	试样表面没有润湿，有少量水珠试样
5 级	表面没有水珠或润湿

11.3.3.3 全面液体透过试验

NFPA 1999:2018 要求采用全面液体透过试验（又称喷淋试验）评价防护服的液体整体渗透性。喷淋试验装置如图 11-11 所示。在试验舱里按照规定配置 5 个喷头，将防护服穿在假人身上，未穿防护服的部位用不透明的防水胶带封住，向假人身上从不同的方向喷洒表面张力为 0.032 N/m 的水或合成血液，速度为 3 L/min。试验进行 20 min，假人转动 4 次，每个方向 5 min。喷淋试验对评价防护服的锁扣、接缝性能及防护服设计的完整性是有效的。

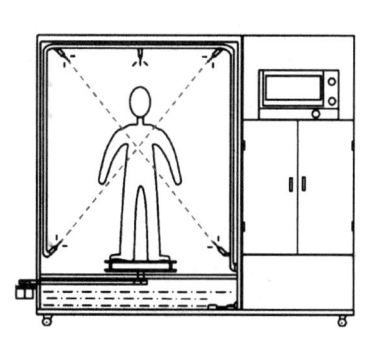

图 11-11　喷淋试验装置

11.3.3.4 抗合成血液穿透性

该试验是对材料在持续施加的条件下以合成血液进行的,通过目视检查材料上合成血液是否穿透。使用表面张力为(0.042 ± 0.002)N/m的合成血液,在手术服上随机取3个尺寸为75 mm×75 mm的试样。手术服的血液穿透性不低于2级(表11-8)。GB 19082—2009在合成血液渗透试验方面,将一次性防护服性能分为6个等级。

表11-8 抗合成血液穿透性分级

级别	6	5	4	3	2	1
压强(kPa)	20	14	7	3.5	1.75	0[a]

[a] 表示材料所受的压强仅为试验槽中的合成血液所产生的压强。

11.3.3.5 过滤效率

主要是针对手术服关键部位材料及接缝处对非油性颗粒物的过滤效率进行测试。至少测试3套手术服样品。试验时,应使用在相对湿度为30%±10%、温度为(25 ± 5) ℃的环境中的NaCl气溶胶或类似的固体气溶胶[固体气溶胶的粒数中位径(CMD)在(0.075 ± 0.020) μm,浓度应低于200 mg/m³],空气流量应该稳定至(15 ± 2) L/min,气流通过的截面积为100 cm²。手术服关键部位材料及接缝处对非油性颗粒物的过滤效率不小于70%。

11.3.4 阻微生物穿透性能

手术服最重要的用途是有效地防止感染源从手术人员向手术创面直接接触性传播和反向传播,屏障细菌的穿透。因此,阻微生物穿透性能的测试与评价对手术服十分重要。

根据YY/T 0506.5—2009和YY/T 0506.6—2009的相关要求,手术服的阻微生物穿透性能主要包括干态和湿态两项,干态实验是评价产品的阻微生物污染尘埃穿透性,湿态实验是评价产品的阻微生物污染液穿透性。

11.3.4.1 阻干态微生物穿透性能

该实验原理是在分别固定在一个容器上的试样上进行,在这些容器中,5个携带枯草杆菌滑石粉的容器,1个加入未染菌滑石粉的容器作为对照。在各容器底部离试样下方近距离插入1个培养皿。支持容器的设备靠一个气球式振荡器使其振荡,使试样的滑石粉全部落到培养皿上,取出培养皿并在35 ℃下进行培养,24 h后对生长的的菌落进行计数。

11.3.4.2 阻湿态微生物穿透性能

研究表明,在湿态下,液体可携带细菌向屏障材料迁移并透过屏障材料。例如皮肤菌群对覆盖材料的湿态穿透。本实验的原理是将试样放于琼脂培养皿上,一片相同规格的菌片(染菌面向下)放于试样上面,再盖上一片厚约10 μm的**高密度聚乙烯(HDPE)**膜,用两个锥形钢环将三层材料卡在仪器,并施加一定的拉伸力。一个耐磨试验指置于材料上面,用于对菌片和样本施加规定的力,使试样与琼脂接触。试验指通过外向轮驱动的旋转杆在15 min内以能在整个培养皿表面上移动的方式作用于材料。材料组装的绷紧度靠钢环的自身质量确定,确保试样在任何一个时间仅有较小的区域与琼脂表面接触。试验进行15 min后,更换新的琼脂培养皿,用同一菌片和试样重复进行试验,同一菌片和试样共进行5组试验,每次均操作 15 min。这样可使试验对总时间内的穿透性进行评估,最后采用同样的技术估测试样上面的菌落污染情况,对菌落数进行计数。

11.3.4.3 微生物指标

标准 YY/T 0506.5—2009 和 YY/T 0506.6—2009 虽然都提出了相应的干湿态条件下阻微生物渗透的测试方法,但都没有提及其评价标准。GB 19082—2009 给出了相应的防护服微生物指标要求,见表 11-9。GB/T 38462—2020 对非织造布材料的微生物指标提出了更高的要求:**细菌菌落总数**≤150 CFU/g;**真菌菌落总数**≤80 CFU/g。

表 11-9 防护服生物指标

细菌菌落总数(CFU/g)	大肠杆菌	绿脓杆菌	金黄色葡萄球菌	溶血性链球菌	真菌菌落总数(CFU/g)
≤200	不得检出	不得检出	不得检出	不得检出	≤100

11.3.5 舒适性能

手术服和防护服性能评价,除了物理力学性能、阻微生物性能,还包括服用舒适性能,如透气、透湿、保暖、皮肤刺激性等,以及其他性能,如落絮、洁净度、环氧乙烷残留量等。本节将对这些性能测试与评价标准进行简要介绍。

11.3.5.1 透气性

透气性与材料的表面孔径有关,可在一定程度上反映穿着舒适性。一次性的医用防护服和一次性手术衣对此项目并无要求。根据 YY/T 1498—2016,透气性是指在一定压差条件下检验样品允许气体透过的能力,可按 GB/T 5453 进行试验,由此评价产品的透气性,检验结果用气体量/(试样面积×时间)[$cm^3/(cm^2 \cdot min)$]表示。测得的数值越大,材料的透气性越好。当结果小于30.5 $cm^3/(cm^2 \cdot min)$时,需要用其他方法检测其舒适性能。

11.3.5.2 透湿性

透湿性可由透湿量来表征,它是指在试样两面保持规定的温度条件下,固定时间内垂直通过单位面积试样的水蒸气质量,以克每平方米小时[$g/(m^2 \cdot h)$]或克每平方米二十四小时[$g/(m^2 \cdot 24 h)$]为单位。按照 GB/T 12704.1—2009 规定的方法进行试验。其原理是通过把有干燥剂并封以织物试样的透湿杯放置于规定温度和湿度的密封环境中,根据一定时间内透湿杯质量的变化计算试样的**透湿率**(WVT)。计算公式如下:

$$WVT = \frac{\Delta m - \Delta m'}{A \times t} \tag{11-9}$$

式中:WVT 为透湿率[$g/(m^2 \cdot h)$ 或 $g/(m^2 \cdot 24 h)$];Δm 为一试样组合体两次称量之差(g);$\Delta m'$ 为空白试样的同一试样组合体两次称量之差(g);A 为有效试验面积(m^2);t 为试验时间(h)。

其测试原理与敷料的透湿性测试完全一致。手术服的透湿量应不小于 2500 $g/(m^2 \cdot 24 h)$。

11.3.5.3 热舒适性

热舒适性是指在人体产热和散热之间达到平衡时的舒适性。由于防护服通常由多种材料制成,这些材料在透气性和水蒸气透过这两个参数上变异很大,防护服整体或其一部分可以允许体表的汗液和水蒸气透过进入到环境中,进而协助体温调节平衡。全部或部分由高透气性或高水蒸气透过率的材料制成的防护服,通常具有更宽的舒适度范围,或者说对更高的温度、相对湿度以及更高的工作量具有容忍性。不能使汗液或呼吸蒸气充分透过的防护服会导致内外交换平衡的打破,往往导致不舒适性。

YY/T 1498—2016 利用热阻和湿阻表征热舒适性,即在恒稳态条件下,通过使用出汗保护热板(也称为皮肤模型,因为它模仿人体皮肤的热调节模式)来检验材料的阻干态热损失和阻水蒸气热损失性能。该装置模拟的是在两个干燥和出汗的人体皮肤上发生的热量和质量的传递过程。用不同的环境条件模拟不同的环境状况时,对防护服的阻干态热损失和阻水蒸气热损失的检验可以同时进行也可以分别进行。皮肤模型的主要组成部分是一个多孔金属板。该板通电加热至 35 ℃(人体皮肤的温度)然后在其上覆盖试样。通过给金属板供水来模拟出汗过程,水将流过金属板上的小孔,并从小孔上蒸发出去。低的阻热系数意味着防护服材料高的热导率;低水蒸气阻隔系数的防护服材料则对应着低的水蒸气透过。

11.3.5.4 皮肤刺激性

按照 GB/T 16886.10—2005(等效于 ISO 10993-10:2002)中 6.3 的动物皮肤刺激方法进行试验。家兔为首选试验模型,浸提介质选用 0.9%氯化钠注射液。在无菌条件下,从手术服上采取 2.5 cm×2.5 cm 样品 2 块,以 1 mL/cm² 的比例加入浸提介质,置于 37 ℃下浸提 72 h,并用相同方法制备不含样品的浸提介质作为阴性对照液。

按图 11-12 所示部位将滴有浸提介质的手术服块敷贴于动物背部两侧的对照接触部位(1—头部,2—试验部位,3—对照部位,4—去毛的背部区域,5—对照部位,6—试验部位,7—尾部),并用绷带(半封闭性或封闭性)固定敷贴片至少 4 h。接触期结束后取下敷贴片,用持久性墨水对接触部位进行标记,并用适当的方法除去残留试验材料,如用温水或其他适宜的无刺激性溶剂清洗并拭干,并根据表 11-10 记录评分。将每只动物在每一规定时间试验材料引起的红斑与水肿的原发性刺激记分相加后再除以观察总数之和(各试验部位的观察数据包括红斑和水肿,分别记分)。当采用空白溶液或阴性对照时,计算出对照原发性刺激记分,将试验材料原发性刺激记分减去该记分,即得出原发性刺激记分。该值即为原发性刺激指数。试验结果要求原发性刺激记分应不超过 1。

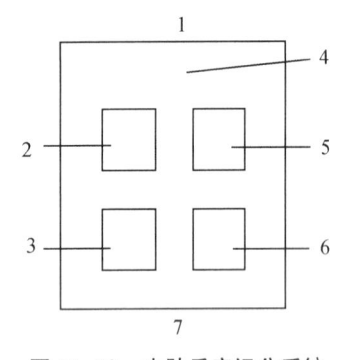

图 11-12 皮肤反应记分系统

表 11-10 皮肤反应记分系统

反应	原发性刺激记分
红斑和焦痂程度	
无红斑	0
极轻微红斑(勉强可见)	1

(续表)

反应	原发性刺激记分
清晰红斑	2
中度红斑	3
重度红斑(紫红色)至焦痂形成	4
水肿程度	
无水肿	0
极轻微水肿(勉强可见)	1
清晰水肿(肿起,不超出区域边缘)	2
中度水肿(肿起约1 mm)	3
重度水肿(肿起超过1 mm,并超出接触区)	4
刺激最高记分	8

11.3.5.5 落絮

落絮主要测试手术服在穿着和使用过程中纤絮和其他微粒的释放量,测试方法可根据 YY/T 0506.4—2016。其测试原理基于改进后的 Gelbo 扭曲法。此方法中,样品在试验箱内经受扭转和压缩的综合作用。在扭曲过程中,从试验箱中抽出空气,用粒子计数器对空气中的微粒计数并分类。扭曲装置含两个直径为 82.8 mm 的圆盘,其中一个盘是固定的,另一个则是固定在一个运动机构上的运动盘,后者朝向前者以每分钟 60 次的频率做往复运动。在往复运动过程中,依次以顺时针和逆时针旋转 180°。图 11-13 中,1 为试验箱,2 为计数器,3 为试样。落絮试验结果应以 3 μm 至 25 μm 的粒子计数,即落絮系数,并以常用对数值报告。

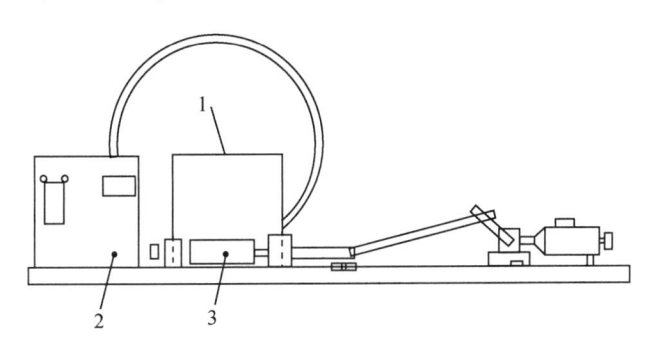

图 11-13　Gelbo 扭曲干态微粒发生器

11.3.5.6 洁净度

洁净度的测试包括两个方面:微生物及微粒物质。

微生物的测试方法应参照 YY/T 0506.7—2012,采用袋蠕动法对试样上污染的微生物进行洗脱,将洗脱液进行薄膜过滤,对滤膜进行培养计数,得到微生物总数。

微粒物质的评价方法应参考 YY/T 0506.4—2016,试验中采集洁净度-微粒物质的评价数据。对试样中 3 μm 至 25 μm 的粒子计数。粒径在这一范围的粒子被认为携带微生物。

记录试样在 5 min 内,每 30 s 掉落的粒子数总和,记为微粒物质数(PM)。一般对 5 个试样的正反面分别测试,取平均值。

11.3.5.7 环氧乙烷残留量

手术服、洁净服和防护服在使用前必须经过消毒灭菌,通常环氧乙烷灭菌是较为常用的一种灭菌方式。但经环氧乙烷灭菌的手术服会有一定的残留量,且环氧乙烷本身是有毒气体,因此要对其残留量进行检测。可按照 GB/T 14233.1—2008 中的 9.4 条款所规定的极限浸提法,以水为溶剂进行平行试验,再按照 9.5 条款中的相对含量法进行测定。试验结果要求手术服的环氧乙烷残留量应不超过 10 μg/g。

习题与思考题

[1] 简述对敷料产品测试其液体吸收性的意义及其测试方法和主要指标。
[2] 简述对敷料产品测试其抗菌性的意义及其测试方法和主要指标。
[3] 简述绷带产品的透气性对创口愈合所起到的作用及其测试方法。
[4] 请对比医用手术服方面的中国标准、欧盟标准和国际标准中的基本性能指标。

第4部分
耐久性评价及移出植入物失效分析

本部分主要介绍生物医用纺织品的耐久性评价及移出植入物失效分析,具体包括体外疲劳模拟测试、动物试验和临床试验、生物医用纺织品的移出植入物失效分析等。

如前所述,某些植入物进入人体以后处在非常复杂的力学及化学环境中。这些植入物功能的发挥、发挥的持久性均是值得重点关注的要点。然而,目前业内对体内耐久性的关注不多。动物试验是介于体外的实验室评价与临床试验之间的测试手段。可以认为它是临床试验前最接近真实人体内情况的评价手段。尽管如此,动物试验不能反映生物医用纺织品在人体内的真实情况,因为存在物种差异,而且动物试验往往是短期的,而体内植入物往往被预期长期植入。因此,如何在体外尽可能地模拟体内环境并开展耐久性评价,至关重要。第12章主要介绍编者课题组在这方面的工作进展,期望引起更多的关注,可以启发更优的评价方法。

随着人们对动物福利的日益关注,对于动物试验的开展,业内提出了"3R"原则,即减少(Reduction)、优化(Refinement)和替代(Replacement)。因此,第13章主要介绍开展动物试验的基础知识及动物试验设计方面的内容。期望在"3R"原则的指导下,充分发挥动物试验的作用,深入挖掘和利用动物试验所产生的有限信息和宝贵资料。本章还概述了临床实验基本原则及设计临床实验应注意的问题。

最后,一个非常重要的内容,就是生物医用纺织品的失效分析。这对现有产品的改进及新产品的设计开发是具有决定性指导意义的。然而,由于种种原因,目前国内外在这方面开展的工作屈指可数。第14章收集并介绍了生物医用纺织品失效分析方面的资料及相关研究内容,期望为进一步开展移出植入物的失效分析提供参考。更为重要的是,对于产品开发者来说,失效分析的研究结果可以说是无价之宝。

第 12 章　生物医用纺织品的体外疲劳模拟研究

12.1　前言

临床报告指出，植入物经移植后会发生疲劳破损，这对其使用寿命产生了巨大的影响。尤其是针对人工血管及血管覆膜支架这类生物医用纺织品，若织物覆膜发生疲劳破损，极易导致血流渗漏，危及患者的生命安全。并且，临床上发现，植入物的疲劳是其自身多种材料、环境间的综合作用所致。体外疲劳仿真模拟是一件非常有意义但极具挑战性的工作，目前的研究也仅仅是一个开端。

本章主要以血管覆膜支架为例，介绍体外疲劳模拟实验的研究思路和基本方法。

12.2　植入物的疲劳表现

血管覆膜支架微创手术是本世纪最成功的技术之一，是治疗血管主动脉瘤的有效手段，但近年也越来愈多地报道了血管覆膜支架的失效案例。血管覆膜支架一般是经由缝合线将织物覆膜和金属支架缝合而成的（图 12-1），体内移植期间，由于在脉动压力等外力作用下，织物覆膜、金属支架及缝合线三者之间存在着微量的相对运动所产生的相互作用力，导致了血管覆膜支架的疲劳破损，主要表现在以下三个方面：

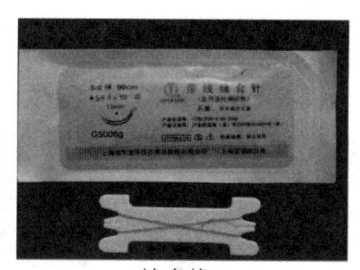

图 12-1　血管覆膜支架组合示意

12.2.1　织物覆膜的疲劳

织物覆膜在整个血管覆膜支架中起到隔绝血流的主要作用，其结构和性能直接影响到

它的使用效果。织物覆膜多为涤纶材料，其疲劳现象主要表现为纱线滑移、织物表面变形褶皱和磨损、纤维断裂、织物孔洞等，如图 12-2 所示。

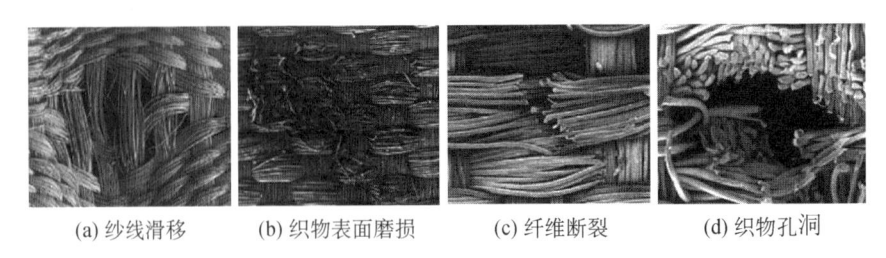

(a) 纱线滑移　　(b) 织物表面磨损　　(c) 纤维断裂　　(d) 织物孔洞

图 12-2　织物覆膜疲劳现象

12.2.2　金属支架的疲劳

金属支架在血管覆膜支架中起支撑作用，其结构的稳定性关系到血管覆膜支架的耐久性能。金属支架的材料多为镍钛记忆合金和不锈钢，其疲劳现象表现为金属支架表面刮痕和腐蚀、支架尖端移位、支架断裂等，如图 12-3 所示。

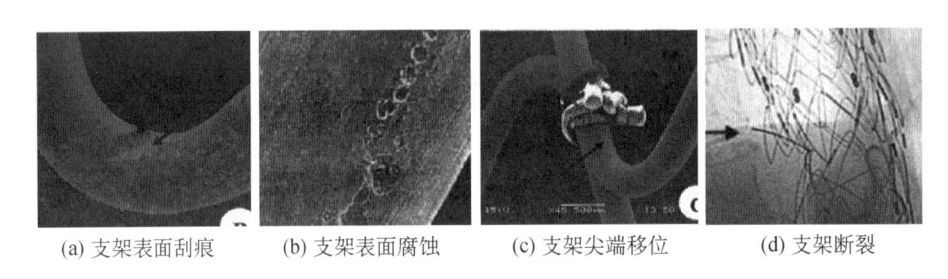

(a) 支架表面刮痕　　(b) 支架表面腐蚀　　(c) 支架尖端移位　　(d) 支架断裂

图 12-3　金属支架疲劳现象

12.2.3　缝合线的疲劳

缝合线的作用是将织物覆膜和金属支架结合在一起，缝合线的牢固性和耐久性能将影响整个血管支架的结构稳定性。缝合线早期较多使用丙纶材料，由于长期化学稳定性不好，易发生降解，故目前更多选用的是涤纶缝合线。缝合线的疲劳现象主要表现为：缝合线材料降解、磨损及缝合线断裂等，如图 12-4 所示。

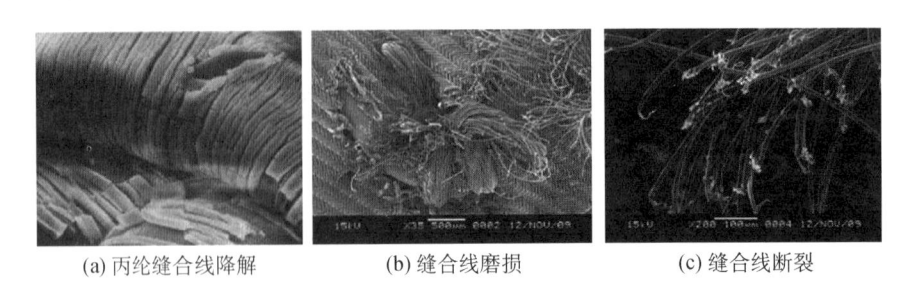

(a) 丙纶缝合线降解　　(b) 缝合线磨损　　(c) 缝合线断裂

图 12-4　缝合线的疲劳现象

植入物的疲劳性能固然与其在体内环境所受血液脉动压力等作用有关,但其本身的结构和性能对其有效性和耐久性也有着至关重要的作用。在临床使用中,由于缺少对植入物性能的预先有效评价而导致其植入体内后失效的案例时有发生。因此,有针对性的对不同结构的血管覆膜支架进行体外疲劳模拟试验就显得尤为必要。通过在体外模拟体内血液和受力环境,对植入物进行体外疲劳模拟加速试验,以期达到对其性能的客观有效评价,甚至进一步预测植入物的疲劳时间和失效机理等,已成为植入物耐疲劳性能研究的迫切需要。

12.3 体外疲劳模拟装置

目前,用于人工血管体外疲劳测试的仪器,一般同时适用于普通置换型人工血管以及血管覆膜支架。比较有代表性的人工血管体外疲劳测试研究当属美国 Dynatek 实验室,他们具备适用于大、中管径人工血管的耐久性测试仪,可以进行高频率加速疲劳测试,具体实验方法是利用隔膜泵将一定量的液体以脉动的形式为人工血管试样施加脉动压力,而提供脉动压的定量液体通过注射器注入与试样相连的刚性管中,但其液体不产生循环脉动流。该测试系统在高频率加速测试的条件下,织物覆膜并没有足够的时间随着压力的作用而变形,即会导致管状织物覆膜变形滞后且不充分。从这个意义上来讲,该系统的疲劳测试有其一定的局限性。

美国 EnduraTEC 公司生产的 ELF9100 系列支架/植入物测试系统,他们以模拟人体血管生理应变的方法来确定血管植入物如人工血管、血管支架等的疲劳寿命。此系统可进行加速测试,频率高达 200 Hz,可同时测量不同管径人工血管的性能。此系统由模拟动脉组、闭环脉动泵组合以及激光测量系统组成,保证模拟动脉直径变化等同于体内状况,并可以实时记录整个试样长度范围内不同位置的直径变化情况。但该系统只是为试样提供了脉动压力,而并没有模拟人体的血液循环系统,并非完全仿真。同样地,频率太高将会导致纺织基人工血管试样变形响应不充分。

20 世纪 70 年代,美国学者 Botzko 等设计了以活塞泵为主体的人工血管**寿命测试仪**,该测试仪的测试频率为每分钟 90 次脉动,为非加速测试。此后,更多的研究关注人工血管或血管支架的加速疲劳测试以及考察其长期疲劳破坏机理。1998 年,加拿大学者利用离心泵产生 80 mmHg 和 180 mmHg 的脉动压以及 4 Hz 的频率来模拟体外循环系统,并在此系统中测试人工心血管材料的性能。意大利学者用 MTS 858 MiniBionix 伺服水压测试仪来测试人工血管的疲劳膨胀性能,具体方法是用两根针状物穿过管状的人工血管,然后将两根针状物分别固定在测试装置上,其中一根针连接致动器,另一根针下端可承载负荷,致动器的运动模拟脉动状态,这样就可以将致动力与人工血管壁同时受到的应力联系起来,进而建立方程组定量分析人工血管膨胀与所受应力之间关系。在该仪器中,试样所承受的脉动力是针状物对其产生的机械作用力,并不是由脉动液体对其产生的压力,也为非仿真仪器。

国内关于人工血管和血管支架的体外疲劳测试装置的研究，主要有东华大学王璐课题组的系列研究。

（1）杨文亮等设计组装的腔内隔绝用人工血管耐磨损性测试仪，它通过对片状织物覆膜进行不同程度和周期性的摩擦，测试织物覆膜的耐磨性能。该装置的缺陷在于只能对片状织物覆膜进行耐磨性能测试，而不适用于管状织物覆膜，且测试时试样受力较为单一。

（2）由东华大学赵荟菁等设计、霍芷晨等进一步改进的纺织基人工血管疲劳性能仿真测试装置。它是通过模拟体内脉动压，产生体内循环流动的液体（其液体可用水代替），计算一定时间后人工血管试样经、纬密度的变化来衡量纺织基人工血管的疲劳性能。其实现加速疲劳测试功能的途径有加快频率和加大压力两种途径。该装置的缺点在于其试样安装架部分，试样呈"静止"状态，无法模拟除脉动压力外其他受力情况，这与植入物真实的受力状态和所处组织液或体液环境都有较大差别，植入物无法受到血液、周围组织、人体运动状态对它产生的物理、化学和机械作用。

（3）由东华大学林婧、刘冰等设计组装改进的血管覆膜支架扭转弯折疲劳模拟装置（图12-5），主要是针对商用血管覆膜支架在临床使用中表现出的疲劳现象以及血管覆膜支架所具有的结构和性能特点进行体外疲劳模拟测试。商用血管覆膜支架在临床上的疲劳现象主要表现为织物覆膜表面褶皱，纱线和纤维有明显的磨损现象，且支架尖端有移位现象，整个管状结构出现弯曲和扭转。推测这一疲劳现象有可能是由于血管覆膜支架移植到宿主体内，血管覆膜支架近端与远端与原宿主动脉壁贴合。当病人在做转身和扭动等各种扭转类动作时，会牵引血管覆膜支架作出相应扭转和弯折类运动，从而造成织物覆膜、金属支架和缝合线三者之间的相互作用，加上血液的周期性脉动压力和体内生物组织的影响，而最终导致其反复发生扭曲褶皱后难以回复至原状态，直至整个血管覆膜支架疲劳失效。该装置在模拟体内脉动压及血液循环系统的同时，增加了血管覆膜支架扭转和弯折的同步作用（图12-6），更仿真地实现了血管覆膜支架的体外加速疲劳模拟试验。

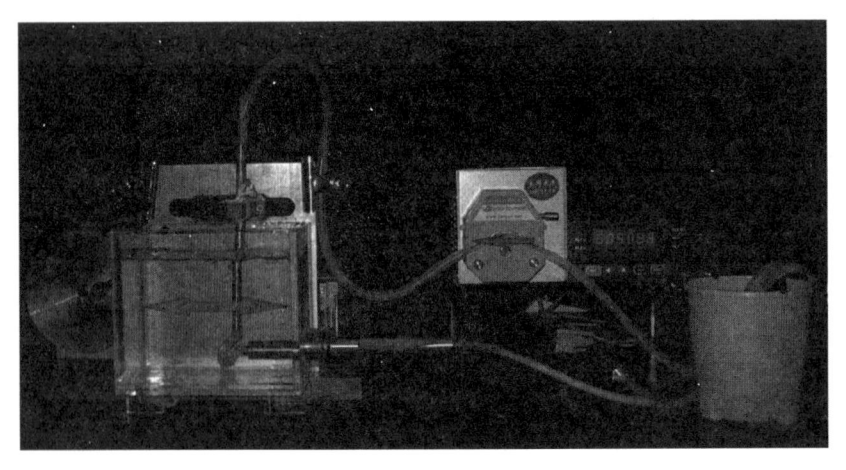

图12-5　血管支架扭转弯折疲劳模拟装置

(a) $\alpha=0°$，$\theta=90°$

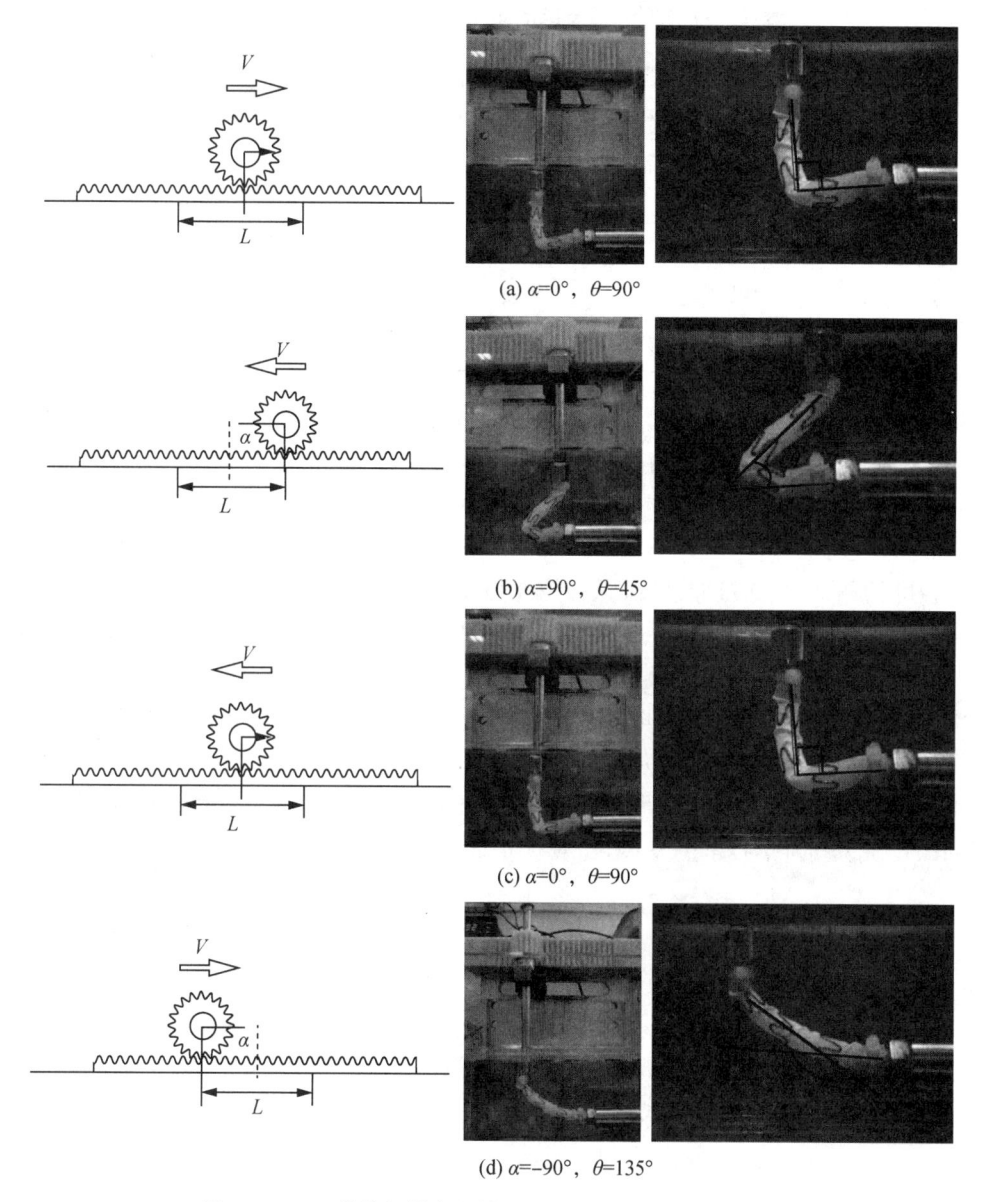

(b) $\alpha=90°$，$\theta=45°$

(c) $\alpha=0°$，$\theta=90°$

(d) $\alpha=-90°$，$\theta=135°$

图 12-6　SG 体外扭转弯折模拟状态：V—扭转/弯折速度；
α—扭转角度；L—竖直金属杆往复移动长度；θ—弯折角度

12.4　植入物体外疲劳性能的测试及评价

植入物经过体外疲劳模拟试验后，还需要对其进行各项性能的测试，评价其试验后的疲劳性能，包括植入物的几何结构、力学性能及理化性能的相关特征指标测试，如表 12-1 所列。这些特征指标一般随疲劳试验时间的变化而变化，即植入物的体外疲劳"时效"特性。

表 12-1　血管覆膜支架的体外疲劳性能测试内容及方法

测试内容	几何结构特征		力学性能	理化性能			
	宏观	微观	力学	FTIR	DSC	CDT	XRD
织物覆膜	疲劳现象、纺织结构参数等		水渗透性、单复丝断裂强度等	材料、元素组成、热稳定性、耐久性等			
金属支架	形态结构、连接方式等		—				
缝合线	缝合方式、纱线规格		断裂强度				
整体	织物覆膜、金属支架及缝合线三者之间的相互作用和影响						

植入物几何结构特征,如血管内径和壁厚等会随着植入物的移植部位、植入时间以及环境等因素的变化而变化。对于植入物的几何结构性能,主要对其织物覆膜(组织结构特点、纱线和纤维特征、管壁厚度、单位面积质量和孔隙率)、金属支架(金属丝直径、长度、尖端角度等)和缝合线特征等指标来描述。植入物力学性能的检测主要针对织物覆膜和缝合线进行有关强度的测试(径向拉伸强度、纵向拉伸强度、顶破强度及单丝强度等)。纺织基织物覆膜的表面理化性能长久以来被认为对预测其生物相容性和移植后的愈合性有着重要的意义,但相对适合的测试柔软有弹性且不均匀的纺织基织物覆膜的表面理化性能的评价体系尚不完善,目前常用的理化性能测试方法有傅里叶红外变换光谱法(FTIR),X射线光电子能谱分析(XPS),差示扫描量热法(DSC)等。

植入物体外疲劳仿真模拟性能研究是一项极具挑战性的工作,随着对人体-植入物相互作用的深入认识和科学技术的发展,仿真模拟研究结果必将为新产品的设计提供更全面的指导。

习题与思考题

[1] 血管覆膜支架的体内疲劳破损有哪些表现?这些现象与材料的哪些性能有关?

[2] 试述建立体外模拟疲劳测试的一般原则。

第 13 章　动物试验与临床试验

生物医用纺织品的研发是一项浩大的工程,从最初的设计成型到最终的临床应用,要经历诸多环节,而且,这些环节都是环环相扣,循序渐进的。当最终产品应用临床的时候,那就是水到渠成的事情。生物医用纺织品的体内评价,并不针对所有类型的医疗器械,而是对于有必要进行体内评价的医疗器械而言,比如移植型医疗器械。一般而言,开展体内评价的前提是各项体外评价均已获得较为理想的结果。因为,体内评价的代价较高,试验周期、工作量、试验成本及复杂程度均远远大于体外评价试验。

13.1　动物试验的基本知识

13.1.1　消毒与灭菌

消毒是指杀死物体上病原微生物的方法,并不一定能杀死含芽孢的细菌或非病原微生物。灭菌是指杀灭物体上所有微生物的方法,灭菌的要求比消毒要高,包括杀灭细菌芽孢在内的全部病原微生物和非病原微生物。

常用的消毒灭菌的方法有湿热灭菌法、气体灭菌法、化学消毒法、过滤除菌法、辐射灭菌法、超声波杀菌法等。

(1) 湿热灭菌法,主要包括蒸汽灭菌法、煮沸消毒法、巴氏消毒法、流动蒸汽消毒法和间歇蒸汽灭菌法。

① 蒸汽灭菌法是采用饱和水蒸汽加热方式进行灭菌的处理方法。是对可重复使用的试验工具,包括针头和注射器等进行消毒灭菌的首选方法。在压力锅温度达到 121 ℃后维持 20 min 以上便可达到灭菌效果。使用高压蒸汽灭菌法的时候应保证瓶子和其他留有液体的管子不密封,如果用衬袋,袋口不要密封以便蒸汽透出。

② 煮沸消毒法是在没有高压灭菌设备时,用来灭活包括 HIV 在内的大多数病原微生物的最简单最可靠方法。将试验设备和工具煮沸 20~30 min 即可达到最高消毒效果,主要用于食具、注射器等的消毒。在 100 ℃的热水中,5 min 即可杀死细菌繁殖体,1~2 h 可以杀灭细菌芽孢。

③ 巴氏消毒法:常用于牛乳消毒。

(2) 气体灭菌法,它是指利用某些气体物质对微生物产生杀灭作用的方法,如甲醛蒸汽,环氧乙烷气体灭菌。在 26~32 ℃的条件下,当环氧乙烷浓度达到 90 mg/m³ 时,8 h 即可完成灭菌。对环氧乙烷灭菌应严格控制残留气体的副作用,使被灭菌物残留气体稀释到安全浓度才能使用,主要用于试验用橡皮类用具、可降解高分子纤维材料等方面。

(3)化学消毒法,它通过化学药品的作用,干扰细菌的酶系统并损伤细菌的细胞膜,引起菌体蛋白凝固变性达到灭活的效果。常用的化学药品有乙醇、异丙醇、戊二醛和次氯酸钠等。

(4)过滤除菌法,它通过物理阻隔的方法除去液体或空气中的细菌。常用的滤器有:薄膜滤器、玻璃滤器、石棉滤器。过滤除菌只能除去细菌,并不能除去病毒、支原体、L型细菌。一般应用于一些不耐高温灭菌的血清、毒素、抗生素、霉的除菌。

(5)辐射灭菌法,一般指采用放射性同位素放射的γ射线杀灭微生物和芽孢的方法。其特点是不升高产品温度,穿透力强,灭菌效率高;但设备费用较高,对操作人员存在潜在危险性,可能使某些药物(特别是溶液型)药效降低或产生毒性和发热物质等。

13.1.2 实验动物体液采集方法

13.1.2.1 血液采集方法

(1)大、小鼠常用的采血法,常用的有尾尖采血、眼眶后静脉丛采血、断头采血、眼球摘除术大血管采血。

(2)豚鼠的采血法,常用的有耳缘剪口采血、足背中静脉采血、心脏采血。

(3)兔的采血法,常用的有耳缘静脉采血、耳中央动脉采血、心脏采血。

(4)犬的采血法,常用的有后肢外侧小隐静脉采血、股动脉采血、犬颈动脉采血。

各种动物的采血量见表13-1。

表13-1 各种动物的采血量

动物种类	最大安全采血量(mL)	最小致死采血量(mL)
小鼠	0.1	0.3
大鼠	1	2
豚鼠	5	10
兔	10	40
狗	50	300

13.1.2.2 胸、腹腔液采集方法

(1)鼠、兔的采集方法。

① 胸水的采集。将动物麻醉,侧卧固定后消毒穿刺部位,将穿刺针垂直刺入动物胸腔的穿刺部位,针尖通过肋间肌后阻力消失有落空感时抽取胸水。

② 腹水的采集。将动物麻醉或颈椎脱臼处死后固定,垫高固定板一端使动物的头部高于尾部。对穿刺部位进行局部消毒,用镊子提起下腹部一侧的皮肤,垂直刺入穿刺针,若腹水过多,则不需要使用镊子,针头与腹壁成30°刺入,缓慢抽取至所需量,退出穿刺针用棉球消毒按压。若腹水流出受阻,要转动针头调整位置。

(2)犬的胸水采集方法。将犬麻醉后仰卧固定,用弯头手术剪刀对手术部位剪毛,用碘酒和75%的酒精消毒。手术者左手将手术部位皮肤向侧方移动,右手持穿胸套管针,在左侧

第八肋间或第七肋间的中 1/3 处垂直刺入,当肋间肌阻力消失后抽取胸水。

(3)猪胸水和腹水的采集方法。

① 胸水的采集方法。用戊巴比妥钠(10~25 mg/kg)将动物麻醉,侧卧固定,将穿刺部位剃毛,并用乙醇和碘酒消毒,选取 2~5 mL 的注射器,将穿刺针垂直穿入猪的胸腔,待肋间肌阻力消失后抽取胸水。

② 腹水采集方法。用戊巴比妥钠(10~25 mg/kg)将动物麻醉,固定后抬高手术架一侧使动物头部高于尾部。穿刺部位剃毛并消毒,用镊子提起下腹部一侧的皮肤,垂直刺入穿刺针,若腹水过多,则不需要使用镊子,针头与腹壁成 30°刺入,缓慢抽取至所需量,退出穿刺针用棉球消毒按压。若腹水流出受阻,要转动针头调整位置。

13.1.2.3 消化液的采集方法

(1)猪的唾液采集法。将猪固定在梯形手术架上,将塑料的同心圆套环置于猪舌下唾液腺开口处,将猪爱吃的饲料靠近猪嘴,但使其碰不到,开始收集唾液。

(2)猪的胆汁采集法。将猪侧卧固定,麻醉后将手术部位剃毛,消毒。用无菌手术刀沿猪的腹部中线打开腹腔,暴露胆管,将其与十二指肠分离 10 mm 左右,将硅橡胶医用导管一端插入胆管但不通过奥狄氏括约肌,另一端连接在旋塞上,用特制的绷带将导管固定,并与收集胆汁的聚乙烯袋连接。

(3)猪胃液的采集方法。通过手术安装胃瘘管,用饲料给予刺激。

13.1.3 动物试验的前期准备

在科技的进步和发展过程中,必须要进行动物试验,在这个过程中,要遵循一定的原则,那就是在使用动物进行试验之前,预计该动物试验的最终目的及其对人类或者动物的健康所能做出的贡献;在试验中,应尽可能减轻动物的痛苦,在不影响试验结果的前提下,尽可能使用镇定剂、麻醉剂等。如果动物剧痛不能缓解,应实施安乐死。

选择实验动物时要根据实验动物各自具有的生物学特性选择合适的品种(或品系),选定实验动物后在经费允许的前提下,为保证试验准确性,实验动物的数量越多越好,同时要考虑动物年龄、性别(雌雄各半为宜)等因素。实验动物的质量也是有所不同的,应根据要求选取不同遗传质量(近交系、封闭群或杂交群)和微生物学质量[普通级、清洁级、**无特定病原体**(SPF)级或无菌级]的实验动物。

在订购实验动物时,必须向具有实验动物生产许可证的单位购买。运输过程中要符合相应的微生物学等级。购入后,要对实验动物进行健康检查和隔离检疫之后才能进行试验。

进行动物试验的设施及场所必须符合相应的微生物学等级要求,特别是清洁级以上的实验动物,在饲养和试验过程中必须严格防止微生物污染,试验环境应符合《实验动物国家标准》对屏障环境的要求,试验设施应满足《实验动物许可证管理办法(试行)》要求,在试验报告中需列出动物试验许可证号,如 SYXK(沪)年份—编号。

动物试验过程中要对实验人员进行保护,这可以有效地防止人兽共患病的发生,并且可以尽可能地避免潜在的危害发生。

首先,接触动物或组织时须佩戴手套,有过敏史的工作人员试验前须进行皮试,并且必须穿无菌衣或者防护衣;其次,进行动物试验时须穿专用的手术服或实验服,离开实验室即脱下；最后对于来源随意的动物试验，尽可能在生物安全柜（或通风橱）内操作。

13.1.4 动物试验条件控制

动物试验的过程中，实验环境会对结果造成影响，因此环境控制就成为了动物试验标准化的主要内容之一。创造一个尽可能适宜的实验条件是动物试验成功的保障，在实验中环境因素存在"有害"和"有利"两方面作用，控制条件的基本原则是：充分利用有利的环境，尽可能地消除或避免不利因素。

影响实验环境的因素主要有实验室温度、有害气体浓度和生物因素。其中温度是影响实验动物标准化和实验结果的主要因素，实验中温度的变化会影响动物生理功能和习性，从而导致同类实验反应出现偏差。有害气体浓度主要指氨浓度，实验中氨浓度过高会导致动物上呼吸道黏膜的炎症，生理、生化指标异常，影响试验结果。生物因素包括种内（种间）影响，微生物影响和饲养密度影响。

13.1.5 实验动物术后护理

实验后应对实验动物进行护理，动物室要保持光线柔和、温暖（25～30 ℃）、安静和清洁。为了减少或避免感染，在蚊虫多发季节要采取灭虫措施；对大面积或深创要防止破伤风，使用必要的抗生素和磺胺类抗菌药物。

13.1.6 实验动物解剖生理学

在解剖学中，我们将生物体划分为细胞、组织、器官、系统四部分。

细胞是动物体的基本形态和技能单位，由细胞膜、细胞质和细胞核构成；组织是由形态相似，结构和功能相同的细胞和细胞间质构成的，其中四大基本组织为上皮组织、肌肉组织、神经组织和结缔组织；器官是由几个不同的组织按照一定的形式相互结合而成的具有一定功能的单位，例如心、肝、脑；系统是由几个形态结构不同但功能相近的器官组成的，例如呼吸系统、血液循环系统等。

在进行动物试验的过程中，经常要对实验动物进行解剖，为了便于实验操作与沟通，我们将实验动物身体各个部位进行了必要的划分。

(1) 上下前后：近头为上，近足为下；近腹为前，近背为后。

(2) 内外：以空腔为标志，近腔为内，远腔为外。

(3) 内侧、外侧：以正中矢状面为标志，靠近为内，反之为外。

(4) 深浅：以体表或者器官的表面为标志。靠近体表为浅，反之为深。

(5) 近远：靠近躯干一端为近，反之远。

(6) 背腹：额面上方部分为背侧，下方部分为腹侧。

(7) 桡侧、尺侧：前肢内侧为桡侧，外侧为尺侧。

(8) 胫侧、腓侧：后肢内侧为胫侧，外侧为腓侧。

(9) 矢状面、横断面和冠状面：矢状面是指与机体长轴平行的切面，将机体分为左、右两个部分；横断面是指与机体长轴垂直的切面，将机体分为上、下两个部分；冠状面是指与机体长轴平行且垂直于横断面的切面，将机体分为背、腹两个部分。

(10) 体轴(面):矢状轴(面)、冠状轴(面)、垂直轴(水平面)。

(11) 离体器官切面:横切面、纵切面。

13.1.7 伦理和安乐死

爱护动物、保护动物和善待动物是我们人类共同的责任,我们不能将获得的幸福建立在动物的痛苦之上,在试验时应减少无谓的牺牲,如果要处死动物应该减轻他们的痛苦。

安乐死是指在不影响动物试验结果的前提下,让动物能快速无痛苦地死去。常见的安乐死方法有二氧化碳吸入、颈椎脱臼法、巴比妥快速注射法、空气栓塞法和急性大失血法(表13-2)。

表 13-2 常用实验动物安乐死药剂量

动物品种	方法
小鼠	二氧化碳 10 min;5%戊巴比妥钠 1 mL,腹腔注射
大鼠	二氧化碳 15~20 min;戊巴比妥钠 100 mg/kg,腹腔注射
豚鼠	二氧化碳 40%~100%;戊巴比妥钠 90 mg/kg,腹腔注射
兔	戊巴比妥钠 100 mg/kg,静脉注射或者腹腔注射;放血法
猫	二氧化碳 60%;戊巴比妥钠 90~100 mg/kg,静脉注射
犬	二氧化碳 70%;戊巴比妥钠 90~100 mg/kg,静脉注射
猴	二氧化碳 70%;戊巴比妥钠 100 mg/kg,静脉注射或腹腔注射

在实施安乐死时,应注意以下事项:

(1) 尽可能让动物死亡时不出现惊恐、疼痛或痛苦的表现。

(2) 尽可能使动物最短时间内死亡。

(3) 保证实验人员的安全。

(4) 若方法可行,可以重复使用。

(5) 对动物生理和心理上产生最小的不良影响。

(6) 所选方法应对观察和实验人员的情绪产生最小的影响而且应该与试验目的和要求相一致。

(7) 所用器械设备要简单、廉价和易操作。

(8) 实施安乐死时应减少或避免对环境造成污染,选择地点要远离动物饲养室。

试验后,应将动物尸体用塑料袋密封并冷冻,最后集中处理;进行微生物感染实验或采用染有烈性传染病的动物,要先经过高压蒸汽灭菌再处理;对基因操作处理的动物,更应该严格按照规定处理,不能随意处置。

13.1.8 "3R"原则基本概念

"3R"原则是在1959年由动物学家 W. M. S. Russell 和微生物学家 R. I. Burch 提出的,以**减少**、**优化**和**替代**为核心的动物试验替代方法,对推动生命科学及相关科学研究的发展起到了重要作用。

"替代"是指用不同的方法而不使用动物以达到相同的试验目的,即用无知觉材料的科学方法替代活体实验。

常见的替代方法:

(1) 以小替大,以低等替代高等动物。

(2) 以组织或人工合成材料替代整体动物试验。

(3) 以分子生物学方法替代整体动物试验。

(4) 以计算机模拟替代整体动物试验。

"减少"是指在科学研究中,用尽可能少的动物获得同样或更多的试验数据的方法,从而减少实验动物的使用量。

常见的方法:

(1) 充分利用已知数据。

(2) 合理设计试验方案,使用高质量的实验动物,确保实验结果科学、准确。

(3) 使用替代方法。

(4) 有目的地选择实验动物,可重复利用的实验动物要重复利用。

(5) 严格按照标准进行实验以提高成功率。

(6) 加强协作研究,提高动物组织器官的利用率。

"优化"是指通过改进和完善实验过程,以减少或减轻实验对动物造成的疼痛或不安,从而提高动物福利的方法。优化的内容有很多,主要是指对技术路线和实验方法的精细设计与选择,是一个科学化、规范化、标准化的过程。优化最终体现在动物试验结束后,要将实验动物妥善处理,尽可能地减少或避免产生不利影响。

13.2 动物试验设计

人类疾病动物模型是指生物医学中建立的具有人类疾病表现的动物试验对象和疾病材料。动物试验,作为一种常用的间接性方法,可以在较短时间内获得大量具有可比性及从人体不易获得的材料,并可以借助试验结果了解人体疾病,有助于全面揭示疾病的性质和发展规律,已经成为现代医学常用的、有效且不可替代的实验方法或手段。

13.2.1 动物试验的前提

在进行动物试验之前,必须对生物医用纺织品进行体外试验,当体外试验得到满意效果后才能进一步动物试验。体外试验包括:体外生物学性能测试(如细胞相容性、血液相容性等),力学性能测试,织物结构及理化性能(如水渗透性、抗腐蚀性、降解性等)。

13.2.2 动物模型的选择

动物模型通常用来预测用于人体的医疗器械的临床行为、安全性和生物相容性(表13-3)。选择组织相容性体内评价所用的动物模型,必须从人体临床应用角度,考虑动物模型的优点和缺点。

表 13-3 生物医用纺织品体内评价的动物模型

器械类别	动物
心血管	
心瓣膜	绵羊
人造血管	狗、猪
血管支架	猪、狗
心室辅助装置	小牛
人工心脏	小牛
离体分流器	狒狒、狗
整形外科/骨	
骨再生/替代物	兔、狗、猪、小鼠、大鼠
整个关节——髋、膝盖	狗、山羊、非人类灵长类动物
锥体植入物	绵羊、山羊、狒狒
颅面植入物	兔、猪、狗、非人类灵长类动物
软骨	兔、狗
腱和韧带替代物	狗、绵羊
神经	
外周神经再生	大鼠、猫、非人类灵长类动物
电刺激	大鼠、猫、非人类灵长类动物
眼科	
隐形眼镜	兔
人工晶体	兔、猴

在选择实验动物作为动物模型时,需要考虑几个原则:相似性原则、可靠性原则、重复性原则、可控性原则和经济性原则。相似性原则是指在实际可能的条件下,尽量选择那些机能、代谢、结构和人类相似的动物进行实验;可靠性原则是指尽可能地选择经过遗传学、营养学、微生物学、环境学的控制而培育的标准化实验动物,这样可以排除因动物携带细菌、病毒或者寄生虫等对实验结果的影响;重复性原则是指设计试验时,在保证多因素一致性的前提下,应尽量选用标准化的实验动物,从而增强动物试验的可重复性;可控性原则是指所设计的动物试验在今后的临床中可以应用,便于控制疾病的发展;经济性原则是指在设计试验时,尽量做到容易执行和合乎经济的原则。

使用适当的动物模型在可能含有潜在风险的医疗器械安全性评价中十分重要,体内评价人工血管材料的组织反应是动物模型与人体实际情况不符合而产生误导的一个例证。事实上所有的动物模型,包括非人类灵长类动物,由于血液接触表面发生内皮化,因此愈合快速而完全。但是,人体不会在人工血管材料表面出现广泛的内皮化,人体愈合反应所形成的假内膜具有潜在的血栓形成能力。因此,尽管在动物试验中出现良好的结果,但是小口径人工血管(内径小于 4 mm)在人体内所产生的早期血栓形成是植入失败的主要原因,这是由于管腔表面愈合反应中缺乏内皮化而出现的继发现象。

物种的差异包括解剖结构、生理指标及对生物材料的反应性等方面，因此，不同物种的实验结果之间可能不具有强的可比较性。比如组织愈合时间、疤痕形成、血液学反应等。

13.2.3　影响动物试验的因素

饲养环境因素和动物试验技术环节因素是影响动物试验的主要因素。

饲养环境的主要影响因素主要有以下七个方面：温度、湿度、空气流速及清洁度、光照、噪声、动物饲养密度和动物营养因素。动物试验技术环节的主要影响因素为：动物选择、实验季节、昼夜过程、麻醉浓度、手术技巧、实验药物和对照问题。

其中，对照实验的方法有很多，例如空白对照、实验对照、有效（或标准）对照、组间对照、配对对照和历史对照与正常值对照。

13.2.4　动物试验病理模型

（1）病理学知识概述。动物试验后往往需要对实验动物进行解剖来研究病理现象，实验动物的病理解剖程序可以分为尸体的外部检查、尸体内脏器官采集技术和尸体内脏脏器检查三个步骤。

尸体的外部检查包括品种、年龄、毛色、营养状态、皮肤、可视黏膜和尸体变化等；尸体内脏器官的采集主要指对胸腔脏器、腹腔脏器、盆腔脏器、口腔器官和颅腔器官的采集；尸体内脏脏器检查是指对实验动物胃、小肠（大肠）、脾脏、肝脏、胰脏、肾脏、心脏、肺脏、口腔、咽喉、鼻腔、下巴及颈淋巴结、脑、膀胱和子宫的检查。

在对实验动物病理学进行研究时，主要使用肉眼观察、组织切片检查和超微结构检查。

肉眼观察法也称作大体观察法，主要用肉眼或者辅助器械对大体标本及其病变形状进行细致的剖检、观察、取材、测量和记录。常见的病理现象有组织的损伤与修复、血液循环障碍、炎症、肿瘤、心血管系统疾病、呼吸系统疾病、消化系统疾病、泌尿系统疾病、内分泌系统疾病和传染病（细菌性痢疾和肺粟粒性结核）。

组织切片检查是指取病变组织制成切片或细胞学涂片，染色后用光学显微镜观察，经过分析综合病变的特点，做出疾病的病理诊断。制作切片可以按照取材于固定、洗涤与脱水、透明与浸蜡、包埋与切片、贴片和染色、封片六个步骤完成。

（2）病理模型的选择。在做动物试验之前，除了要选择合适的动物模型，也要选择相应的病理模型。例如，在开发治疗主动脉瘤的腔内隔绝术用覆膜支架时，动物试验前除了要确定合适的动物物种（猪、犬等），还要在动物体内建立主动脉瘤模型，然后进行覆膜支架的体内性能评价。

13.3　临床试验概述

13.3.1　生物医用纺织品医疗器械分类

根据生物医用纺织品的用途，我们将生物医用纺织品分为医用防护类、医用辅料类、外科植入类和仿器类。医用防护类包括口罩、手套、手术服、手术罩、隔离单、防护服等；医用辅料类包括纱布、棉绒、衬垫、创口贴、绷带、固定支架等；外科植入类包括手术缝合线、人工皮肤、人工血管、人工气管、人工骨骼、人工关节、人工心脏瓣膜；仿器类包括人工肝、人工心脏、人工肺和人工肾。

根据《医疗器械分类规则》（局令第15号），将上述生物医用纺织品分为Ⅰ、Ⅱ、Ⅲ类医疗器械，其中Ⅰ类医疗器械是指通过常规管理足以保证安全性和有效性的，例如创口贴、绷带、压力袜、医用射线防护服等；Ⅱ类医疗器械是指产品机理已取得国际国内认可，技术成熟，安全性和有效性必须加以控制的，例如止血海绵、医用脱脂纱布、真丝缝合线、医用防护服、医用口罩等；Ⅲ类医疗器械是指植入人体，或用于生命支持，或技术结构复杂，对人体可能具有潜在危险，安全性和有效性必须加以严格控制的，例如人工血管、人工椎体、人工肌腱、人工韧带等。值得注意，如医用敷料产品根据其使用的部位（皮肤、创伤、血循环）以及使用时间的长短，分属于Ⅰ、Ⅱ和Ⅲ产品。其中Ⅰ类生物医用纺织品不需要进行临床试验。根据《医疗器械注册管理办法》第十六条规定，申请第Ⅱ、Ⅲ类医疗器械注册，一般应当递交临床试验报告。但若产品属于国家食品药品监督管理总局制定的"免于进行临床试验的第二类/第三类医疗器械目录"，可以免除其临床试验。

13.3.2 临床试验基本原则

生物医用纺织品医疗器械临床试验是指，临床试验基地对申请注册的生物医用纺织品医疗器械在正常使用条件下的安全性和有效性按照规定进行试用或验证的过程。其目的是评价受试产品是否具有预期的安全性和有效性，分为临床试用和临床验证两种方式。临床试用是指通过临床试用来验证该产品的理论、基本结构、性能等要素能否保证安全性和有效性；临床验证是指通过临床使用来验证该产品与已上市产品的主要结构、性能等要素是否实质性等同，是否有同样的安全性和有效性。市场上尚未出现过安全性和有效性确认的产品，应采用临床试用的方式；同类产品已上市，其安全性和有效性需要进一步确认的产品应采用临床验证方式。

在2016年发布的《医疗器械临床试验质量管理规范》第4章中指出："未在境内外批准上市的新产品，安全性以及性能尚未经医学证实的，临床试验方案设计时应当先进行小样本可行性试验，待初步确认其安全性后，再根据统计学要求确定样本量开展后续临床试验。"

临床试验方案是精确描述如何实施临床试验、如何收集和分析临床试验数据的重要依据，是指导参与临床试验所有研究者行动的准则，是医疗器械产品申报注册的重要文件。临床试验方案设计得是否合理可行，决定了整个临床试验的成败。

13.3.2.1 临床试验方案制定应遵循的原则

（1）制定临床试验方案应遵守《世界医学大会赫尔辛基宣言》的道德原则，尊重并保证受试者最大程度受益和尽可能避免伤害。

（2）遵守医疗器械临床试验法规的要求。制定医疗器械临床试验方案应遵守《医疗器械监督管理条例》《医疗器械临床试验质量管理规范》等法律法规的要求。

（3）临床试验方案应在临床试验开始前制定，临床试验必须按照该试验方案进行。

（4）临床试验方案应由医疗机构和实施者共同制定，报伦理委员批准后实施；若有修改,须经伦理委员会再次审核批准。

(5) 临床试验方案应针对具体受试产品的特性进行设计,阐明试验目的,分析试验过程中产生的风险并制定措施,明确总体设计思路、试验方法和具体步骤;此外,还需要确定临床试验例数及其确定理由,明确试验持续时间和临床评价标准,使得试验结果具有统计学意义。

13.3.2.2　临床试验的总体设计

一个有效且效率高的临床试验设计应有一个清楚、准确的试验目的。试验目的应提出需要解决的主要问题和辅助问题,体现实施者对产品的定位,体现产品的预期用途、适应证或者功能。

临床试验总体设计必须遵循对照、随机化、重复的统计学原则。应考虑所选择对照的类型,设盲的方法和水平,样本量计算依据,试验对象的入选条件;数据收集方法,以及试验对象的分配方法等相关内容。

临床试验所选择对照的类型可分为平行对照、交叉对照和析因对照等。临床试验中设立对照组的主要目的,就是可以将医疗器械给患者带来的效应(如症状、体征或其他病情的改变)与其他因素,如疾病的自然缓解、其他治疗措施等非处理因素造成的效应区分开来。对照组的结果可以告诉我们,假如没有接受医疗器械的作用(空白对照),患者会发生什么情况;或者接受另外一种有效的治疗措施,患者会发生什么情况。对照组的设置应遵循专设、同步、均衡的原则,否则就失去了设立对照的意义。专设是指根据产品特点设立对照组,起到真正的"比较鉴别"的作用。同步,就是要求设立平行的对照组,即试验组和对照组同时按各自规定的方法治疗。均衡就是要求试验组和对照组的所有基线值,除了医疗器械的作用外,影响试验结果的其他因素都应当相似。达不到这样的相似性就可能在试验中引入偏倚。为防止或控制这些偏倚的发生,随机法和双盲法是常用的两种技术。

临床试验的随机化,即预先制定入选对象的编号原则和随机分配表。在试验实施过程中,按照随机分配表将入选对象分配到试验组和对照组。监查人员应该经常监查临床试验实施过程,确保入选对象的分配是随机的。如随机性被破坏,应及时修改随机分配表和临床试验方案。

临床试验设计中应明确临床方案的修改程序。临床试验实施中,如需修改方案,应按该程序执行。

临床试验设计应对临床试验成功的可能性进行分析,对影响试验成功的因素应采取有效的措施。设计中应考虑对不良事件的观察,并对可能发生不良事件进行预测,制定相应的措施。

13.3.3　设计临床试验应注意的问题

(1) 临床试验的前提条件:
① 具有复核通过的注册产品标准(即企业产品的技术要求)或相应的国家、行业标准。
② 具有自测报告,且结论合格。
③ 具有国务院食品药品监督管理部门会同国务院质量技术监督部门认可的检测机构出具的产品型式试验报告,且结论合格。

④ 需要由动物试验确认产品对人体临床试验安全性的产品,应当提交动物试验报告。首次用于植入人体的生物医用纺织品医疗器械,应当具有动物试验报告。

(2) 临床试验设计应考虑受试者的权益保障,临床试验开始前应制定《知情同意书》;试验实施过程中,受试者或其法定代理人签名确认后,方可参加临床试验。

(3) 临床试验方案应由医疗机构和实施者共同设计制定,报伦理委员会认可后实施;若有修改,必须经伦理委员会同意。在医疗器械产品注册申报过程中,实施者为申请注册该医疗器械产品的单位,一般指医疗器械生产企业。

(4) 临床试验应在经国务院食品药品监督管理部门会同国务院卫生行政部门认定的医疗器械临床试验基地进行。

(5) 医疗器械临床试验应当在两家以上(含两家)医疗机构进行。参加临床试验的医疗机构的试验方案应保持一致,方案设计应遵循对照、随机化、重复的统计学原则。

(6) 实施者负责发起、实施、组织、资助和监查临床试验。临床试验实施过程中,实施者应监查临床试验的整个过程,确保试验与方案的依从性。

(7) 医疗器械临床试验资料应妥善保存和管理。医疗机构应保存至试验终止后五年;实施者应保存至最后生产的产品投入使用后十年。

习题与思考题

[1] 结合生物医用纺织品的其他评价项目,仔细体会生物医用纺织品的动物试验及临床试验在整个评价系统中的重要性。
[2] 常见的实验动物有哪些?实验动物有什么特殊要求?
[3] 开展动物试验之前,要做哪些准备工作?如何控制实验过程?术后如何处理?
[4] "3R"原则是什么?如何做到?
[5] 试设计一个具体生物医用纺织品医疗器械的动物试验。
[6] 开展临床试验的前提是什么?
[7] 如何开展临床试验?有哪些特别需要注意的问题?

第 14 章　生物医用纺织品的失效分析

14.1　概述

植入性生物医用纺织品(简称"植入物")在植入患者体内后,会与周围组织产生相互作用。这些作用发生在植入物附近,也可能发生在远离植入物的部位,其影响可能是局部性的,也可能是全身性的。在临床上,将植入物与人体组织之间发生的不利的相互作用称为并发症,严重时会引起植入物失效。植入物失效之后,需通过外科手术取出(再次手术)或者在尸体解剖时取出(须征得患者家属同意)。对从体内移出的植入物进行深入研究,可分析其在患者体内的失效机理。体内移出植入物(简称"移出植入物")的回收和评价在医疗器械研发中扮演着重要的角色,见图 14-1。

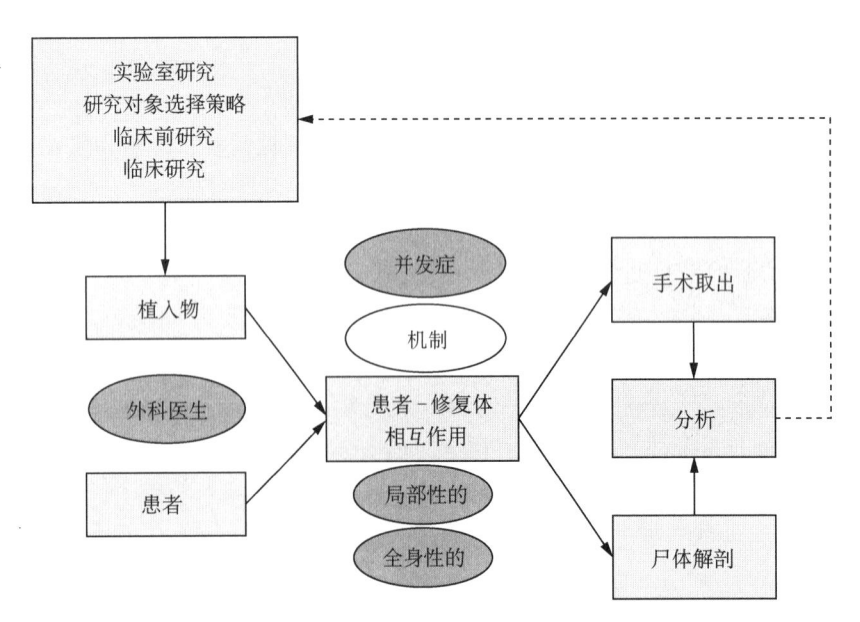

图 14-1　体内移出植入物的回收和评价在医疗器械研发中的重要角色

由于移出植入物病例较少且试样本身数量小,故深入分析这种植入物,对于研究其失效机理、指导开发新型植入物,以及改进现有植入物的材料和设计,都有重要的作用。

14.2　移出植入物的收集

将植入物从宿主体内取出、收集并保存,是移出植入物评价中至关重要的组成部分。测试前的准备工序和预防措施如下:

14.2.1　获取移出植入物

移出植入物的主要来源:一是临床试验后取出的植入物;二是临床失效后取出的植入物或在尸体解剖时取出的植入物。移出植入物在宿主体内移植的时间可为几分钟到数年不等。

首先需要对移出植入物做详细的登记,如手术时间和方法、取出部位、宿主身份基本信息、疾病种类等。一般情况下,无法立即对术后移出植入物进行深入分析,故需在样本上做好标记,如从近端、内侧、远端移除时需要标记;对一些管状移出植入物,有时可将其沿纵向打开,仔细地冲洗并拍照,以评估管腔表面的宏观细节,然后储存在福尔马林中,以备后续分析。

研究证实,移出植入物长时间暴露于福尔马林中会影响其性能及测试结果,如分子量的测定。因此,建议移出植入物放置于福尔马林(35%~40%的甲醛水溶液)中的时间不超过2个月,或者采用一些固定液,如2%戊二醛溶液。

在取出移出植入物和其周围的组织时,需非常仔细,因为在植入物-组织连接处或者植入物周围的组织中,存在大量信息。重要的是,植入物和相关组织必须完好无损,保证结构不受到任何的损害或发生变形,尤其在研究植入物的生物相容性和宿主反应时,这是极为重要的。一般,当研究宿主组织对植入物的反应时,植入物移除时周围至少保留4 mm厚的邻近组织。

14.2.2　试验方案及试样准备

在所有移出植入物的回收研究中,因为移出植入物的大小和可用性有限,详细的测试评估计划、测试实施的顺序及试样准备工序,均十分重要。一般初期的显微观察,移出植入物需要由适当的组织固定,而在力学性能测试时,移出植入物需要经过彻底的清洗去污,这通常具有一定的破坏性。因此,在进行任何测试之前,需确定不同测试样本的数量,然后将样本仔细划分。值得一提的是,通常由于样本太小,测试项目数量受到限制。总之,根据研究的性质和目的及样本的大小,确定测试项目和测试顺序,以及每项测试所需的样本条件(如预去污、固定、组织切除及彻底清洗)。

在研究移出植入物时,需要强调的是植入物的界面分析问题(图14-2)。

(1) 植入物-组织界面。移出植入物的一些重要信息通常位于植入物-组织界面。应注意对植入物周围组织中的颗粒进行研究,还应考虑进行植入物降解副产物的化学分析和植入物细胞学反应的研究。与植入物表面距离不同位置的组织,其外观有很大差异,因此结合植入物分析组织也非常重要。

(2) 植入物-植入物界面。聚合物制成的植入物相对柔软,因此,应检查聚合物部件和其他部件之间及其周围是否呈现磨损碎屑。

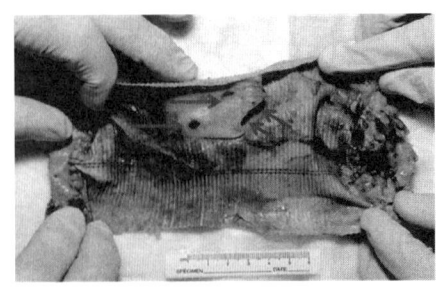

(a) 植入物-组织界面　　　　　(b) 植入物-植入物界面

图 14-2　移出植入物的界面观察

移出植入物回收研究的标准,如 ISO 12891-2:2020 和 GB/T 25440.2—2021,规定了移出植入物样本的一种三阶段分析方法:第Ⅰ阶段为非破坏性宏观研究;第Ⅱ阶段为非破坏性微观研究;第Ⅲ阶段为破坏性分析研究。

(1) 第Ⅰ阶段包括对移出植入物进行视觉检查及拍照存档。①视觉检查及拍照。移出植入物回收后,需对它进行标记,记录其尺寸、质量、颜色、物理状态和明显的缺陷,以及批号、病人档案编号等。同时,移出植入物回收时其在宿主体内的位置取向也需标记。从外观上,观察移出植入物是否有表面形态变化或降解的证据,一旦发现,就要检查失效的模式。另外,需对移出植入物及其周围的组织进行拍照存档。②低倍光镜检查。将移出植入物及其周围组织放在低倍光学显微镜下观察,需在非彩色或浅蓝色背景且光线均匀的条件下进行拍照,包括样品的参考号和标准大小(用参考标尺)。对移出植入物的磨损、变色、破裂、形状变化及组织连接物等特性,都应进行细致观察并记录。

(2) 第Ⅱ阶段为非破坏性微观研究。这个阶段采用标准光学显微镜、扫描电镜或者其他相关技术对移出植入物进行结构分析和组织病理学分析。将移出植入物分两组进行测试:一组供组织病理学和扫描电镜(SEM)研究;另外一组清洗后供材料特性研究。

(3) 第Ⅲ阶段是破坏性分析研究。本阶段的测试可提供移出植入物在宿主体内所产生的机械和化学性能变化。根据研究的类型及试样的大小,可进行表 14-1 所列的一项或多项测试。此阶段的试样均已彻底清洗且不残余任何附着组织。在本阶段测试中,一个相同的未经使用的生物医用纺织品作为对照样。所有的移出植入物在去除其附着组织时,都经过化学氧化和(或)水解处理,所以对照样需进行相同的处理。这样,测试方案中一般包含两个不同的对照样:一个"未使用";一个"已清洗"。

对移出植入物进行研究时需进行的各种测试项目如表 14-1 所示。移出植入物测试的一般顺序如图 14-3 所示。

表 14-1　移出植入物研究的测试项目

测试性能	测试项目
纺织性能	线圈密度、机织物密度或编织结构
	织物厚度
	面密度
	相对密度

(续表)

测试性能	测试项目
纺织性能	孔隙率
	纤维种类
	纱线单纤维根数
	单纤维直径
	单纤维和纱线公称线密度
物理性能	卷曲伸长
	(管道的周向)顺应性
	顶破强力
	缝合线固位强力
	透湿性
化学性能	分子量
	析出水平
	化学成分
	羧基含量
热学性能	差示扫描量热
	热力学分析
	热重分析

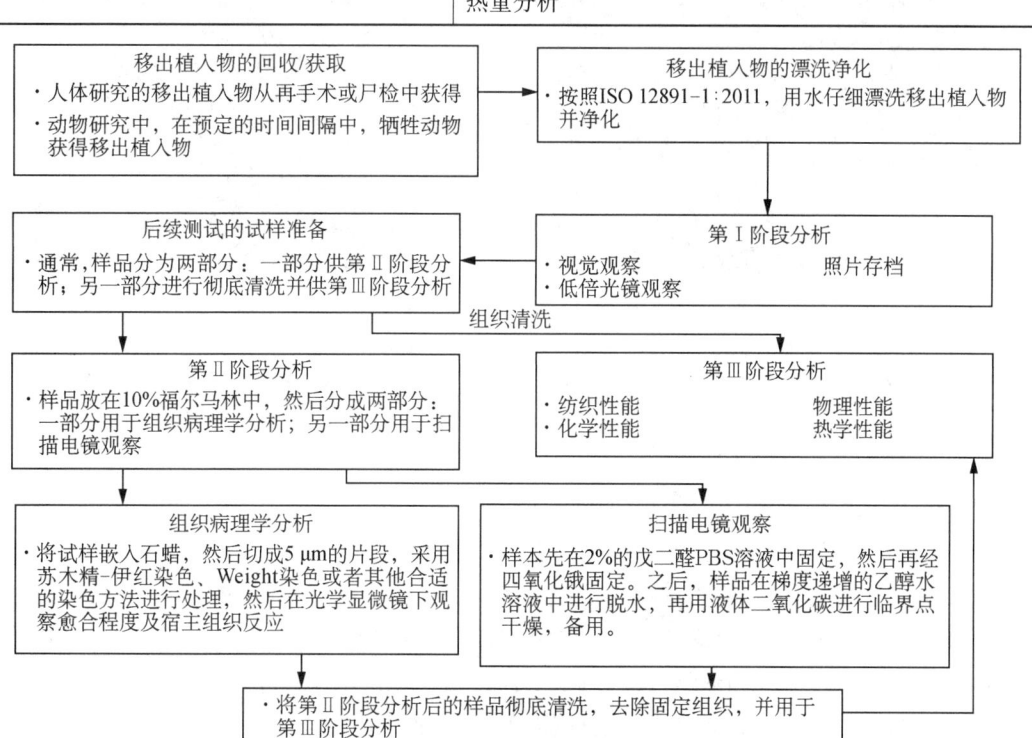

```
┌─────────────────────────────┐      ┌─────────────────────────────┐
│ 移出植入物的回收/获取          │      │ 移出植入物的漂洗净化          │
│ ·人体研究的移出植入物从再手术  │ ───▶ │ ·按照ISO 12891-1:2011,用水仔│
│  或尸检中获得                 │      │  细漂洗移出植入物并净化       │
│ ·动物研究中,在预定的时间间隔中,│      │                             │
│  牺牲动物获得移出植入物        │      │                             │
└─────────────────────────────┘      └─────────────────────────────┘
                                                  │
                                                  ▼
┌─────────────────────────────┐      ┌─────────────────────────────┐
│ 后续测试的试样准备            │      │ 第Ⅰ阶段分析                  │
│ ·通常,样品分为两部分:一部分   │ ◀─── │ ·视觉观察        照片存档    │
│  供第Ⅱ阶段分析;另一部分进行   │      │ ·低倍光镜观察                │
│  彻底清洗并供第Ⅲ阶段分析      │      │                             │
└─────────────────────────────┘      └─────────────────────────────┘
              │                    组织清洗
              ▼
┌─────────────────────────────┐      ┌─────────────────────────────┐
│ 第Ⅱ阶段分析                  │      │ 第Ⅲ阶段分析                  │
│ ·样品放在10%福尔马林中,然后   │      │ ·纺织性能      物理性能      │
│  分成两部分:一部分用于组织    │      │ ·化学性能      热学性能      │
│  病理学分析;另一部分用于扫    │      │                             │
│  描电镜观察                  │      │                             │
└─────────────────────────────┘      └─────────────────────────────┘

┌─────────────────────────────┐      ┌─────────────────────────────┐
│ 组织病理学分析                │      │ 扫描电镜观察                  │
│ ·将试样嵌入石蜡,然后切成5μm的 │      │ ·样本先在2%的戊二醛PBS溶液中 │
│  片段,采用苏木精-伊红染色、    │      │  固定,然后再经四氧化锇固定。 │
│  Weight染色或者其他合适的染色 │      │  之后,样品在梯度递增的乙醇水 │
│  方法进行处理,然后在光学显微镜 │      │  溶液中进行脱水,再用液体二氧 │
│  下观察愈合程度及宿主组织反应  │      │  化碳进行临界点干燥,备用。   │
└─────────────────────────────┘      └─────────────────────────────┘

            ┌─────────────────────────────────────────────┐
            │ ·将第Ⅱ阶段分析后的样品彻底清洗,去除固定组织, │
            │  并用于第Ⅲ阶段分析                          │
            └─────────────────────────────────────────────┘
```

图 14-3 移出植入物测试的一般顺序

14.3 移出植入物的组织病理学分析

组织病理学分析可以考察生物材料在人体移植过程中,材料与周边组织相互作用的结果,可以观察到生物材料植入体的愈合特征进展,以及其与宿主的炎症、血栓、感染、钙化、肿瘤等反应结果。

组织病理学分析的一般程序是,先将组织样本放在10%福尔马林溶液中固定,然后用石蜡或环氧树脂包埋,再用切片机进行切片。若观察对象不同,可采用不同的染色方法。最常用的是苏木精-伊红(H.E.)染色,其结果是细胞核呈蓝紫色,而细胞质呈粉红色。染色后的组织切片经封片处理之后可长期保存,将切片放在生物显微镜下即可进行观察和分析。

第二部分进行SEM观察。样本先在2%的戊二醛PBS溶液中固定,然后再经四氧化锇固定。之后,样品在梯度递增的乙醇水溶液中进行脱水,再用液体二氧化碳进行临界点干燥,备用。

SEM分析可以提供试样的表面生化和形态改变的信息及表面降解的证据。这些观察将为可能的失效模式提供所需的证据。例如,SEM图片可显示移出植入物失效的机理是物理还是化学性能。SEM图片可帮助判断动脉人工血管失效的机理是疲劳损坏而非化学降解。图14-4显示了包含许多微原纤维的断裂纤维,这种原纤维的形态显示这是由于循环弯曲、拉伸及扭转张力造成的疲劳失效。图14-5中,纤维的横向断裂和变脆的外观揭示其已呈现化学降解。所以,对于所有的移出植入物,显微镜观察是一项基本的分析技术。

图14-4 从移出人工血管中分离的断裂纤维的扫描电镜图片(放大700倍)显示:原纤维形态表明是由于机械疲劳导致的失效

图14-5 从移出人工血管中分离的断裂纤维的扫描电镜图片(放大1250倍)显示:横向断裂和变脆外观表明是由于化学降解导致的失效

14.4 移出植入物的清洗原则和方法

移出植入物回收后,立即采用流动的室温水对其进行仔细冲洗(不能擦洗),目的是移除生物污染物,然后根据GB/T 25440.1—2010,以及ISO 12891-1:2011提到的方法进行去污。试样若需要进行力学和热学性能测试,还需选择合适的清洗技术。

经过福尔马林或戊二醛溶液固定的样品,便于病理和组织学研究,但对后续的结构和理化性能测试有很大的挑战,因为固定后的人体组织不易从移出植入物表面移除,还会对表面性能造成影响。在不损伤植入物性能的条件下移除附着组织的方法有很多,如可采用碳酸氢钠、过氧化氢或次氯酸钠氧化剂来去除涤纶及聚四氟乙烯植入物上的附着组织。具体的清洗过程:

(1) 称量。使用精度为 0.1 mg 的电子秤称量植入物的原始克重,并做记录。

(2) 煮沸。将植入物置于浓度为 5% 的 $NaHCO_3$ 溶液中沸煮 5 min,取出后用蒸馏水清洗数次,冷却至室温。

(3) 浸泡。在室温(25 ℃)下将植入物置于浓度为 7% 的 NaClO 溶液中浸泡 30 min 后取出,用蒸馏水清洗数次。

(4) 振荡。室温下,将植入物置于浓度为 3% 的 H_2O_2 溶液中,然后在超声波清洗机中振荡 4~8 h,取出,用蒸馏水清洗数次,自然晾干。

(5) 称量。在精度为 0.1 mg 的电子秤上称量植入物质量,记录减少的质量,使用冷冻干燥机进行干燥;之后在 10 倍光学显微镜下观察植入物上是否有残余物质。若仍有残余物质,重复步骤(2)至(5),直至质量不再减少,并在显微镜下观察,直至没有其他物质存在为止。

然而,以上方法对聚氨酯血管植入物的清洗效果不佳。加拿大 Guidoin 教授课题组提出了一种采用新型酶分解方案去除聚氨酯人工血管植入物中新鲜组织的方法。该方法的具体步骤:首先在 37 ℃下,将新鲜移出植入物置于含胶原酶溶液的三羟甲基氨基甲烷缓冲液中 24 h,然后置于含胰液素溶液的三羟甲基氨基甲烷缓冲液中 24 h,最后用非离子去污剂和去离子水冲洗,清洗样品。

14.5 移出植入物的表观结构分析

表观结构分析是指针对清洗后的植入物表观进行从宏观到细观的系统性分析。以**血管覆膜支架**(SG)为例,包括对植入物的整体观察和织物覆膜的纺织结构测试。

14.5.1 整体观察

通过选择不同放大倍数的成像系统,记录并观察已清洗干净的植入物的表观形态。首先利用数码相机和光学显微镜,初步观察植入物整体及织物覆膜部分形态,尤其是织物覆膜破损、纱线或纤维断裂等现象。再利用 SEM 进一步观察在高放大倍数下织物覆膜表面的破损类型和程度,以及织物覆膜的微观结构和断裂纤维的截面形态。

对于含有金属支架部分的植入物,如血管覆膜支架,在观察其织物覆膜部分的同时,还需观察金属支架表面是否有磨损或腐蚀,以及支架断裂和其截面形态等。

14.5.2 纺织结构测试

纺织结构测试主要对织物的组织结构、经向和纬向密度、织物厚度、单位面积质量(面密度)、纱线的线密度、纱线中单丝根数,以及纤维直径等进行分析,测试方法在前文"6.2"中已详细列出,故不再赘述。

14.6 移出植入物的物理性能分析

植入物在体内移植期间要承受体内多种复杂的作用力,如人工血管承受由舒张压和收缩压构成的周期性动脉压力,以及血流的冲击力等。如何从体内复杂的受力环境中提取工程参数,建立体外力学测试评估系统,是一项从简化到全仿真模拟的长期工作。目前,主要的力学性能测试与分析方法:

14.6.1 单纤维拉伸性能测试

对于在体内移植较长时间或表面有磨损的植入物的织物覆膜,测试其纤维的断裂强度很有意义。可与未经移植的对照样进行比较,判断植入物在体内的移植/受力环境是否使其力学性能降低。在选取纤维时,建议从织物上 10 个不同区域得到经纬向纱线各 30 根。然后小心分离纱线得到单纤维,此过程应避免对纤维施加意外张力导致测试结果不准确。本实验可使用 LLY-06E 纤维强力仪,测试条件为室温 20 ℃,相对湿度 65%,采用定速拉伸方式,参照 GB/T 14337—2008 对经纬向单纤维进行拉伸实验。由于试样纤维长度不均匀,隔距长度与拉伸速度则根据纤维名义长度及平均断裂长度进行设置,各组试样测试 50 次,计算平均值和标准差。

14.6.2 探针顶破强力测试

顶破强力测试主要是模拟植入物在体内其织物覆膜受到金属支架或局部性血流冲击的受力环境。如针对人工血管,在 ISO 7198:2016 中,可以用承压顶破强力、探头顶破强力和薄膜顶破强力三种方法来表征顶破强度。目前较为广泛的是选择探头顶破法来表征,可在 YG(B)026G 医用纺织品多功能强力仪上完成,测试条件为室温 20 ℃,相对湿度 65%,顶破速度为 50~200 mm/min。具体测试方法请参见前文"10.2"。

14.6.3 水渗透性测试

根据 ISO 7198:2016,水渗透性的定义为 120 mmHg 的压力下,每分钟通过移出植入物 1 cm^2 面积的过滤水或蒸馏水的毫升数。可以用截面水渗透性和整体水渗透性两个指标表征,分别用于测试片状和管状移出植入物的水渗透性。具体测试方法请参见前文"10.2"。

对于移出植入物,如果有管壁破损,一般采用截面水渗透性测试。

14.6.4 周向与轴向拉伸性能测试

管状植入物多为替换型纺织基人工血管或神经导管和各种人体管腔支架。作为人体内的永久性植入物,人工血管在体内的使用寿命应超过受体病人的期望寿命值。所以一个理想的人工血管,除了应该具有良好的生物相容性和生物功能性外,同时还要具备良好的生物耐久性。耐久性是描述血管移植后维持其物理结构的能力,即良好的化学稳定性和生物力学稳定性。人工血管在体内受到收缩压和舒张压所导致的周期性脉动压力的长期作用,易产生周向和轴向形变。因此,在人工血管众多力学性能中,周向和轴向拉伸性能是其重要的性能表征。对于移出植入物,如果管壁完整,具体测试方法请参见前文"10.2"。若管壁有破损等现象,可以用试样条带法测试,但通常试样有限,常直接采用所需试样较小的顶破强度,以及分离自管壁的纤维的强度。

14.6.5 人工血管周向顺应性测试

顺应性是指在一定频率的舒张压和收缩压下,人工血管周向弹性扩张和收缩的能力。顺应性测试是通过测量在动力循环模拟管道系统下直径的改变量(直接测量或通过测量容积或周长计算直径)。原则上,人工血管的试验条件应接近临床体内环境。目前,常用的方法是在三个不同的压力段(50～90、80～120、110～150 mmHg)测得人工血管对应的直径后,通过计算得出顺应性值。具体的测试方法请参见前文"10.2"。

14.6.6 缝合线固位强力

缝合线固位强度即缝合强度,是指缝合线从植入物边缘拉出所需的力,该指标用来表征植入物在缝合处与缝合线的相互作用,反映植入物边缘承受缝合线缝合时的坚固程度。缝合强度测试所用的强力仪,需要具备合适的握持机构。此外,ISO 7198:2016 规定,缝合线的性能应接近典型的临床使用的规格,并且其强力应该达到能够完整地从人工血管中拉出但不断裂。实际测试中,缝合线的选择需要考虑其可以承受的力和拉伸性能等特征,缝合线强度需远大于人工血管管壁被拉伸至破裂时可以承受的力,同时断裂伸长宜小,以保证人工血管在缝合线固位强度测试中拉伸断裂伸长数值的准确性。具体的测试方法请参见前文"10.2"。

14.7 移出植入物的化学性能测试

化学性能的测试将揭示植入物化学成分和分子结构的变化,用来佐证植入物材料体内降解的程度。主要包括以下测试:

14.7.1 分子量

移植期间分子量的变化代表着材料在体内的降解程度。植入物的分子量可通过在稀溶液中测试聚合物的特性黏度获得。另外,**凝胶渗透色谱法**(GPC)技术也可以在合适的溶剂系统中测量分子量。

14.7.2 析出水平

在未使用的植入物上的附加物(如油、蜡质、软化剂、浆料及润滑剂)和植入物上的"添加物"(如蛋白质、氨基酸和脂肪)的数量,可在索氏提取器中采用不同溶剂循环系统进行一系列多个定量萃取得到。通常,溶剂是根据极性递增的顺序,从己烷、三氯乙烷、乙醇和水到稀盐酸。每种提取物质量测定是将每种溶剂蒸发至干燥,析出材料的水平以其与原始试样质量的百分比表示。

14.7.3 化学成分

为了确定材料的化学成分并确定植入物在移植期间是否有被氧化或降解,可以采取很多光谱分析技术,如**能量色散谱**(EDS)、X 射线光电子能谱(XPS)和**傅里叶变换红外光谱**(FTIR)。化学成分和结构可以由核磁共振(NMR)测定,自由基可以用**电子自旋共振**(ESR)分析。

14.7.4 羧基含量

这项技术对于测量由聚酯组成的植入物的降解程度非常有用。因为聚酯中含有羧酸端基,在移植期间,聚酯的分子量下降(降解),羧基含量就会增多,这可以用傅里叶变换红外光谱仪测定。

本节涉及的主要测试方法,请参见前文"第 6 章"和"第 7 章"。

14.8 移出植入物的热学性能测试

热学性能基本测试包括玻璃化转变温度(T_g)、熔融温度(T_m)和熔化热(ΔH)等,用 5~10 g 植入物样品,通过差示扫描量热法(DSC)得到。熔化热可由熔融峰下的面积确定,并与同种聚合物 100% 结晶度的理论值进行比较。本测试可计算植入物和未使用的对照样的结晶百分比,反映植入物在体内环境下任何微晶结构的变化。详细的测试方法参见前文"第 6 章"。

软化点、膨胀系数及其他热力学性能可以由**热力学分析**(TMA)测定。热学稳定性可以由热重分析测定。这些测试有助于生物医用纺织品的高温清洗及灭菌技术方案的确立。

14.9 针对特定移出植入物的测试

当生物医用纺织品应用于各种医疗目的,移植到不同的患者身上或患者的不同部位时,鉴于其生物相容性、生物功能性和生物耐久性,拟选用特定的测试方案和步骤进行评估。由生物医用纺织品构建心脏瓣叶时,需重视钙化倾向的研究和评估。

钙化或矿化指的是磷酸钙或者其他含钙化合物在移出植入物表面形成的堆积。研究发现含钙化合物容易在生物心脏瓣膜、天然胶原蛋白基人工血管、乳房移出植入物、尿道移出植入物等上面堆积,这些医疗器械的钙化是其失败的最主要原因。各种形态学和化学技术可用来探究钙化的结构、组分和机制。形态学技术可定性地观察和描述各种钙化堆积物的位置和分布,而化学技术能够定量地辨识出主要的组成化学元素和决定结晶的矿物相。低功率显微镜和放射线照相术等技术可用来研究植入物上的矿物分布。光学显微镜结合钙特定染色或者磷特定染色可识别矿物质的存在。TEM、SEM 和 EDS 等技术能够帮助理解钙化的过程和机制。定量化学技术可以确定钙化问题的严重性和各种预防措施的有效性。原子能吸收光谱测试法可量化钙质。钼酸络合技术通过分光光度法可量化磷质(磷酸盐)。磷酸钙堆积物的结晶形式可以用 X 射线衍射法确定。

另外，对体内移出的乳房植入物和缝合线等的研究，也需要特定的测试方法。乳房植入物伴随着一系列不同的潜在并发症，如钙化、硅胶渗漏和植入物破裂等。相应的特性研究包括外皮的整体性、硅胶的相位差、表面黏性和矿物堆积等。近年发展的**核磁共振成像**（MRI）技术，无需移出植入物，就能在宿主体内观察到医疗器械的整体性，辨识出硅胶渗漏与否。

缝合线材料需要测试其拉伸性能，如断裂强力和断裂伸长率、弹力和抗蠕变能力，以及抗医源性创伤的能力，即缝合线材料能够在手术时经受住由持针器引起的错误处理和创伤。对于可吸收的缝合线，其生物降解或可吸收率特性可通过强力损失率和质量损失率表征，但值得注意的是，这两个指标具有不同的衰变曲线，强力损失率通常衰减更快些。

习题与思考题

［1］清洗移出植入物试样时应遵循哪些基本原则？
［2］试列举失效植入物的理化性能的基本表征方法。
［3］针对失效植入物试样，试述下列物理性能的测试方法及其局限性：
　　a. 周向顺应性；b. 缝合线固位强力；c. 探针顶破强力；d. 缝合线抗张强度。
［4］血管覆膜支架的体内疲劳破损有哪些表现？这些现象与材料的哪些性能有关？

附录　术语汇总

章.术语序号	中文	英文
1.1	国家药品监督管理局	National Medical Products Administration
1.2	实验室质量管理规范	Good Laboratory Practice
1.3	优秀兽医操作规范	Good Veterinarian Practice
2.1	相对增殖率	relative growth rate
4.1	脱氧核糖核酸	deoxyribonucleic acid
4.2	核糖核酸	ribonucleic acid
4.3	X 射线光电子能谱	X-ray Photoelectron Spectroscopy
4.4	化学分析用电子能谱	Electron Spectroscopy for Chemical Analysis
4.5	俄歇电子能谱	Auger Electron Spectroscopy
4.6	二次离子质谱	Secondary Ion Mass Spectrometry
4.7	离子散射能谱	Ion Scattering Spectroscopy
4.8	软 X 射线显现电势光谱	Soft X-ray Appearance Potential Spectroscopy
4.9	透射电子显微镜	Transmission Electron Microscope
4.10	扫描电子显微镜	Scanning Electron Microscope
4.11	原子力显微镜	Atomic Force Microscope
4.12	紫外光电子能谱	Ultraviolet Photoelectron Spectroscopy
4.13	电子能量损失能谱	Electron Energy Loss Spectroscopy
4.14	离子中和能谱	Ion Neutralization Spectroscopy
4.15	衰减全反射傅里叶变换红外光谱	Attenuated Total Reflectance Fourier Transform Infrared Spectroscopy
4.16	核磁共振	Nuclear Magnetic Resonance
4.17	无不良作用剂量	no observed adverse effect level
4.18	最小不良作用剂量	lowest observed adverse effect level

章.术语序号	中文	英文
4.19	不确定因子	uncertainty factor
4.20	修正因子	modifying factor
4.21	可耐受摄入量	tolerable intake
4.22	可耐受接触水平	tolerable contact level
4.23	利用系数	utilization factor
4.24	体重	mass of body
4.25	有益因子	benefit factor
4.26	可耐受暴露量	tolerable exposure
4.27	最小作用剂量	lowest observed effect level
4.28	无作用剂量	no observed effect level
4.29	基线剂量	basement dosage
4.30	低利用系数	utilization reduction factor
4.31	高利用系数	utilization extension factor
4.32	环氧乙烷	ethylene oxide
4.33	氯乙醇	ethylene chlorohydrin
4.34	乙二醇	ethylene glycol
4.35	气相色谱	gas chromatography
4.36	美国药物制造业联合会	American Pharmaceutical Manufacturers' Association
4.37	《美国药典》	*United States Pharmacopeia*
5.1	国际标准化组织	International Standard Organization
5.2	美国食品药品监督管理局	Food and Drug Administration
5.3	美国材料与试验协会	American Society for Testing and Materials
5.4	原发性刺激指数	primary irritation index
5.5	累积性刺激指数	cumulative irritation index
5.6	鲎试剂	limulus amebocyte lysate
5.7	酶联免疫吸附分析	enzyme-linked immunosorbent assay
6.1	荧光显微镜	Fluorescence Microscope
6.2	差式扫描量热	Differential Scanning Calorimetry
6.3	热重分析	Thermo Gravimetric Analysis
6.4	动态力学分析	Dynamic Mechanical Analysis

章.术语序号	中文	英文
6.5	X射线衍射	X-ray Diffraction
6.6	小角X射线散射	Small Angle X-ray Scattering
6.7	聚己内酯	polycaprolactone
6.8	红外光谱	Infrared Spectrometry
6.9	衰减全反射红外光谱	Attenuated Total Reflection Infrared Spectroscopy
7.1	拉伸	tensile
7.2	压缩	compress
7.3	胡克定律	Hooke's law
7.4	弹性模量	modulus of elasticity
7.5	杨氏模量	Young's modulus
7.6	弹性形变	elastic deformation
7.7	泊松比	Poisson's ratio
7.8	连接分子	tie molecule
7.9	弹性蛋白	elastin
7.10	韧性	resiliency
7.11	伸长性	extensibility
7.12	剪切	shear
7.13	扭转	torsion
7.14	弯曲	bend
7.15	弯曲力矩	bending moment
7.16	惯性矩	moment of inertia
7.17	折断模量	modulus of rupture
7.18	蠕变	creep
7.19	应力松弛	stress relaxation
7.20	Maxwell模型	Maxwell Model
7.21	Voigt模型	Voigt Model
7.22	疲劳	fatigue
8.1	捕获液泡法	captive bubble method
8.2	静滴法	sessile drop method
8.3	介电常数	permittivity

章.术语序号	中文	英文
8.4	相对介电常数	relative permittivity
8.5	纤维粘连蛋白	fibronectin
8.6	玻璃粘连蛋白	vitronectin
8.7	层粘连蛋白	laminin
8.8	胶原蛋白	collagen
8.9	细胞外基质	extracellular matrix
8.10	细胞铺展	cell spreading
8.11	圆二色谱法	circular dichroism
8.12	傅里叶变换红外光谱及衰减全反射光谱	Fourier Transform Infrared Spectroscopy/Attenuated Total Reflectance Spectroscopy
8.13	椭圆偏振	ellipsometry
8.14	石英微天平	quartz crystal microbalance
8.15	单克隆	monoclonal，MAb
8.16	多克隆	polyclonal，PAb
8.17	细胞毒性	cytotoxicity
8.18	乳酸脱氢酶	lactate dehydvogenase，LDH
8.19	(3-(4，5-二甲基-2-噻唑基)-2，5-二苯基四氮唑溴盐)	methyl thiazolyl tetrazolium
8.20	洗脱	elution
8.21	提取	extract
8.22	毛细管	capillary tube
8.23	Boyden 腔试验	Boyden chamber assay
8.24	聚 β-羟基丁酸酯	poly(β-hydroxybutyrate)
8.25	聚乙交酯	polyglycolide acid
8.26	聚丙交酯(又称聚乳酸)	polylactic acid
8.27	聚乙交酯-丙交酯	poly(glycolide-co-L-lactide)
8.28	聚对二氧环己酮	polydioxanone
8.29	凝胶色谱	Gel Permeation Chromatography
8.30	数均分子量	number-average molecular weight
8.31	重均分子量	weight-average molecular weight

章.术语序号	中文	英文
9.1	美国纺织染色家和化学家协会	American Association of Textile Chemists and Colorist
9.2	屏蔽效能	shielding effectiveness
9.3	美国国家标准局	National Bureau of Standards
9.4	医用防护口罩	medical protective face mask
9.5	欧洲标准委员会	European Committee for Standardization
9.6	美国国家职业安全与健康研究所	National Institute for Occupational Safety and Health
9.7	自动滤料测试仪	automated filter tester
9.8	邻苯二甲酸二辛酯	dioctyl phthalate
10.1	手术部位感染	Surgical Site Infections
10.2	抑菌圈宽度	zone of inhibition assay
10.3	周向拉伸强度	circumferential tensile strength
10.4	轴向拉伸强度	longitudinal tensile strength
10.5	破裂强度	burst strength
10.6	缝合线固位强度	suture retention strength
10.7	重复针刺后强度	strength after repeated puncture
10.8	承压内径	pressurized inner diameter
10.9	纵向顺应性	longitudinal compliance
10.10	可用长度	useable length
10.11	径向顺应性	radial compliance
10.12	弯折直径/半径	kink diameter/radium
10.13	渗透性	permeability
10.14	孔隙率	porosity
11.1	接触性创面敷料	primary wound dressing
11.2	液体吸收性	absorbency
11.3	水蒸气透过率	moisture vapor transmission rate,MVTR
11.4	阻水性	waterproofness
11.5	舒适性	comfortability
11.6	抗菌性	antibacterial activity

章.术语序号	中文	英文
11.7	微生物迁移试验	microbial transmission test
11.8	医用弹性绷带	medical elastic bandage
11.9	美国围术期注册护士协会	Association of Perioperative Registered Nurses
11.10	高密度聚乙烯	high density polyethylene
11.11	细菌菌落总数	colony forming unit
11.12	透湿率	water vapor transmission
12.1	寿命测试仪	life tester
13.1	无特定病原体级	specific pathogen free
13.2	减少	reduction
13.3	优化	refinement
13.4	替代	replacement
14.1	磷酸盐缓冲液	Phosphate Buffer Saline
14.2	血管覆膜支架	stent-graft
14.3	凝胶渗透色谱	Gel Permeation Chromatography
14.4	能量色散谱	Energy Dispersive Spectrometry
14.5	电子自旋共振	Electron Spin Resonance
14.6	热力学分析	Thermomechanical Analysis
14.7	核磁共振成像	magnetic resonance imaging

主要参考文献

[1] 沈新元.生物医学纤维及其应用[M].北京:中国纺织出版社,2009.

[2] 奚廷斐.医疗器械生物学评价[M].北京:中国质检出版社,中国标准出版社,2012.

[3] 关国平,王璐.刍议生物医用材料的系统评价[J].东华大学学报(自然科学版),2014,40(6):749-751.

[4] 胡建华,姚明,崔淑芳.实验动物学教程[M].上海:上海科学技术出版社,2009.

[5] Lin C H, Jao W C, Yeh Y H, et al. Hemocompatibility and cytocompatibility of styrenesulfonate-grafted PDMS—polyurethane—HEMA hydrogel[J]. Colloids and Surfaces B: Biointerfaces, 2009, 70(1): 132-141.

[6] 沈高天.真丝小口径人工血管材料表面自组装改性及性能评价[D].上海:东华大学,2016.

[7] Elahi, M F. Improved hemocompatibility of silk fibroin fabric using layer-by-layer polyelectrolyte deposition and heparin immobilization for small diameter vascular prostheses[D]. Shanghai: Donghua University, 2014.

[8] 湛权.涤纶人工血管材料表面改性及其生物学性能[D].上海:东华大学,2012.

[9] 万昌秀.材料的生物学性能及其评价[M].成都:四川大学出版社,2008.

[10] 邹婷,于成龙,王璐.热处理对"纤-膜"结构输尿管支架管降解行为的影响[J].东华大学学报(自然科学版),2016,42(3):356-369.

[11] Guidoin R, Marois Y, Douville Y, et al. First-generation aortic endografts: Analysis of explanted stentor devices from the eurostar registry[J]. Journal of Endovascular Therapy, 2000, 7: 105-122.

[12] 关国平.多孔丝素蛋白材料的血管化及其组织再生性能的研究[D].苏州:苏州大学,2009.

[13] 付译鋆.新型纺织基伤口清创材料的设计制备及其性能研究[D].上海:东华大学,2016.

[14] 余序芬.纺织材料实验技术[M].北京:中国纺织出版社,2004.

[15] 籍晓萍.ePTFE小径人造血管的管壁结构与性能研究[D].上海:东华大学,2010.

[16] 蔡陛霞.织物结构与设计[M].北京:中国纺织出版社,2004.

[17] 许琨.纺织基人造血管管壁不均匀特性与破损现象的研究[D].东华大学,2008.

[18] 徐晶晶,沈力行,赵改平,等.基于数字图像处理技术测量松质骨孔隙率的方法[J].中国组织工程研究与临床康复,2010,17:3062-3064.

[19] 许琨,王璐.两种机织型人造血管管壁的均匀特性研究[J].生物医学工程学进展.2008:

29(4):210-214.

[20] 林婧.T品牌腔内隔绝术用人造血管老化性能及其机理研究[D].上海:东华大学,2010.

[21] 刘冰.腔内隔绝术用人造血管的老化评价及其体外扭转疲劳模拟[D].上海:东华大学,2011.

[23] Temenoff J S, Mikos A G.生物材料:生物学与材料学的交叉[M].王远亮,译.北京:科学出版社,2009.

[24] 李汝勤,宋钧才,黄新林.纤维和纺织品测试技术(4版)[M].上海:东华大学出版社,2015.

[25] 印莉萍,祁小廷.细胞分子生物学技术教程[M].北京:科学出版社,2005.

[26] 周永强.材料剖析技术[M].北京:清华大学出版社,2014.

[27] 齐海群.材料分析测试技术[M].北京:北京大学出版社,2011.

[28] 聂永心.现代生物仪器分析[M].北京:化学工业出版社,2014.

[29] 潘志娟.纤维材料近代测试技术[M].北京:中国纺织出版社,2005.

[30] 王晓东,彭晓峰,陆建峰,等.接触角测试技术及粗糙表面上接触角的滞后性 I:接触角测试技术[J].应用基础与工程科学学报,2003,11(2):174-184.

[31] 张青松,包来燕,查刘生,等.接触角法研究温敏性微凝胶相变前后的亲疏水性[J].合成技术及应用,2005,20(3):1-4.

[32] 朱光明,秦华宇.材料化学[M].北京:机械工业出版社,2003

[33] Kwok D Y, Neumann A W. Contact angle measurement and contact angle interpretation[J]. Advances in Colloid and Interface Science, 1999, 81: 167-249.

[34] 张佩,万永菁,周又玲.一种新的边界提取算法及其在接触角测量中的应用[J].华东理工大学学报(自然科学版),2014,40(6):746-751.

[35] 杜文琴,巫莹柱.接触角测量的量高法和量角法的比较[J].纺织学报,2007,28(7):29-32.

[36] 丁晓峰,陈沛智,管蓉.接触角测量技术的应用[J].分析试验室,2008,27:72-75.

[37] 于伟东,储才元.纺织物理[M].上海:东华大学出版社,2009.

[38] 蒋世春.聚己内酯在有机/无机杂化体系中的受限结晶行为[J].高分子学报,2000,4:452-456.

[39] 姜传海,杨传铮.X射线衍射技术及其应用[M].上海:华东理工大学出版社,2010.

[40] 朱育平.小角X射线散射:理论、测试、计算及应用[M].北京:化学工业出版社,2008.

[41] Lin J, Guidoin R, Wang L, et al. Fatigue and/or failure phenomena observed in the fabric of stent-grafts explanted after adverse events[J]. Journal of Long-Term Effects of Medical Implants, 2013, 23(1): 67-86.

[42] Shen G, Hu X, Guan G, et al. Surface modification and characterisation of silk fibroin fabric produced by the layer-by-layer self-assembly of multilayer alginate/regenerated silk fibroin[J]. Plos One, 2015, 10(4).

[43] Wang X, Cheng F, Gao J, et al. Antibacterial wound dressing from chitosan/polyethylene oxide nanofibers mats embedded with silver nanoparticles[J]. Journal of

Biomaterials Applications,2015,29(8):1086-1095.

[44] 赵长生.生物医用高分子材料[M].北京:化学工业出版社,2009.

[45] 李玉宝.生物医用材料[M].北京:化学工业出版社,2003.

[46] 王璐,金·马汀(King M W).生物医用纺织品[M].北京:中国纺织出版社,2011.

[47] 罗梁飞.植物源抗菌色素复合制剂及其纺织应用[D].上海:东华大学,2010.

[48] 刘制材.聚酰胺6织物化学镀银工艺及屏蔽效能测试方法的研究[D].杭州:浙江理工大学,2011.

[49] 倪冰选,张鹏.纺织纤维制品抗表面润湿及渗透性的测试[J].印染,2014,40(17):35-39.

[50] 贾立霞.人造血管水渗透仪的设计及其渗透性表征的实验研究[D].上海:东华大学,2003.

[51] 夏婵.个体防护用口罩的过滤材料净化PM2.5特性的实验研究[D].上海:东华大学,2014.

[52] 余灯广,申夏夏,张晓飞,等.纺织技术在药剂学中的应用[J].中国现代应用药学杂志,2009,26(5):381-384.

[53] 颜耀东.缓释控释制剂的设计与研发[M].北京:中国医药科技出版社,2006.

[54] The United States Pharmacopiea: The National Formulary 29 [M]. The United States Pharmacopieal Convention.[S.L.],2011:4324.

[55] Tomita N,Tamai S. Handling characteristics of raided suture materials of tight tying [J]. Journal of Applied Biomaterials,1993,4:61-65.

[56] Rodeheaver G T,Thacker J G,et al. Knotting and handling characteristics of coated synthetic absorbable sutures[J]. Journal of Surgical Research,1983,35:525-530.

[57] Tomihata K,Suzuki M,Tomita N. Handling characteristics of poly(L-lactide-co-ε-caprolactone)monofilament sutures[J]. Bio-Medical Materials and Engineering,2005,15:381-391.

[58] Im J N,Kim J K,Kim H K,et al. In vitro and in vivo degradation behaviors of synthetic absorbable bicomponent monofilament suture prepared with poly(p-dioxanone) and its copolymer[J]. Polymer Degradation and Stability,2007,92:667-674.

[59] Edmiston C E,Seabrook G R. Bacterial adherence to surgical sutures: Can antibacterial-coated sutures reduce the risk of microbial contamination?[J]. Journal of The American College of Surgeons,2006,203(4):481-489.

[60] Rothenburger S,Spangler D. In vitro antimicrobial evaluation of coated VICRYL* plus antibacterial suture(coated polyglactin 910 with triclosan)using zone of inhibition assays[J]. Surgical Infections,2002,3:79-87.

[61] 王璐,丁辛,Durand B.人造血管的生物力学性能表征[J].纺织学报,2003,24(1):7-9.

[62] 房雪松,李毓陵,陈旭炜.管状腔内隔绝术用人造血管的设计与性能分析[J].纺织科技进展,2002,2:58-59.

［63］王璐,丁辛.经编人造血管的制备工序对管壁性能均匀性的影响［J］.东华大学学报（自然科学版）,2003,29(2):1-5.

［64］胡世雄,陈宏武,彭林.腹外疝修补材料的规范化选择［J］.中华疝和腹壁外科杂志,2009,3(3):327-331.

［65］Nyhus L M. Classification of groin hernia:milestones［J］. Hernia, 2004, 8(2): 87-88.

［66］疝修补补片产品注册技术审查指导原则（2013年第7号）［Z］.北京:国家食品药品监督管理总局,2013.

［67］疝修补补片临床试验指导原则（2020年第48号）［Z］.北京:国家药品监督管理局,2020.

［68］秦益民.功能性医用敷料［M］.北京:中国纺织出版社,2007.

［69］Thomas S. A guide to dressing selection［J］. Journal of Wound Care, 1997, 6(10): 479-482.

［70］Thomas S, Mccubbin P. An in vitro analysis of the antimicrobial properties of 10 silver-containing dressings［J］. Journal of Wound Care, 2003, 12(8): 305-308.

［71］Furr J R, Russell A D, Turner T D, et al. Antibacterial activity of absorb plus, actisorb and silver nitrate［J］. Journal of Hospital Infection, 1994, 27(3): 201-208.

［72］Qin Y M, Zhu C J, Chen J, et al. The absorption and release of silver and zinc ions by chitosan fibers［J］. Journal of Applied Polymer Science, 2006, 101(1): 766-771.

［73］Thomas S. Comparing two hydrogel dressings for wound debridement［J］. Journal of Wound Care, 1993, 2(5): 272-274.

［74］Thomas S. Wound management and dressings［M］. London: The Pharmaceutical Press, 1990.

［75］安玉山,王端,刘洪玲,等.医用绷带的发展［J］.产业用纺织品,2001,29(1):49-50.

［76］徐桂龙.医用手术服的性能评价及其生命周期分析初探［D］.上海:东华大学,2006.

［77］刘雯玮.一次性和耐用型医院防护用手术服的评价［D］.上海:东华大学,2009.

［78］吴平,钱军,黄莺.欧美和我国手术衣手术铺单标准及常用手术室用面料简介［J］.中国医疗器械信息.2007,13(5):28-32.

［79］Ratner B D, Hoffman A S. Biomaterials science -an introduction to materials in medicine (second edition)［M］.［S.L.］, Elsevier, 2004.

［80］Zhang Z, King M W, How T V, et al. Chemical and morphological analysis of explanted polyurethane vascular prostheses: the challenge of removing fixed adhering tissue［J］. Biomaterials, 1996, 17(19): 1843-1848.

［81］Nutley M, Guidoin R, Yin T Y, et al. Detailed analysis of a series of explanted talent AAA stent-grafts: Biofunctionality assessment［J］. Journal of Long-Term Effects of Medical Implants. 2011, 21(4): 299-319.

［82］King M W, Gupta B S, Guidoin R. Biotextiles as Medical Implants［M］,［S.L.］, Woodhead Publishing Limited,2013.

[83] Guidoin R, Yvan D, Michel F B. Biocompatibility Studies of the anaconda stent-graft and observations of nitinol corrosion resistance[J]. J. Endovasc. Ther., 2004, 11: 385-40.

[84] Lin J, Guidoin R, Wang L, et al. An in vitro twist fatigue test of fabric stent-grafts supported by Z-stents vs ringed stents[J]. Materials, 2016, 9(2): 113.

[85] Lin J, Wang L, Guidoin R, et al. Stent fabric fatigue of grafts supported by Z-stents vs ringed stents: An in vitro buckling test[J]. Journal of Biomaterials Applications, 2014, 28(7): 965-977.

[86] Wei D H, Guidoin R, Marinov G, et al. Absence of tissue ingrowth through the textile fabric in a series of explanted clinic stent-grafts[J]. Journal of Long-Term Effects of Medical Implants, 2013, 23(4): 339-357.

[87] Jacobs J J, Patterson L M, Skipor A K, et al. Postmortem retrieval of total joint replacement components[J]. J. Biomed. Mater. Res., 1999, 48: 385-391.

[88] Conti J C. Evaluation of the dynamic mechanical properties and fatigue resistance of vascular grafts dynamic[A], Fiicmssm, 1997.

[89] Chakfe N, Dieval F, Riepe G. Influence of the textile structure on the degradation of explanted aortic endoprostheses[J]. Eur. J. Vasc. Endovasc. Surg., 2004, 27: 33-41.

[90] King M W, Zhang Z, Guidoin R. Microstructural changes in polyester biotextiles during implantation in humans[J]. Journal of Textile and Apparel, Technology and Management, 2001, 1(3): 1-8.

[91] Major A, Guidoin R, Soulez G, et al. Implant degradation and poor healing after endovascular repair of abdominal aortic aneurysms: An Analysis of explanted stent-graft[J]. Jendovasc. Ther., 2006, 13: 457-467.

[92] 拉特纳(Ratner B D).生物材料科学:医用材料导论(2版)[M].顾忠伟,译.北京:科学出版社,2011.

[93] 胡建华,姚明,崔淑芳.实验动物学教程[M].上海:上海科学技术出版社,2009.

[94] 范大超.临床试验过程的分类及分期[J].中国处方药,2009,89(8):48-49.

[95] 白晶.动物试验"3R"原则的伦理论证[J].中国伦理医学,2007,20(5):48-50.

[96] 唐道林,肖献忠.动物试验面临的伦理问题[J].中国医学伦理学,2003,16(5):29-30+32.

[97]《医疗器械临床试验质量管理规范》(国家食品药品监督管理总局中华人民共和国国家卫生和计划生育委员会令第25号),2016.

[98] 吕良德,李雪迎,朱赛楠.目标值法在医疗器械非随机对照临床试验中的应用[J].中国卫生统计,2009,26(3):258-260+263.

[99] 肖忠革,周礼明,田卓平,等.我国医疗器械临床试验现状与思考[J].中国医疗器械杂志,2009,33(5):369-371.

[100] 杨晓芳,奚廷斐.医疗器械临床试验概述[J].中国医疗器械信息,2006,12(7):47-51.

[101] 薛淼.用于人体的医疗器械临床研究[J].口腔材料器械杂志,2008,17(2):92-99.

[102] 钱军,孙玉成.实验动物与生物安全[J].中国比较医学杂志,2011,21(10/11):15-19.

[103] Ratner B D, Hoffman A S. et al. Biomaterials science—An introduction to materials in medicine (second edition)[M].[S.L.], Elsevier, 2004.

[104] Zhang Z, King M W, How T V, et al. Chemical and morphological analysis of explanted polyurethane vascular prostheses: The challenge of removing fixed adhering tissue[J]. Biomaterials, 1996, 17(19): 1843-1848.

[105] Zhang Z, Guidoin R, King M W, et al. Removing fresh tissue from explanted polyurethane prostheses: Which approach facilitates physico-chemical analysis? [J]. Biomaterials, 1995, 16(5): 369-380.

[106] King M W, Guidoin R, Gunasekera K, et al. An evaluation of Czechoslovakian polyester arterial prostheses[J]. Asaio Journal, 1984, 7(4): 114-132.

[107] Jacobs J J, Patterson L M, Skipor A K, et al. Postmortem retrieval of total joint replacement components[J]. J. Biomed. Mater. Res., 1999, 48: 385-391.

[108] Conti J C, Strope E R, Rohde D J, et al. The durability testing of porous bifurcated stent/grafts without restricting leakage[C]. Society for Biomaterials, 2000 Annual Meeting.

[109] Paynter R W, King M W, Guidoin R, et al. The surface composition of commercial polyester arterial prostheses—An XPS study[J]. The International Journal of Artificial Organs, 1989, 12: 189-194.